每位建筑师应该读解的二十五栋建筑

Twenty-five Buildings
Every Architect Should
Understand

[英]西蒙·昂温 | Simon Unwin　　著

卢紫荫　译

MEI WEI JIANZHUSHI YINGGAI DUJIE DE ERSHIWU DONG JIANZHU

图书在版编目（CIP）数据

每位建筑师应该读解的二十五栋建筑 /（英）西蒙·昂温著; 卢紫荫译 . —天津:
天津大学出版社，2021.7
书名原文：Twenty-five Buildings Every Architect Should Understand
ISBN 978-7-5618-6844-7

Ⅰ . ①每… Ⅱ . ①西… ②卢… Ⅲ . ①建筑设计 – 研究 – 世界 – 现代 Ⅳ . ①TU2
中国版本图书馆 CIP 数据核字（2020）第 247333 号

出版发行	天津大学出版社
地　　址	天津市卫津路 92 号天津大学内（邮编：300072）
电　　话	发行部：022-27403647
网　　址	publish.tju.edu.cn
印　　刷	廊坊市瑞德印刷有限公司
经　　销	全国各地新华书店
开　　本	210mm×285mm
印　　张	17.75
字　　数	632 千
版　　次	2021 年 7 月第 1 版
印　　次	2021 年 7 月第 1 次
定　　价	96.00 元

目录 | Contents

序言 | INTRODUCTION   3

水潭住宅 | CASA DEL OJO DE AGUA   9
诺因多夫住宅 | NEUENDORF HOUSE   17
巴塞罗那德国馆 | BARCELONA PAVILION   25
曲墙宅 | TRUSS WALL HOUSE   43
无尽之宅 | ENDLESS HOUSE   51
范斯沃斯住宅 | FARNSWORTH HOUSE   63
拉孔琼达美术馆 | LA CONGIUNTA   79
小木屋 | UN CABANON   87
埃西里科住宅 | ESHERICK HOUSE   97
波尔多住宅 | MAISON À BORDEAUX   105
但丁纪念堂 | DANTEUM   115
流水别墅 | FALLINGWATER   123
萨伏伊别墅 | VILLA SAVOYE   135
肯普西客房 | KEMPSEY GUEST STUDIO   147
一号公寓，海滨牧场 | CONDOMINIUM ONE, THE SEA RANCH   153
E.1027 别墅 | VILLA E.1027   163
圣彼得教堂 | CHURCH OF ST PETRI   175
布斯克别墅 | VILLA BUSK   187
玛利亚别墅 | VILLA MAIREA   197
瓦尔斯温泉浴场 | THERMAL BATHS, VALS   205
拉米什住宅 | RAMESH HOUSE   213
巴迪住宅 | BARDI HOUSE   223
维特拉消防站 | VITRA FIRE STATION   233
莫尔曼住宅 | MOHRMANN HOUSE   243
长生不老屋 | BIOSCLEAVE HOUSE   255

结语 | ENDWORD   265
致谢 | ACKNOWLEDGEMENTS   270
外文人名译名对照表 | CHINESE TRANSLATIONS OF FOREIGN NAMES   271

每位建筑师应该读解的二十五栋建筑

Twenty-five Buildings Every Architect Should Understand

序言
INTRODUCTION

关于此第二版 |
to this second edition

本书是 2010 年出版的《每位建筑师应该读解的二十栋建筑》的新版，增补了 5 个新的建筑案例解析。书中的 25 栋建筑并非每位建筑师仅应读解的 25 栋建筑，亦非有史以来"最好的"（best）25 栋建筑。如此论断会引发关于如何界定"伟大"（greatness）一词的争论，无论在第一版还是在第二版中这都并非我写作本书的目的。这本书是献给那些为了"做"（do）建筑而努力着的人们（而非历史学家或评论家）。我的兴趣在于探索建筑的界限——它的影响力与可能性——而非试图确立价值准则或是寻觅历史轨迹。

最初选择的 20 栋建筑是为了展示不同的建筑观点，同时检验并演示在《解析建筑》（*Analysing Architecture*）一书中提出的分析方法（该书英文版第四版已于 2014 年出版），这些案例的选择主要是为了探索人与建筑之间的一系列关系，我将这一原则再次应用到了新遴选的 5 个分析案例中。

案例的选择范围已延伸至巴西、德国和印度，时间也从 20 世纪延伸至 21 世纪。参考文献列表（附于每个案例后面）也已尽可能地加以扩展修订。

关于第一版（修订版）|
to the first edition（revised）

你无法仅通过看照片来读解建筑；也无法仅通过阅读文字来读解建筑，然而很多建筑书籍中只有文字或（和）照片。真正读懂建筑的唯一途径，是通过解读建筑师创作中所使用的媒介——草图（drawing）。很久以前，建筑是通过直接画在地上的草图建造的，或许最初是用一根棍子，然后挖沟或用石头砌成一堵墙。在建造之前将建筑以小比例绘制在纸上的历史已有数百年之久。现在人们用电脑做同样的事情。土地、纸张、电脑屏幕——这些就是已被创造的和将被创造的建筑的设计场所。

> 独创性常常会突然表现出来，但它不是没有任何以往形式经验的……模仿是同化的一种方法。学生在接受它的过程中获取知识和经验，从而更快地发现自己的独创性。
>
> ——"哈韦尔·汉密尔顿·哈里斯对教师的评论（Comments of Harwell Hamilton Harris to the Faculty）。1954 年 5 月 25 日"（伯恩哈德·霍斯利（Bernhard Hoesli）和科林·罗（Colin Rowe）撰写，引自科林·罗著，亚历山大·卡拉贡（Alexander Caragonne）编辑，《如我所言：回忆和杂文》（*As I Was Saying: Recollections and Miscellanesous Essays*），麻省理工学院出版社，剑桥，马萨诸塞州，1996 年，第 48 页

设计建筑时不存在任何所谓正确的方法。在不限定各类可能性的情况下，不可能制定出建筑指导原则（法规和准则）；不可能在不限定各种语言可能性的条件下阐释表述内容的指导原则。在学习语言之初，我们通过关注和模仿其他人（父母、朋友、

老师……）如何用说和写来学习语言作品，开发语言潜能，我们逐渐地找到了自己的表达方式，以不同方式来使用语言。在对建筑作品和设计的多种可能性的学习方面也是相似的；这种能力的培养，是通过学习其他人如何以他们各自多样的方式设计建筑，并自己尝试来实现的。

草图位于建筑师的思想与想要创造的建筑之间，故将草图称为一种"媒介"（medium）。建筑常驻于草图之中（现今则存在于计算机模型中）。正是在草图中，你能发现建筑师赋予作品以精妙的构想。作为建筑师，正是在草图中赋予你的理念以实形。因此，你也应当通过草图来学习和模仿他人如何设计建筑，以此尝试自己动手去做，并形成你自己的建筑"语言"（voice）。

人们用眼睛像绘画一样将看到的东西深深记录在自己的经验中。一旦印象被铅笔记录下来，它就会被永久保存、记录、印刻下来……画自己、画线条、控制体量、组织表面……所有这些都意味着首先去看，然后去观察，最后或许会有所发现……也正是在那时或许会有灵感闪现。发明、创造，一个人用整个生命去行动，而行动正是最重要的。

——勒·柯布西耶（Le Corbusier），詹姆斯·钱普尼·帕尔梅斯（James Champney Palmes）译《创造是一段耐心的探索》（*Creation Is a Patient Search*，1960 年），引自勒·柯布西耶著，伊凡·扎克尼奇（Ivan Žaknić）译，出自《东方游记》*Journey to the East*，1966 年），麻省理工学院出版社，剑桥，马萨诸塞州，1977 年，第 xiii 页

在学习设计建筑的过程中，对平面和剖面的研习甚至比参观建筑更重要。参观建筑是很有趣的，它提供了一个机会了解从抽象草图中孕育出的建筑实体如何改变着真实的世界，并营造生活场所。参观建筑为体验建筑与世界中的光、声音、环境、气候、人……之间的关系提供了最好的机会，也能预计当抽象成为实体时的效果与性能。但若想解读建筑物中的建筑内涵，你就得彻底研习作为媒介的草图。

建筑的理念 | Architectural ideas

更为复杂的是，建筑本身就是一种媒介。基于我们的抱负与信念，我们通过建筑改变世界，使它变得更好：更舒适、更美丽、更高效……草图在思维与它想创造的建筑之间盘桓，建筑本身则在它所营造的生活与周遭的世界之间盘桓。

在建筑中，我们经营的不是"真理"（truth），我们经营一种"幻想"（fantasy，梦想、幻觉、哲学命题、政治宣言），尽管有时那些关注于我们构思的幻想可能被当作是普通的实用主义日常（"现实"）。建筑师常常暗示他们独特的幻想是世界该当如何的真理，但不同的建筑师（像政治家和哲学家）却给出了不同的答案；当业主没有采纳（或赏识）他们认为建筑应当成为的样子，建筑师可能就会感到沮丧。建筑关乎建议与估价、召唤与应答、命题与尝试……在这里想象与多样复杂的世界相互作用（相互碰撞）。建筑依赖于赋予理念以实形，将它们以建筑物（城市、花园、景观）的形式呈现在世界中。

记住好的建筑留下的印象，它表达了一种思想。它想让人用一个手势来回应。

——路德维希·维特根斯坦（Ludwig Wittgenstein）著，乔治·亨里克·冯·赖特（Georg Henrik von Wright）和海基·尼曼（Heikki Nyman）编辑，彼得·盖伊·温奇（Peter Guy Winch）译，《文化与价值》（*Culture and Value*，1977 年），布莱克威尔出版公司，牛津，1998 年，第 16e 页

我们倾向于认为思想是以词汇来表达的。然而，建筑理念是以线条（草图）以及材质构成、形式构成、空间组织……来表达。建筑理念是一种智慧结构（你可以把它称作一种自发的、固有的"法则"），建筑由此孕育与设计。

遵守法则，建造者就如造物者一样工作；不遵守法则，他就像个傻瓜，堆起一堆石头，就把它叫作"教堂"。

——乔治·麦克唐纳（George MacDonald）著，《奇异的幻想》（*The Fantastic Imagination*，1893 年），引自《童话全集》（*The Complete Fairy Tales*，乌尔里希·卡米卢斯·克诺普夫马赫（Ulrich Camillus Knoepflmacher）编辑），企鹅出版公司，伦敦，1999 年，第 6 页

乔治·麦克唐纳在其 1893 年的文章《奇异的幻想》（以上引文出处）中提出关于如何编写故事，尤其

是童话故事的理论。他认为，尽管一个故事可能是幻想，是偏离自然现实的，但为了让它看起来合理，必须遵循它自己固有的法则。他还认为，不遵循这个原则的故事，就像是堆砌在地上的一堆谓以"教堂"之名的石头。

麦克唐纳所用的建筑隐喻，中肯而且有启发性，它提醒我们，是建筑（architecture）将一堆石头变成了教堂，即，建筑是心智的一部分：涉及了感觉、秩序、形式的组织，在建筑设计中思想赋予材料以理念。

麦克唐纳是维多利亚女王（Queen Victoria）最喜欢的童话作家，他生活在 19 世纪。在 21 世纪，一堆石头本身就可以被看作是一件艺术作品，因为只是把石头扔在一堆的决定，或甚至于不去打扰一堆被发现的石头，都能被称为一个有创意的想法。但麦克唐纳寓言中的观点仍然是有效的：即人类的创造性活动取决于（受强化于，被给予支撑）赋予其作品以规则理念（始终如一的形式、感觉——即使一种封闭在自己领域中的感觉）的产生与应用。这个观点认为，即使是已被采用的可操作性的理念也是无形的、无规律的、神秘的，是偶然的、虚空的、无决断的，……但如果没有理念（没有思想的介入），任何事物都不可能称为具有形式，如一堆未被扰动的石头。就是在思想当中——在理念的领域——建筑（无论是一幢房子、一个故事或是一堆石头）产生了；是通过草图，在无论何种介质上（即使仅仅在想象中）理念形成了。

解析建筑 | Analysing architecture

本书与《解析建筑》紧密相关。《解析建筑》最早于 1997 年问世，随后出版了第二版（2003 年）、第三版（2009 年）和第四版（2014 年），已被译为汉语、日语、韩语、西班牙语、波斯语和葡萄牙语。如一位读者在亚马逊网站（Amazon.com）上（令人宽慰而满足）的评论：《解析建筑》一书，"为如何分析建筑建立了一套系统的方法"。该书的目的是开始建立一种以类似于多年来在学术上用于解析文学作品和产品结构的方法来解析建筑作品的方法。这样做是基于如此的前提（如《解析建筑》中所述）："场所之于建筑有如含义之于语言"——即建筑的基本作用是识别场所。这些观点在《解析建筑》的相关

章节中有更深入的探讨，但也延伸到后续的分析中。

我在本书第一版中整理 20 个分析案例（如前文所述）是为了将在《解析建筑》一书中探讨的分析方法更进一步应用在比该书末尾的案例更复杂的案例以及来自不同国家、20 世纪后 80 年不同时期的案例当中，从而测试方法的适用性。建筑从未像那个时期（指 20 世纪后 80 年——译注）那么多样。在此第二版中，又增加了 5 个案例，延伸到了 21 世纪，案例的地理分布也更广。

案例的遴选 | Choice of examples

当然，建筑师应当理解，有助于其流利掌握建筑语言并对经典作品鉴赏力的提升打好基础的建筑案例绝不只有 25 个。本书收录的案例是多样的，但并非随机的。不是所有案例都是"伟大的"作品；有些可能是熟悉的，其余的则不太熟悉，所有案例的规模和复杂程度都适用于低年级建筑学专业学生的学习。

如前所述的两条主要原则，这两个特定的主题决定了分析案例的选择范围：这些案例均以"空间"（space）和"人"（person）为关键词，围绕这些词语标签有许多建筑思想，而且人只是占据了"空间"，这些主题是必须相互结合在一起的。

你或许认为只有一种空间，从某种意义上说的确是这样，但建筑师根据不同的理念设计来塑造空间。我们也许会让空间无限开敞，或是完全封闭；我们或许会强调它的水平维度或垂直维度；我们能赋予它焦点使之清晰，或使它保持模糊与含混；我们能从实体中挖出空间，或从空间本身中限定出来；我们能赋予它明确的方向，也能使它暗示、引导一场迷宫般的漫步。我们能使空间是静态的、动态的，或兼而有之。我们能以横平竖直的线条塑造空间，也能用曲线使其流动。我们能使空间既非此处，亦非彼处，而使其介于两者之间的灰空间。我们甚至会试图将空间扭曲。

空间实际上是我们（人类和其他生物）所占据的一种介质。参照用于选择本书中分析案例的第二个主题，涉及建筑师以各种方式将人（包括他们自己，或许也包括其他生物）看作是建筑的元素 / 构件 / 接收者。在音乐演出中，人被称为"表演者"或"听众"；在体育运动中称为"参赛者"或"观众"；在剧场

中称为"演员"或"观众";在电视中或许是"主持人"或"观众"……但在建筑中,我们没有一个特定的词来称呼体验建筑的人(无论从内部或外部,主动地或被动地):"使用者"显得功能性太强,"参观者"则太短暂;"居住者""住客"或"居民"太过倾向于住宅;"男人""女人"又太强调性别;"所有者"太强调所有权;"体验者"又太难听了。尽管似乎许多建筑物最初都是为场景(spectacle)而设计,但"观众"(spectator)一词游离感太强,将人从建筑(应当)具有的包容感中分离出来。(因此)在后续分析中,我不得不采用"人"(person)这个词,尽管这个词有时听起来有点笨重。一个人看见、听到、触摸、嗅到(有时甚至尝到)、四处漫步、使用、占据(居住)以及或许受到一个建筑的情绪感染,无论他或她,来自一群听众、一个家庭、职工、教堂会众、旅行团、学校班级或其他什么群体。建筑师也将人(人体、人形)作为其建筑的模特,不管是它的生物特征、尺寸、几何特征、骨骼结构、关节、活动性……在以下的分析中我都没有提及。但建筑师尝试适应人类,或从人体中获取灵感的方法,影响了我们对分析案例的选择。

这里有一个细微的差别,本书中进行分析的目的并非在于展示所选案例的实际酝酿过程,就像是对它们进行分析的人从中提取理念。这些分析的目的性很强,因为更关注于最终的建筑成果,而非(尽管不排除)对设计过程的历史记录(这通常是模糊不清的、不完整的或不存在的)。这本书的写作(与其说是为了历史学家,不如说)是为了那些希望启发建筑思想的人们(学生或建筑师),因此本书关注于一般性的建筑作品及建筑分析的可能性,而非历史上其本身的设计缘由。历史,尽管显然会赋予其特征或产生的影响,但并不必须掌控着创造性活动。"时间"(time),如意大利裔巴西建筑师丽娜·波·巴迪提出的(在左下引文中)"是一个奇妙的组合体……"

本书中的解析试图从特定的建筑作品中提取思想理念,它们对人类思维的惊人(不可思议的)能力充满敬畏与尊重。正是这种思想的能力使人之所以成为人。思想从何而来、如何成为现实是科学无法解释的谜题。但或许"它们从何而来"在一定程度上可以这样解释:当我们批判、戏谑的说笑与他人的观点碰撞会产生一种扭曲、重译、矛盾和再创造的能力,从而产生了新的观点。当然,我们的观点很难是绝对新颖的,它们通常被认为是对他人作品或自然现象的发展或驳斥。在后续分析中能清晰地看到一些思想观点之间的相互影响和冲突。

> 像体验任何其他方面一样,建筑需要分析,而且在比较中变得更加生动。分析包括将建筑拆解成元素,我经常使用这种方法,尽管它与艺术的终极目标——整合——恰恰相反。无论它看起来多么矛盾,尽管许多现代主义建筑师都对它表示怀疑,这样的分解是一个存在于所有创造物中的过程,而且它对理解来说是至关重要的。
>
> ——罗伯特·文丘里(Robert Venturi)著,《建筑的复杂性与矛盾性》(*Complexity and Contradiction in Architecture*),现代艺术博物馆,纽约,1966年,第18页

> 线性时间是西方的发明,时间不是线性的——它是一个奇妙的组合体,在其中,任何时候都可以选择结束,可以创造解决方案,没有起点也没有终点。
>
> ——丽娜·波·巴迪(Lina Bo Bardi),马塞洛·卡瓦略·费拉兹(Marcelo Carvalho Ferraz)编辑,出自《丽娜·波·巴迪》,丽娜·波·巴迪与彼得·马利亚·巴迪研究所(*Instituto Lina Bo Bardi & Pietro Maria Bardi*),圣保罗,1993年,引自奥利维亚·德·奥利维拉(Olivia de Oliveira),《精妙的实体.丽娜·波·巴迪的建筑》(*Subtle Substances.The Architecture of Lina Bo Bardi*),罗马战争出版社(*Romano Guerra Editora Ltda*),圣保罗,2006年,第32页

后文中的每个分析都以一个建筑开始,尝试解读(推测)建筑师的思维过程及在其理念引导下做出的决策。我尽可能地将读者(绘图和文字的读者)置于建筑师的位置上,于是提出这样的问题:当设计这幢建筑的时候,"我"会怎么做?尝试回答这个问题,使我们对建筑作品有了更深的理解。

案例分析并非以时间顺序排列。这里有一点小小的离经叛道,是在有意识地打破建筑讨论中一直挥之不去的、传统的历史性阐释。我并不是说这样的阐释与建筑无关,但我更想分享在一个世纪前,

威廉·理查德·莱瑟比（William Richard Lethaby）所表达出的担忧(如在《解析建筑》一书开头所引用的)，建筑中的标签与分类，可能会削弱对建筑本身作为人类建造世界手段所蕴含的力量。

通过以下分析能看出建筑师并不总是明确而直接的，有时建筑看起来像是在固执地坚持与某种不明确的规则相背离。如果后续篇章中提及的多种途径没有使你的设计工作变得更容易，那么它或许可能以图解的形式向你展现出作为建筑师的某种推动力，也使得一些想要设计建筑的人了解这种最丰富的艺术形式的各种可能与潜力。

关于学习方法 | A note on methods of study

这本书不仅要提供对特定建筑的分析，而且要展示通常应该怎样分析，这样的分析能够由建筑学专业的学生来完成。相较于仅仅按照本书所提供的案例，读者能够通过自己的分析对建筑作品有更深入的了解。连同《解析建筑》，我的分析提示了作为分析者在研习他人作品时，或作为建筑师在自己的设计中，可能运用的东西。

在准备分析时，我们必须依赖已出版的资料。在对已出版文献的研究中，有可能会遇到（如果不确定的话）草图不准确或照片偶尔出现印刷错误的问题。即使是建筑师自己的草图，通常（并非有时）也会与建成的建筑并不完全相同，因为在建造过程中常常发生变化，或是由于建筑师有时会更愿意记录下他们所设计建筑的"理想的"（柏拉图式的）版本。这个习惯可以至少追溯到16世纪的安德烈·帕拉迪奥（Andrea Palladio），他在《建筑四书》（ Four Books on Architecture ）中的圆厅别墅（Villa Rotonda）与维琴察（Vicenza）城外山坡上实际的建筑就有所不同。而在这本书的分析中，例如，勒·柯布西耶发表在他的全集第五卷上"小木屋"（Un Cabanon）的平面图就与实际建成的不同。在后续分析中，我试图关注于实际建成案例与理想之间的不同之处，但或许，因为自己的兴趣在于我称之为（追随童话故事理论家乔治·麦克唐纳）"心灵上一部分"的东西，相较于实际的版本，我会更关注理想版。

质疑已出版的资料是分析过程的一部分。对建筑的平面图和剖面图进行仔细重绘是这种质疑的一个重要组成。重绘、分析能够纠正出版资料中经常发生的错误，对建筑师所做的决定以及如何做出这些决策会有更深刻的理解。

> 假想在建筑现实背后有一种设计思维，使分析者去解释建筑的变化。将成为房屋建造者的人，从生命一开始，就在建筑体验中穿行……就像学习史诗的歌者或布道的吟诵者，经历了模仿的学徒期。但在成熟期，就像最优秀的史诗歌者一样，他不再依赖于一个原创作品，而是依赖于能够创作无数原创作品的能力。
>
> ——亨利·H. 格拉西（Henry H.Glassie）著，《弗吉尼亚中部的民居：历史文物的结构分析》（ Folk Housing in Middle Virginia: A Structural Analysis of Historic Artifacts ），田纳西大学出版社（University of Tennessee Press），诺克斯维尔（Knoxville），田纳西州，1975年，第67页

当然你无法进入建筑师的脑海中（除了你自己的），但通过重绘他们的建筑作品，会比阅读文字更接近他们的思想。也不是说建筑师的语音使作品变得语义含混或言不由衷。但如前所述，建筑是无法完全口头解释的。思想通过建筑秩序呈现于世界，但建筑并不是一种口头语言；尽管也有一些相反的主张，但有些智力领域是口头语言无法触及的。

理解其他建筑师如何做出决策，能够帮你了解在自己的工作中有哪些可能性。理解建筑师做出决定的不同方法及其采用的不同标准，能够帮你在设计中明确你的价值观与优先顺序。在这本书的分析中，你会看到25栋建筑中每个都采用了不同的设计方法、不同的价值观与思维理念。仔细读解他人的作品，能够自问这些问题："我是否发现这种设计方法是有趣的，恰当的，合理的……还是虚空的，不负责任的，任性的……？"以及"我是否能从这里学到让我在工作中能够效仿使用，或能使我批判自省的一些东西？"这些问题的答案属于你自己。

对一些术语的解释 | Some terminology explained

后续的分析采用了《解析建筑》中的方法和概念框架。不过本书仍然可以单独阅读。唯一的小问题可能出现在某些在《解析建筑》中进行了详细解释的概念缩写。这些可能需要解释的概念有：

"场所标识"（identification of place）——认识到建筑与其他艺术形式的不同，是始于世界上营造场所的愿望或需求；

"基本元素"（basic elements）——墙体、地面、屋顶、划定的基地、坑井、平台、门口、窗户等，即建筑"语言"的基本元素；

"调节性元素"（modifying elements）——光线、温度、尺度、通风、质感、时间等，即一个建筑作品一旦建成即开始发挥作用的要素，影响了建筑的体验；

"框架设计"（framing）——认识到通过框架设计将建筑与活动和对象（甚至气氛）相关联，这么做能够帮助理解并赋予它们意义；

"就地取材"（using things that are there）——建筑并非存在于真空中（除了在宇宙空间中），因此能够对周边环境中的要素加以利用，例如一棵树或抬高的地面、一面既有的墙体或是湖面对光线的反射；

"元素的多元性"（elements doing more than one thing）——一面墙体可以既是一个屏障又是一条路径，就像城堡中的幕墙，一扇窗既能提供向外的视野，也能使人望入内部；

"原始场所类型"（primitive place types）——场所类型，通常有它们自己的专有名称，是人类栖居在世界上的一个无时限的部分，例如床、祭坛、炉膛、讲道坛等；

"神庙与村舍"（temples and cottages）——建筑师接纳各个领域（场地、材料、气候、人群、历史、未来……）纷繁世界的处理态度，大致来讲，就是对这些领域从控制到接受或响应；

"存在几何"（geometries of being）——材料、人类形式和运动及其制作与建造方式所固有的几何性质等；

"理想几何"（ideal geometry）——赋予材料、人类形式和运动及其制作方式几何形式……，即具有特定数学比例，经计算获得的完美正方形、圆形、矩形等；

"竖向分层"（stratification）——在竖直方向上建筑的组织方式，建筑不同楼层与地面之间的不同关系；

"空间与结构"（space and structure）——结构秩序与空间组织之间的多样关系；

"平行墙体"（parallel walls）——使用基于平行的，通常是承重墙体的空间组织；

"过渡、层级、中心"（transition，hierarchy，heart）——建筑空间组织中过渡的区域，例如公共与私密之间、神圣与世俗之间，等等；

"灰空间"（the in-between）——建筑通常（如果不是永远的话）被看作是内部与一般的外部之间的分隔（区分）；那些既非绝对内部亦非绝对外部的场所就是"灰空间"；

"内嵌式墙体"（inhabited walls）——这些墙体非常厚，以至于可以从墙体的厚度中挖出空间；

"庇护所与景观"（refuge and prospect）——小的遮蔽所或隐匿处与它们周边的环境或是一个竞技场之间的关系。

其他术语我希望是能够自明的，但如果需要解释的话，可以从《解析建筑》（2014年第四版）中找到。

西蒙·昂温，2014年6月

参考文献：

Simon Unwin – *Analysing Architecture*, fourth edition, Routledge, Abingdon, 2014.

Simon Unwin – 'Analysing Architecture through Drawing', in *Building Research and Information*, 35(1), 2007, pp. 101-110.

Simon Unwin – *An Architecture Notebook: Wall*, Routledge, London, 2000.

Simon Unwin – *Doorway*, Routledge, Abingdon, 2007.

Simon Unwin – *Exercises in Architecture: Learning to Think as an Architect*, Routledge, Abingdon, 2012.

Simon Unwin – 'Teaching Architects', in Elisabeth Dunne, editor, *The Learning Society*, Kogan Page, London, 1999, pp. 187-196.

水潭住宅

CASA DEL OJO DE AGUA

水潭住宅
CASA DEL OJO DE AGUA

一栋位于墨西哥丛林中的住宅
阿达·迪尤斯（Ada Dewes）、塞尔希奥·普恩特（Sergio Puente）设计，
1985—1990 年

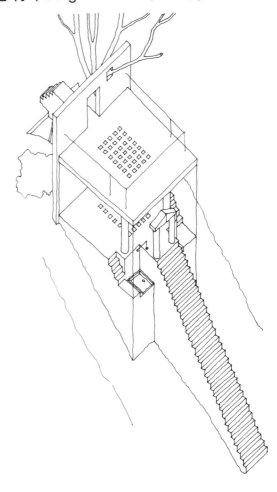

请看旁边这张图。看起来好像是这座房子的某些部分缺失了。但这并不是一张剖切图。这是一幢两层的住宅，它只有一面墙（而不是通常的四面墙），也没有屋顶；尽管上层房间的地板也是下层的天花板——或者反过来也一样。水潭住宅（即 House of the Waterhole，我认为在西班牙语中也有"藏身处"或"度假屋"的意思）中的两个房间，分别被设计为卧室和餐厅，房子中的其他空间——如厨房等，则设置在旁边的一个独立建筑中，也是由阿达·迪尤斯和塞尔希奥·普恩特设计的。

基本元素和场所标识丨
Basic elements，and identification of place

水潭住宅是设计理念源自对基本原则反思的典例。尽管它会被看作是对墨西哥某个特定历史建筑先例的缅怀，但它的形式其实源自根据周边环境条件对建筑基本元素进行的再组织。建筑师并没有全面遵照传统的对"住宅"的理解，而是根据其作用以及是否确属必需，对每个构件进行了重新评估。传统住宅中的某些元素出于一些特定的理由在这个设计中被省略掉了，使得这个住宅成为一个更有趣的场所。

理解一幢建筑中的建筑意（the architecture of a building）的最好方法，是去分析它的概念如何形成或者概念的构成。考察某个建筑作品的概念形成过程的顺序，未必等同于该建筑实际建造的顺序，这种分析常常是一种合理化推断的自圆其说，因为设计过程很少是简单直接的；它们依赖于一些似乎不知何时产生并被反复改进的想法。不过，通过分析能够揭示出设计成果中那些显而易见的观点。

处所丨CHORA

"我们现在要来重新讨论宇宙问题，就需要对现实存在有更完整的划分。我们已经指出了两类，现在要划分第三类。原先划分的两类对在此之前的讨论来说，那是足够了。我们先是设想了永远自身同一的理性原型，接着谈到了该原型的摹本；摹本是派生的、可见的。还有第三类存在我们尚未涉及。原来以为那两类存在就够了，现在看来不行。这第三类存在不易说清楚，也不易看清楚。我们该如何看待它的本性呢？我们说，它是一切生成的载体，如同养育者。"

——柏拉图著，《蒂迈欧篇》（Timaeus，约公元前 360 年），谢文郁译，上海，上海人民出版社，2005 年，第 33 页，48B

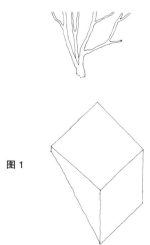

图1

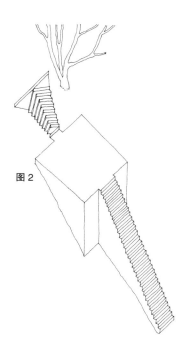

图2

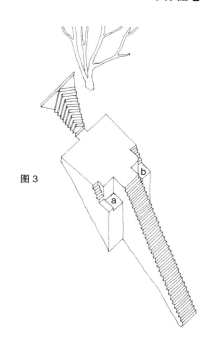

图3

图1 水潭住宅始于在陡峭山坡上的一棵巨大杜果树旁建造起的一个近似矩形的平台。为了清晰明了，（绘制上图时）我略去了大部分的周边环境，但你应该想象，这个平台实际上被大块裸露的岩石和茂密的植物环绕。它还刚好位于坡底的一条溪流之上。汇入溪流的小支流从平台旁流过。这个平台是这座建筑的起点（是建筑的第一"步"（first architectural "move"））。平台与那棵早已在此的大树建立了关联，并且表现了事物出现变化时的生成性瞬间。建筑建造在树林、岩石与溪流之间，展现出建筑师的思想所在。它确立了一个充满可能的场所——处所。周遭的一切皆因这个平台发生了改变。

这个平台建立的场所是为了供人居住的。在周遭不规则的地面中间开辟出这个平坦的区域，使建立居住场所成为可能。平台提供了一个更舒适的水平平面——你能在那里稳稳地站立，也能确定自己身在何处；你能在平台上轻松地游走。它使家具的摆放成为可能，毕竟家具需要一个平坦的表面才能立得住。这个平台从周围的环境中标识出了一个不同的场所，成为一个献给人类的初具雏形的"神庙"。

图2 这栋房子生成建筑概念的下一步是设置了两部阶梯。"V"形的阶梯沿着斜坡向下到达平台；另一部笔直的长梯则从平台伸向斜坡下面的溪流。作为来往于平台的通道，这两部阶梯向周边的大地延伸。它们划定了一个界限——一个从平台出入的节点。它们同时也使得平台成为了一个灰空间（an in-between place），成为山与溪流之间（或是反过来）路径上的一个停留空间。想象沿着阶梯向下到达平台，驻足观景，看到了能够暗示/呈现出有另一部崎岖的阶梯通往下面的溪流。再想象沿着长梯努力地拾级而上，终于到达平台之上的"神庙"遗迹，可供你歇脚、休憩。这个平台就是这所房子的卧室部分。

图3 前面的两步是基础，是建筑设计的永恒之道。第三步则更具体一些。平台的两个转角被拿掉：一处做成一个小淋浴间（a），另一处则作为通往长梯顶部下面厕所的通道（b）。这一步避免了打乱平台与周围树林之间的关系。

第四步（下一页）回归基础，唤起建筑的永恒之道。

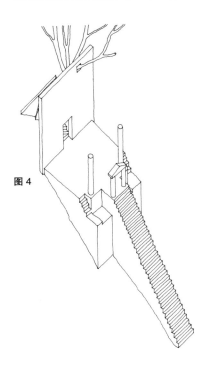

图 4

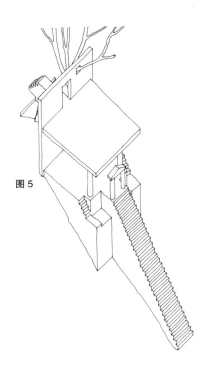

图 5

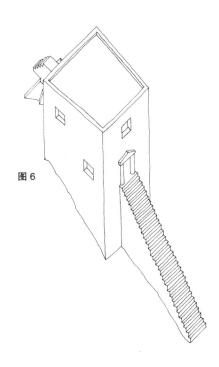

图 6

图 4 一面墙建在平台上山一侧的入口处，将平台与路径分隔开来，使它具有了私密性，也使得它更像是一个舞台，在这里上演一幕幕家庭生活的戏剧。这面墙同时也划定了"V"形阶梯的界限，提供了进出的门道（doorway）。墙体顶端开出一个小洞口是为了适应杧果树上一根大枝杈的生长，将树冠与建筑的形体联系在一起。另一个门道界定了通往溪流阶梯的界限。这个门道不在一面墙上——如果在这里设一面墙会切断平台空间与树林的联系——这里本身像一个小神庙，仅由两根立柱和一个三角山花组成。另外两根柱子在平台上的稍远处。这些构件共同限定了通往长梯的路径，同时与那面墙一起限定出卧室空间。

图 5 这些柱子同时还支撑着上一层楼板，上一层在墙上开有单独的门洞。第三部阶梯和一座跨过"V"形阶梯的小桥与这个门洞相连。上面的这一层是餐厅。上层餐厅与下层卧室墙面的内侧都做了抹灰，使它们像是内墙。周围的树木充任了这两个房间的其他墙体，卧室开敞的三面都做了防蚊网。而杧果树的树冠则成为了餐厅的屋顶。

上层和下层的平台都不是矩形的，它们都是在远离墙体的方向上宽度越来越窄（参见对页图 9）。据推测，这种逐渐收缩的手法，或许能够从墙体上的入口方向看起来使空间显得稍大一些；而从溪边长梯上行时，卧室看起来更紧凑一点。

图 6 在常规设计中，这座住宅应当有四面墙，有窗和屋顶。如果这样的话，这些房间的特质以及它们与周围环境的关系将大不相同。水潭住宅的概念简单得像是孩子绘画中的房子（下图），但是缺少三面墙，也没有屋顶，而是用树木来替代。

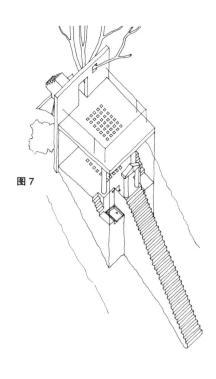

图 7

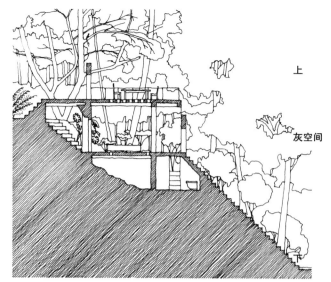

图 8 剖面图

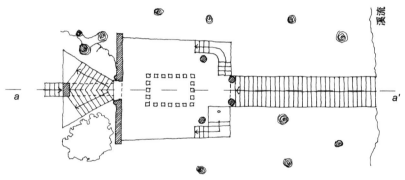

图 9 平面图

图 7 最后，除了卧室四周的防蚊网，餐厅四周设置了一圈细铁围栏，作为栏杆。地板里镶嵌了玻璃砖；餐厅地板上的玻璃砖使光线能够照亮下层的卧室。约翰·威尔士（John Welsh）在《现代住宅》（Modern House，1995 年，第 146 页）中对水潭住宅的描述认为，卧室地面的玻璃砖能够让人观赏到房子下面的溪流。

你能看到，在卧室一角向下几步的浴室与树林之间的唯一屏障就是防蚊网，厕所则藏在平台的内部。

分层法；过渡、层级与中心 |
Stratification; transition, hierarchy and heart

水潭住宅基本上是沿中心纵轴对称的（图 9 中 a—a'）；这条轴线沿着"V"形楼梯与通往餐厅的楼梯延伸，穿过卧室和长梯的顶端，进入树林，一直向下到达溪边。沿着这条轴线，标高各不相同（图 8）。在不同层面上，你对自己与场地和环境之间关系的感受是各不相同的。餐厅在最上层，顶部向着杧果树的树冠，四个方向中有三面向着树林敞开。这个空间被抬起，四周是树木和背后的墙体，你与周围树林之间形成了最直接的融合关系。

介于中间的一层是卧室——灰空间层。它有天花板，但也是三面向树林敞开。被防蚊网围合的空间其开敞感被几根立柱和独立的门道削弱。尽管鸟鸣和雨水会轻易穿透防蚊网，这个同样被抬起的空间却更像一个内部空间——一个房间。在这里你与树林之间形成了一种更私密的关系。

这里很冷，我们盖着厚厚的毯子和毛皮。当我们在清晨醒来，森林的薄雾翻滚着穿过房间——这真是太神奇了。

——理查德·布莱恩特（Richard Bryant），建筑摄影师，
描述在水潭住宅度过的一个晚上。
architectsjournal.co.uk/home/a-life-in-architecture/770632.article

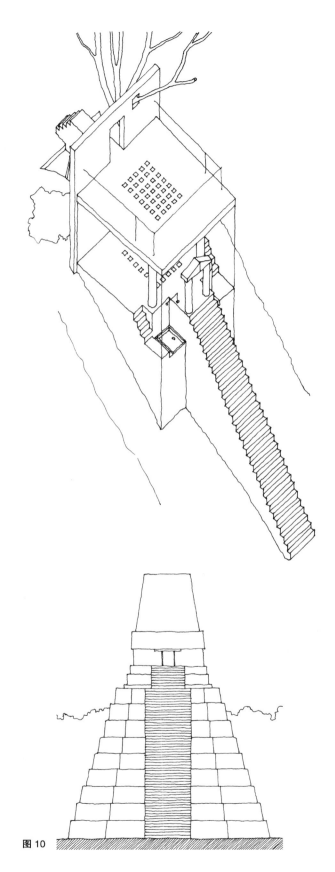

图10

下面是小溪，是最低的一层。这里是你走下阶梯的目的地。

这样的格局创造了一种空间的层级，餐厅和卧室争相成为整个房子的中心。随着天气、时间或是活动的变化，情势或许会交替变化：若是在一个干燥温暖的夜晚招待晚餐的客人，中心是餐厅；若是在大雨倾盆时独自一人，中心就是卧室。

水潭住宅有三个主要的过渡；当人穿过时，每个过渡处都会带来不同的感受。第一处是从山坡通向房子的道路——走上短阶梯，跨过小桥，穿过门道"进入"餐厅，在这里你发现自己置身于一个被树木环绕的抬升的平台上。第二处仍是从山坡，但这次是走下"V"形阶梯，从小桥下面经过并穿过门道——进入卧室，你再次感觉自己处于一个更像封闭房间的空间。然后（第三处）是独立式的门道。站在它的边缘，看起来有点危险的阶梯立刻展现在面前。每处过渡都改变了你与树林之间的关系。每处过渡会引发不同的情感回应：在被树木环绕的高台上时会感到兴奋；进入庇护空间时会感到放松；站在陡峭的阶梯顶端时则令人感到惊恐。

总的来说，这个住宅就是一个过渡。当走进并穿过它，你与自然之间的关系发生了变化；你对植物和野生动物的感知也因建筑而改变、强化。墙体将你与其他环境分开，穿过它，你被引入这个住宅营造的独特环境以及它与树林之间的紧密关系之中。站在通往陡峭阶梯的独立门道前，你可以从另一个视角看到这片树林。这就像是将自己置于抉择判断的自然之门处。

原始场所类型 | Primitive place types

颇为相称的是，因为位于墨西哥，所以在水潭住宅的形式中，长长的陡峭阶梯通往顶部一个小

房间的洞口，让人联想起玛雅或是印加神庙（图 10）。然而这种神庙曾经是祭祀的场所——把砍下的头颅放在那里，血顺着阶梯往下流淌——水潭住宅却是另一种神庙：人们在餐厅或卧室做着事情，餐桌和床成为吃饭、睡觉的"祭坛"。这些与浴室和厕所共同构成了由住宅限定的原始场所类型。

关于建筑语感的说明 |
A note on sense in architecture

我们通常将语感的概念与口头语言联系在一起。句子中的词汇和标点构成了句子的含义，但是当它们被重新排列时就会变得语无伦次。缺少语法会让人感到烦躁、气愤和不满：

标点构成，词汇语无伦次它们会。构成含义句子但是重新排列

没有语法就没有语意。词汇的集合变得更像是谜语，挑战我们对语感的认知。正如哲学家路德维希·维特根斯坦所言，语意并不在独立的词汇中，而是更多地体现在将词汇组织在一起的语法中。

在建筑当中也是类似的。在建筑中相当于词汇的是地板、墙、屋顶等建筑的基本元素。等同于语意（至少在某个概念层面上）的是场所——吃饭的场所、睡觉的场所、进入的场所、下到溪边的场所，等等。

尽管它很难说是一个传统意义上的住宅，水潭住宅中基本元素的组织仍使之具有建筑语感。但它们也可以重新进行组织，变得语无伦次（图 11）。这张图的混乱是全方位的。在结构方面的混乱，是由于某些元素违背了重力法则与构造的实用性原则。但同时也发生了空间的错乱：阶梯不知通向何处；门道在场所之外；空间也拒绝满足居住的需求。即在这种情况下，空间没有为各种居住活动提供场所（当它们被拆解开，建筑的空间语意也随之被破坏了。像人类一样，建筑作品也会"失去生命"。）。

与之相反，实际的水潭住宅像是一个干净整洁、

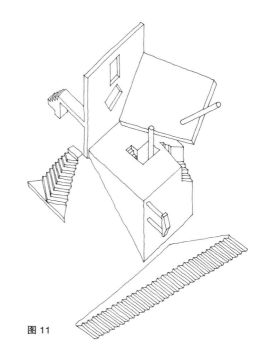

图 11

结构清晰的句子，沿着它的长轴推进。你走近它，无论是拾级而上或是顺阶而下，穿过一道门，这个门就像是一个冒号：之后你发现自己身处另一个情境当中。走上餐厅，你就到达了句点。下至卧室，那里（可以选择）进入另一个分句，穿过另一个"冒号"：你能经过独立的门道，向下到达溪流。

在语言中，有多种方式来运用无序的词汇并打破语法规则。刘易斯·卡罗尔（Lewis Carroll）写过一些错乱的诗，例如这首《炸脖熌》[译注]（Jabberwocky，1872 年）

"有（一）天息里，那些活济济的獝子
在卫边儿尽着那么跐那么覒；
好难四儿啊，那些鹅鹈鸪子，
还有寮的猪子恓得格儿。"
（'Twas brillig and the slithy toves
Did gyre and gimble in the wabe;
All mimsy were the borogoves,
And the mome raths outgrabe.）

——这首诗因其语法和自造词，仍成功地使人浮想联翩。

詹姆斯·乔伊斯（James Joyce）的《尤利西斯》

[译注] 又译《伽卜沃奇》。"Jabberwocky"是"无聊、无意义的话"的意思，这首诗是卡罗尔在《爱丽丝穿镜奇幻记》（Through the Looking-Glass）中自创的一首诗，诗中很多单词都是卡罗尔自造的。这首诗虽说毫无意义，但是完全符合英文诗的格律，被认为是所有英语诗歌文字游戏中最好的一首。此处引用赵元任先生的译本。

（*Ulysses*，1922 年）通篇没有一个标点[译注]——

"……有一回那个带着一只松鼠的美国人跟爹谈邮票生意我用手指头蘸着尝了尝最后干的那回他使劲挣扎着才没有睡着我们刚喝完葡萄酒……"

（…I tasted one with my finger dipped out of that American that had the squirrel talking stamps with father he had all he could do to keep himself from falling asleep after the last time we took the port and…）

——它模拟了我们头脑中的意识流。

与在语言中一样，建筑上的语无伦次也可以被用作一种"语言"策略或是用于哲学评论。这方面的实例包括：罗伯特·文丘里的母亲住宅（Vanna Venturi House）（参阅《解析建筑》第四版，案例研究 8），其中有一部哪里都不通的楼梯以及彼得·埃森曼（Peter Eisenman）的 6 号住宅（House Ⅵ）（参阅《解析建筑》第四版，案例研究 10），同样也有一部倒挂在天花板上哪儿都不通的楼梯，有一根立柱挡住了通往餐桌的去路，而卧室地板上反光的玻璃条（至少起初是这样）阻碍着业主使用双人床。

但在水潭住宅中，尽管这是一个不同寻常的房子，缺失了某些我们在传统住宅中能够看到的构件，我们仍能从中解读出建筑中"正确的语法"和语感。

结语 | Conclusion

水潭住宅或许像儿童画中的房子般简单，但它的精妙之处并非来自简单的外表，更多的是来自对建筑元素的理解，（建筑师）认为每个建筑元素，都改变着人与他（她）周围环境之间的关系。这种精妙同样也来自基础层面对通常（传统住宅中）组成住宅的每个构件的需求和意愿进行评估，来决定哪些提升或削弱了对建筑的体验。例如：

·传统住宅中的四面墙，在水潭住宅中被减少到一面；这面墙作为接近建筑一侧的屏障，在一定程度上维护了私密性，但其他方向的墙面则会将居住者与森林中的光、声音和氛围相阻隔；

·平台因三面墙的缺失而暴露在外——它在传统住宅中通常是隐藏起来的，像是一个基座或是墙墩，将居住者从自然地面抬起，这不仅是实际意义上的抬升，也是对人类超越自然能力的一种表达；

·传统住宅中的屋顶在水潭住宅中也被省略掉了；对抗炎热的天气所需的阴影由树冠提供；当下雨时，卧室能够成为所需的遮蔽所；屋顶是不必要的，它会将内部空间与周边环境更强地割裂开，遮挡着望向树冠枝叶以及透过枝叶洒下阳光的视野；

·水潭住宅有两种门道，实用性的和象征性的（尽管所有的门道在某种程度上同时具有两种含义）；住宅靠山一侧的门道是实用性的，因为它们使人能穿过作为屏障的墙体进入卧室和上层的餐厅；但在通往溪流的长梯顶端的神庙式门道则不是出于实用需求——这一侧除了薄薄的防蚊网，没有特别需要穿透的屏障；这个门道主要是象征性的，限定了从平台向下走到溪边的界限（你或许也会考虑位于阶梯底端一个类似的象征性门道能够精妙地改变对房子和溪流之间关系的感知和体验）。

水潭住宅并非是对"住宅"（它的传统建筑形式）的解构、变形或拆解，而是更回归初始原则，根据在整体组织中的角色，对房子的每个构件和它同其他元素之间的关系进行重新评估——修正、强化、调节——人与他（她）周围环境之间的关系。

就是将这个住宅作为调节居住者（们）与树林之间关系的手段。但水潭住宅同样也实实在在地植入基地：通过它与斜坡的关系；通过为杧果树枝生长特意留出的洞口；通过能够走下去接近溪流的长梯；通过引入水流声和鸟鸣；通过对植栽的湿气和四溅的雨滴未加阻隔。对传统的重新评估以及从初始原则出发进行建筑设计，这个建筑是一个实体的范例。

参考文献：

Frances Anderton – 'Jungle House', in *AR*（*Architectural Review*），June 1991, pp. 42-47.

Deborah Singmaster – 'A Life in Architecture'（Richard Bryant），in *AJ*（*Architects Journal*），1 April 1999, available at：
architectsjournal.co.uk/home/a-life-in-architecture/770632.article

John Welsh – *Modern House*, Phaidon, London, 1995, pp. 144-147.

[译注] 译文引自萧乾、文洁若翻译，译林出版社 2010 年出版的中译本。

诺因多夫住宅

NEUENDORF HOUSE

诺因多夫住宅
NEUENDORF HOUSE

一个位于西班牙马略卡岛的度假屋

约翰·帕森（John Pawson）、克劳迪奥·塞博斯丁（Claudio Silvestrin）设计，1987–1989 年

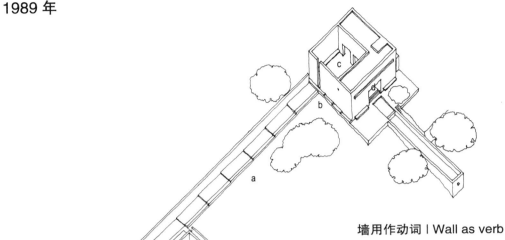

墙用作动词 | Wall as verb

音乐家通过写作练习曲（études）来探索某套特定音乐参数下的创作可能。约翰·帕森和克劳迪奥·塞博斯丁位于马略卡岛（Mallorca）的住宅就是一个建筑的练习曲。它探索的是墙体的创作可能。使用这种最基本的建筑构件，诺因多夫住宅带给人一系列的建筑体验（上图、对页图 1、图 2）。这个住宅以一段序曲开场（a）——一个缓慢、冗长而逐渐增强的乐段。还有一段过门（b）——这一瞬间，增长的期待被不安所取代，曲调也随之改变。经过过门，情绪也发生了变化——庭院中的停滞感取代了清晰的运动方向感（c），变得缓慢而不确定，试图寻找一个中心。突然到来的高潮（d），将心绪抛向远方。对这个住宅建筑空间的体验，就像是聆听一段乐曲。

如果建筑是一种语言，墙（wall）就是一个动词。"造墙"是建造的过程——将砖石堆砌起来——但即使建造完成后，"墙"在建筑上仍是一个动词；这或许始于一面墙成为一种限定空间的手段之时。只有当一面墙建造起来时才具有了建筑动词的地位。墙通常被认为是既不会说话，又不能移动的（"简直就像是对墙弹琴（It's like talking to the wall）！"）或许它们是这样的，但它们也能做（do）些什么。它们功能强大，决定着我们使用空间的方式；它们确定了组织与体验空间的规则；它们阻止我们到某些地方，却引领我们到达另一些地方；它们包围着我们，保护我们的隐私和财产。诺因多夫住宅就是关于你——建筑师，可以用墙来做什么的一个实践。

约翰·帕森和克劳迪奥·塞博斯丁在共同完成了这个住宅后就开始各自执业，他们的建筑作品通常以极度简约、不事雕琢为特征。他们的建筑只有最少的家具，没有任何装饰。空间也尽可能简单空旷。

诺因多夫住宅就是如此。它只有简单的矩形墙体，以摩洛哥红涂刷，这种颜色是用红色的土质颜料与水泥混合而成。它们洋溢着灼热的色彩，与马略卡岛湛蓝的天空和地中海地区的深绿色植物形成鲜明对比。诺因多夫住宅几乎没有窗户；仅有的是墙上的一些矩形的小洞口。有些墙体仅有一扇小小

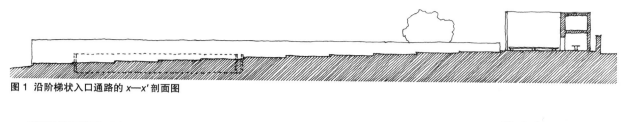

图 1 沿阶梯状入口通路的 x—x′ 剖面图

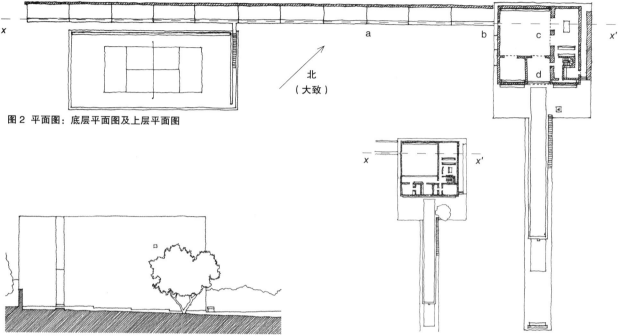

北
（大致）

图 2 平面图：底层平面图及上层平面图

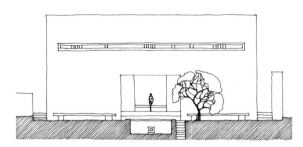

图 3 西南立面———面空白的墙上仅有入口的狭缝和一个小小的正方形窗；在午后的阳光下热情洋溢。

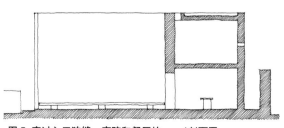

图 4 东南立面——有庭院朝向泳池的洞口以及一列护面盔甲般隐藏在缝隙中的小窗。

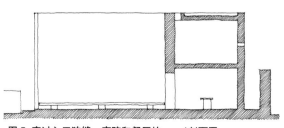

图 5 穿过入口狭缝、庭院和餐厅的 x—x′ 剖面图。

的窗户（图 3）。有一面墙有规律地开了一排窗，就像是连续的节拍。其他的则被隐蔽起来，藏在一个长长的水平缝隙中，就像护面盔甲（图 4）。诺因多夫住宅不仅没有装饰，而且看起来有些严肃，甚至令人生畏。它神秘莫测地坐落在小山顶上，不太像住宅，倒更像是一座城堡。除了一块网球场、一个日光浴平台和一个泳池，设计师很少顾及它实际是个度假屋。

几何形 | Geometry

这座住宅的形式呈严格的正交。除了遮蔽楼上浴室的一面弧形墙以及从自身体块中雕琢出的旋梯外，一切都是方方正正的，完整无缺，有棱有角。行进路径是笔直的，可以一路登上整齐宽阔的阶梯。屋顶是水平的，墙面是竖直的。泳池是一个沿长轴

图 6 穿过庭院和泳池的 y—y' 剖面图

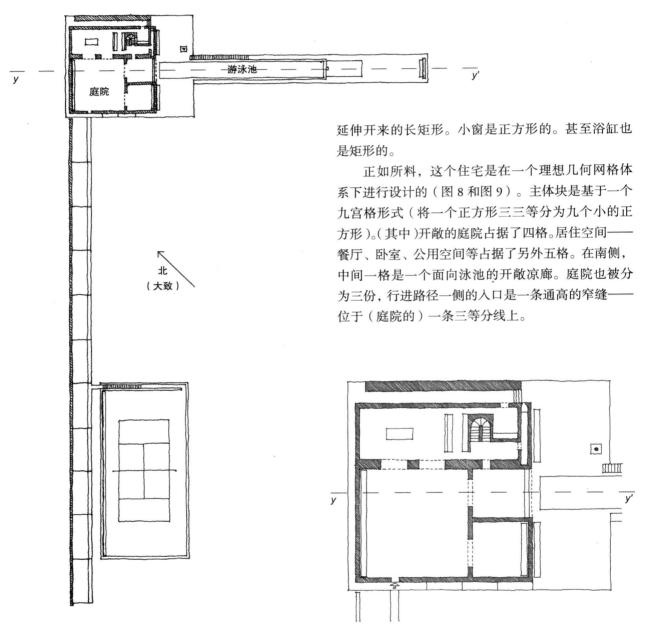

游泳池

庭院

北
（大致）

延伸开来的长矩形。小窗是正方形的。甚至浴缸也是矩形的。

正如所料，这个住宅是在一个理想几何网格体系下进行设计的（图 8 和图 9）。主体块是基于一个九宫格形式（将一个正方形三三等分为九个小的正方形）。（其中）开敞的庭院占据了四格。居住空间——餐厅、卧室、公用空间等占据了另外五格。在南侧，中间一格是一个面向泳池的开敞凉廊。庭院也被分为三份，行进路径一侧的入口是一条通高的窄缝——位于（庭院的）一条三等分线上。

图 7 将上页底层平面图旋转 90°。

图 8 将底层平面图放大。

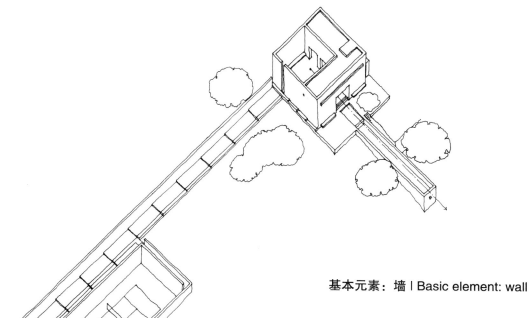

基本元素：墙 | Basic element: wall

尽管诺因多夫住宅可以被解读为一个由多种元素构成的抽象组合——一个"搭配起来的体块在光线下辉煌、正确和聪明的表演"（引用自勒·柯布西耶）^[译注]——但它的建筑含义也在其他方面体现出来。最值得注意的是，它引入了作为调节性元素的时间，它所占据的时间……这座建筑不是用眼睛来观赏，而是要体验。如前文所说，这是一座迷人的建筑，能引领人们进入一段如聆听音乐般的旅程。

前文已经提及，诺因多夫住宅主要通过墙来编排你对建筑的体验。像听音乐一样，这是一段动人的旅程。

旅程开始，这座建筑伸出一条"望远镜"似的道路，对你十里相迎。就像是房子的主人到门口来迎接你，引你进入。路径上宽阔的阶梯决定了你前进的路线。旁边的墙引你向前，控制着你能看到或是看不到的东西。这面墙像主人一样，仿佛挽着你的手臂，温柔地伴你一步步走上台阶。

在上行阶梯起点的右侧，是高高的白墙环抱着的下沉式网球场，下行的楼梯夹在两面平行的墙面之间（参阅后文"但丁纪念堂"）。网球场的白墙和道路旁的侧墙，共同暗示着进入"城堡"领域的路径。

阶梯路的侧墙随着你越走越高变得越来越矮，使你的视线直接集中于前方建筑墙面上的窄缝。这条窄缝以完美的几何形态呈现在峭壁般的墙面上。

如通常一样，精确的理想几何被墙体厚度打乱了。理想几何作为一种参照体系，可以在没有其他明确判断标准时，决定构件的相对位置和尺寸。诺因多夫住宅似乎已经形成了安宁与冷静的氛围——和谐，如果延续音乐隐喻说法的话——这是来自按简单几何比例划分形成的空间。

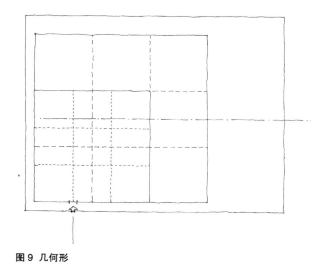

图9 几何形

［译注］引自勒·柯布西耶的《走向新建筑》，此处引用陈志华译本（陕西师范大学出版社，2004）。

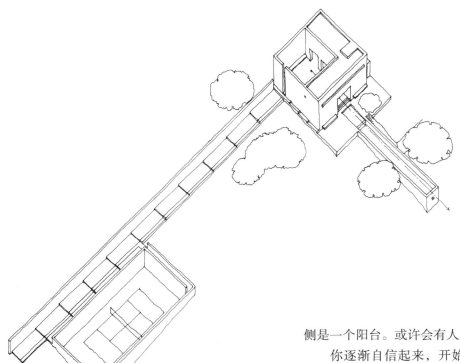

墙体是一面屏障，但这条裂缝使空间的渗透成为可能。这里就是你的目的地。除了窄缝和右侧一个高高的小方窗（第19页图3），这面墙再没有其他特征。傍晚时分，它反射着落日橙色的耀眼光芒，绚丽夺目。

你充满期待地走近这面墙和它的窄缝。缓慢地攀登，还有些吃力。建筑师，就像是电影的导演在制造悬念。当你走近窄缝，距离平台还有一步之遥。此时，夹在墙体之间，是进入庭院的入口。当站在即将进入他人领地的边界上时，你犹豫了。这面墙把墙内的世界隐藏起来，直到你走得很近。现在你可以透过窄缝窥视，看看进去是否安全。走进去是需要一点勇气的。

一旦穿过这面墙，你便进入了另一方天地。边界像是空间的断层。庭院与外面的世界几乎完全隔离。这个空间并非自然如此。它来自某种意念，要设置一个空荡的布景。这里的故事与无意识的自然无关，而是与人的意志和人与人之间的关系有关。你抬头仰望，看到蔚蓝的天空或是漫天繁星。房子的墙体环抱着你，但它的严峻与强硬毫不逊于外墙。你面前有两个矩形的洞口，引你进入空荡的餐厅，餐厅仅有一个圣坛般的餐桌摆在中间。二层在你右

侧是一个阳台。或许会有人从那里跟你打招呼。

你逐渐自信起来，开始环顾身处的神秘空间，又漫步进入方形的庭院。在阳台下，你看到了一个宽阔的门洞。移步望向门洞的另一头，迎来了空间的高潮：长长的泳池在空间中伸展。当望着眼前的景象出神时，房子已将你置于其正中心的位置——无比平静的水面反射着天空和远处深绿色的扁桃树——这一切都像是矩形凉廊中一幅构图完美的画面，一幅精致的活动影像投射在了一面不存在的墙上。

紧随乐章高潮的结尾，你穿过宽阔的门洞，步入庭院与水池间的凉廊。在凉廊边缘你看到两个即使能走过去也会很不方便的很高的台阶，通往外面的露台和泳池。你沉浸在这座房子的意念世界之中。它一定要将你留在它的网格中，作景框里水池和景观组成的移动影像的观众（后来设置了中间的踏步，使得从凉廊走到露台更为容易）。

结语：墙的力量 Ⅰ
Conclusion: the powers of the wall

建筑师有如神明。他们创造供人栖居的世界。在诺因多夫住宅中，约翰·帕森和克劳迪奥·塞博斯丁就是掌控这一切的神灵。像是提线木偶的表演者，用吊绳操纵着人们，调动他们的情感，引领他们沿着道路跨过入口界线，考验他们，也给他们带来惊喜。像作曲家和电影导演一样，他们制造悬念，唤起不确定的疑问，再提供解答。建筑是他们实现这一切的手段。在这个建筑中，他们最主要凭借的就是墙体。

首先是最初迎接你的那面墙，它在阶梯路上引领你、陪伴你，带你走向住宅。

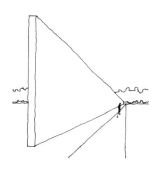

这面墙的顶端是水平的，因此随着你越来越接近房子，墙的高度也在降低；它的控制力也在减弱。

住宅被围合在四面具有相同高度的墙体之间。这些墙体从周围环境中限定出一个特定的区域，这

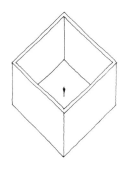

个区域是人造的，由建筑师的意志所划定。行进路旁的网球场也是被墙体封闭的。通往网球场的路径，是一部夹在两面平行墙体中间的向下的楼梯。

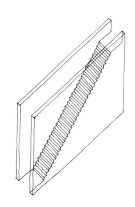

随着你拾级而下，这些墙体越来越高。在底端将你送入被高墙和阳光投下的斜影所限定的网球场空间。

穿过墙体屏障进入封闭内庭院的唯一通道是穿过窄缝的狭道。高墙界定出了内部与外部之间的界限。

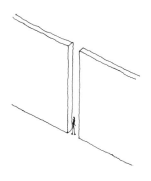

院内，庭院的两面被居住用房围合。其中一面开了一个大洞口——凉廊，确立了伸向外部景观的一条轴线，也给长条形游泳池的远景加上了画框。

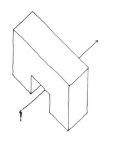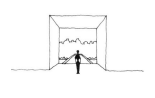

墙上另有几处小的方形洞口，将外面的世界框成小小的图画。

墙体不仅承接着洒下的阳光和投下的阴影，同时（从另一角度来说）也遮蔽着内部空间。庭院与餐厅之间的墙上开了两个大的洞口。

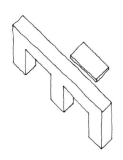

这面墙比其他的墙要厚，使整个建筑看起来更加坚固。同时这面墙也在内部空间、受控的外部庭院以及看得到入口通道的狭缝三者间的关系中发挥一定作用。

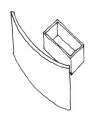

建筑中的一面弧形墙遮蔽着楼上的浴室。

墙还被作为长椅的靠背。

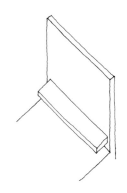

诺因多夫住宅是"用墙来设计"的直观范例。人们在建筑中或是建筑周围所做的每件事都以某种方式与墙相关。

诺因多夫住宅也表明，建筑与时间要素相关。体验者要花时间走近它，发现并探索它的空间和活动。在时间变化中，马略卡的阳光投下的阴影划过了摩洛哥红色的墙面。

它不必很舒适。或许可以假定过一种僧侣般的生活方式。但如果没有人的生活，房子便是不完整的。它在人与周边环境之间斡旋。这是建筑师的思想与居住者的体验之间的互动。

参考文献：

Mark Alden Branch – 'Light architecture', in *Progressive Architecture*, Volume 73, Number 11, November 1992, pp. 76-79.

John Welsh – *Modern House*, Phaidon, London, 1995, pp. 28-35.

http://www.johnpawson.com/architecture/residential/europe/neuendorfhouse

http://www.claudiosilvestrin.com/

(follow the links to 'Projects', 'Buildings', 'Neuendorf Villa')

巴塞罗那德国馆

BARCELONA PAVILION

巴塞罗那德国馆
BARCELONA PAVILION

巴塞罗那国际博览会德国馆

密斯·凡·德·罗（Mies van der Rohe），1929 年

密斯·凡·德·罗设计的 1929 年巴塞罗那国际博览会德国馆，通常简称为"德国馆"，设计建造于范斯沃斯住宅（Farnsworth House）（参阅第 63~78 页）之前约 20 年。尽管范斯沃斯住宅是 20 世纪建筑史上很重要的一个作品，但德国馆更加重要。它是建筑历史上最有影响力的作品之一。从它第一次建成至今 90 多年来，其影响力不仅没有消失，反而在不断增长。

德国馆建造的大环境——欧洲两次世界大战之间的间隙，其中德国是两次战争的主要参战国——比起后来建设位于伊利诺斯州平静的田园景色中的范斯沃斯住宅时，严苛的政治控制阴影要大得多。作为要在国际博览会中将与其他国家展馆并列展示的设计，德国馆试图作为一个国家——历史上称为"魏玛共和国"——经历了一战的社会和文化剧变后，自我重建的国家的标志。这些条件与挑战，或许在项目短暂的设计建造周期中激发了密斯的设计灵感，创作出了历史上最精美的建筑之一。

展馆建成后不久，1933 年纳粹党魁希特勒掌控了德国政权。纳粹反对现代主义建筑作为德国精神的标志，支持严肃的、纪念性的古典主义建筑；本土建筑形式则源自传统的民族建筑（参阅第 243~254 页，汉斯·夏隆（Hans Scharoun）的莫尔曼住宅（Mohrmann House）解析）。纳粹掌权 4 年后，即 1937 年，密斯移居美国。

从本案开始启动到建成，密斯仅有不到一年的时间来完成德国馆的选址、设计、监理、施工等全部工作。组委会给了他一个机会去实现他（和一些其他建筑师）在前些年提出的建筑观点。这些观点包括新材料和新技术的应用以及（可以说是）一种建筑空间的再创造。在一战的恐慌之后，这些观点代表着一种新的建筑文化语言，用一种全新的方式

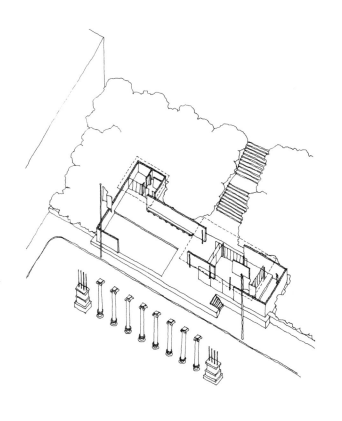

去诠释世界。

密斯·凡·德·罗的这些建筑观点的深入发展，源自他对古典建筑和哲学的研习，还受到当时考古发现的影响。其中探索了材料应用的多种可能性，例如将钢与大片的玻璃不加任何装饰地组织在一起。在德国馆中，密斯也采用了一些在各个时期均被应用到建筑中的更传统的材料。例如石灰华（产自意大利的沉积岩，密斯将石灰华薄片材用于地面铺装及部分墙体面层），抛光大理石（共有两种——一

种来自希腊，另一种来自意大利西北部的瓦莱达奥斯塔（Valle d'Aosta）——均有牢固染色图案，同样也用作薄的墙体面层）及稀有的缟玛瑙（来自北非，用在展馆核心处一个特别的墙面上）。

作为诗歌与哲学的建筑 |
Architecture as poetry and philosophy

德国馆是一首用建筑形式谱写的诗歌。他的潜在主题是关于西方文化如何在近千年的努力后（根据奥斯瓦尔德·斯宾格勒（Oswald Spengler）和其他历史学家的理论），能够通过空间表现来表达"命运观"（Destiny Idea）（斯宾格勒一战后在他的著作《西方的没落》（ *The Decline of the West* ）一书中提出的，这本书后来相当流行）。无论是否达到了政治／历史的期望，德国馆对后世建筑师的影响不仅在于其作为流动空间、极简的细部及高度完美的材料应用的范例，同时也示范了一个独立的建筑师，如何通过建筑媒介表达思想，诠释一个哲学命题。

德国馆在博览会结束后几乎立刻就被拆除了。在接下来的半个世纪中，它仅存的只有一些黑白照片和设计草图。然而，在消失的几十年中，它却声名鹊起，直至20世纪80年代，在其初次建成五十周年之际以及密斯百年诞辰的1986年，人们决定将其重建。现在，仍位于巴塞罗那魔幻喷泉广场（the Gran Plaza de la Fuente Mágica）西端原址上的这座建筑，是经过仔细研究后的复制品。*

德国馆的不可思议与其迷人的魅力，使它成为在建筑文献中最为广泛讨论的建筑作品之一。本文后的参考文献仅选取了大量研读这个建筑的文章和书籍中的一小部分。

就地取材 | Using things that are there

项目开始时，建筑师要做的第一个决定是选择一个特定的基地；在每一个建成（或未建成）的建筑中，朝向定位及与既有条件之间的关系都是重要的影响因素。尽管在图片上德国馆通常看起来像一个与环境无关的抽象组合（因此会觉得它在哪儿都差不多），但它的初始形态和再创造过程（尽管缺失了一个重要元素），是与其基地紧密联系在一起的。密斯与博览会组委会协商，希望得到一个比分配到的更好、更特别一些的基地。从他的选择可以看出他被基地既有特质所吸引，并将其与自己的设计联系起来，作为整个建筑构成的一部分。

博览会的举办地被按照鲍扎体系原则（Beaux Arts principles，通常是新古典主义的，沿轴线对称）设计的纪念性建筑包围，向上的大阶梯通往国家宫（Palau Nacional）——一个加泰罗尼亚艺术博物馆。根据德·索拉·莫拉莱斯的研究，* 德国的展馆最初被安排在大阶梯的底端。密斯放弃了这个地块，选择了魔幻喷泉广场西端的位置（图1）。这块地的特质对于密斯表达他的建筑观点具有决定性的作用，给他提供了设计的基础；他设计德国馆并非凭空想象（图2~图13）。

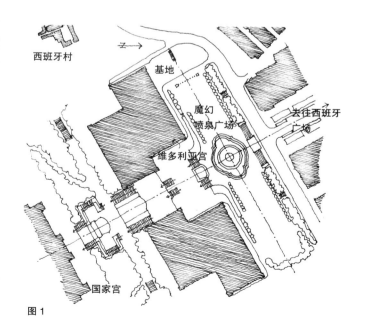

图1

---

* 关于原始德国馆及其20世纪80年代重建的研究参阅：伊格纳西·德·索拉·莫拉莱斯（Ignasi de Solà Morales）、克里斯蒂安·西里希（Cristian Cirici）及费尔南多·拉莫斯（Fernando Ramos）所著《密斯·凡·德·罗：巴塞罗那德国馆》（ *Mies van der Rohe: Barcelona Pavilion* ），古斯塔夫·吉利出版有限公司（Editorial Gustavo Gili SA），巴塞罗那，1993年。

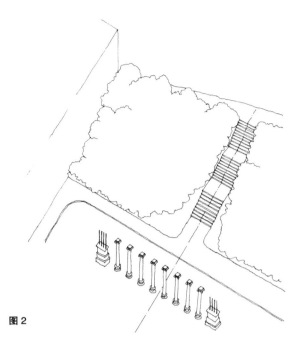

图2

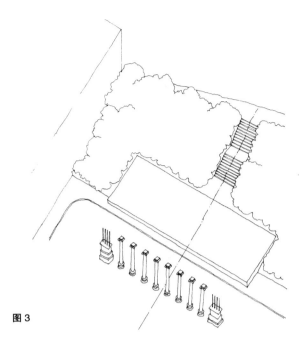

图3

图2与图3中的方向比上页总平面图大约向右旋转60°。

图2 除了在基地上穿过魔幻喷泉广场的通路，现场还有四个元素影响了密斯的设计。第一个是从魔幻喷泉广场向上延伸的斜坡，这使得展馆位于一个抬起的基面上，像是一个放在展台上的珍贵展品。第二个是穿过基地的路径上那几组向上的短阶梯，沿魔幻喷泉广场的中轴线延伸，向上引导着西班牙村（Pueblo Español）的方向（西班牙村是展示西班牙传统建筑的永久展场 [译注]）。第三个是毗邻的维多利亚宫（Palau Victoria Eugenia）的几乎一直在阴影中的巨大北墙。第四个则是一列同样沿广场中轴线居中的爱奥尼克柱列，但现在已经没有了。这些元素本身共同组成了可以称为"密斯风格的"（Miesian）布局。密斯风格布局可以定义为是存在于不同的建筑元素中——在这种情况下，一条路、一面墙以及一列柱子——形成互相垂直的关系，但并不接触。这也就能够理解密斯为什么发现了这里与他自己观点之间的共鸣。

图3 密斯设计的第一步是建造了平台——这是为建筑提供的舞台。这个平台是矩形的，切入斜坡之中，与魔幻喷泉广场之间被爱奥尼克柱列隔断。它与维多利亚宫的墙面相垂直，与爱奥尼克柱列平行，但中心不在广场的中轴线上。从设计草图（部分在伊格纳西·德·索拉·莫拉莱斯1993年的书中已出版）可以看出密斯思索过究竟这个平台应当成为一个独立的平台（图3）还是如同嵌入斜坡中的一块突出的岩石（图4），其表面与阶梯相连。

平台需要一部自己的阶梯，这部阶梯同样避开了大广场的中轴。对称法则——与轴线互动，而非被它控制——在德国馆的创新中扮演了重要角色。在依循鲍扎体系的设计中，平台和通路的阶梯都会沿

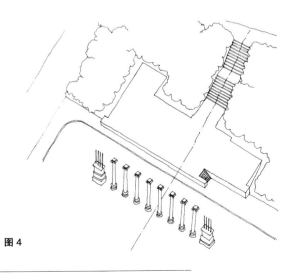

图4

[译注] 西班牙村最初是为1929年国际博览会兴建的，目的是展示西班牙的建筑风格和手工艺术品。博览会结束后，成为巴塞罗那的著名景点之一。

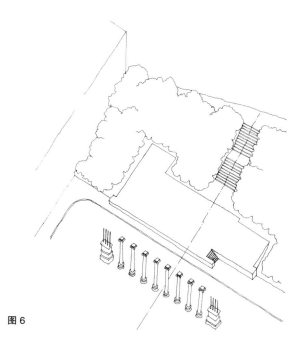

图 6

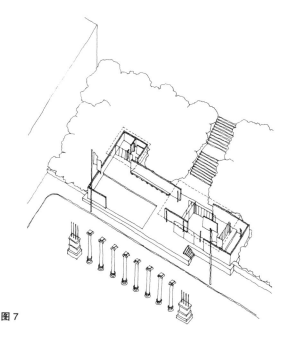

图 7

轴线布置（图5）。尽管密斯注意到了魔幻喷泉广场的轴线——他在设计草图中将它绘出——却以一种更精妙的方式来处理。

图6是建成的平台。这个矩形在不同的场所进行了调整：为了容纳一个办公室（在后部左侧的角落）以及为了避免石灰华面层与斜坡冲突（平台前角向两侧突出的两块）。通常人们在参观展馆时不会注意到矩形的这些变化；它看起来是一个独立的矩形平台。在远离广场的向上面的一侧，铺装截止在矩形平台边缘，而没有延伸至阶梯的底端。

尽管这看起来像一个无关紧要的细节，但其实它是很重要的；这个平台的铺装与地面之间的界限（一个小踏步）将平台明确为一个独立的存在，强调了展馆作为一个在它特定的领域以某种方式独立于现实世界的感觉。密斯对于将铺装延伸至阶梯的思索表明他曾考虑将平台作为从魔幻喷泉广场向上行至西班牙村通路的一部分。他最终决定放弃强调这个作用，尽管并没有完全消解掉。

如图7所示，展馆的上层结构建在平台上。这张图展示了它作为一种布局与场地既有特征相联系。路径提供了一个使展馆能够营造活动的动线。维多利亚宫巨大的墙面为展馆提供了一个背景墙，在很多标志性照片中，这面永远处在阴影中的墙如阴霾的"天空"衬托着展馆的明亮。爱奥尼克柱列的界面将展馆与魔幻喷泉广场分开。当一个人穿过广场时，柱列会营造一种神秘感和期待感，强化了展馆的特异——它不同于周围鲍扎体系的建筑。当站在平台之上，柱列如同范斯沃斯住宅中沿河岸的树木形成的屏障（参阅第69页），透过这层特别的屏障看到外面的世界。

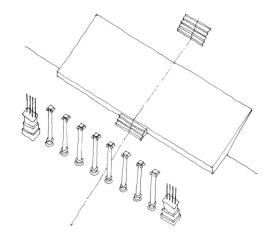

图 5

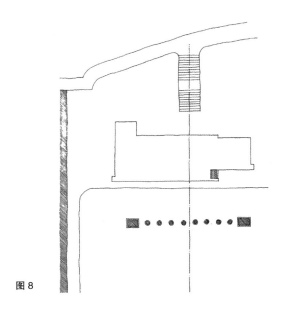

图 8

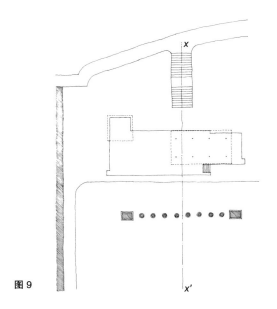

图 9

如图 8 所示，既有元素组成的密斯风格布局，与平台共同组成了德国馆的第一组基本元素。爱奥尼克柱列限定了内部与外部——外部魔幻喷泉广场平坦的空地与展馆自己领域之间的界限。它们赋予展馆一个独立的门廊，如在新古典主义建筑中的那样（见图 9）。接下来的元素被设置在平台的水平面上——这个平面被称为"白纸"（the 'blank sheet of paper'），是密斯为墙体、柱子、水池、屋顶……的组合布局创造的完美人工基面。这组布局可以解构为它的各个组成要素（图 9~ 图 11）。以上叙述既非密斯构思这个设计的顺序，亦非展馆的建造顺序，而是一步步构建起组合布局，有助于从概念上描述设计的组合方式。

如图 9 所示，第一个元素是一个水平的矩形屋顶，与平台表面平行，悬浮在基面之上，以八根均衡布置的柱子支撑。另一片小一点的屋顶位于办公室区域的上方。从空间上来看，这两片屋顶限定了一个水平空间层面——在大地与天空之间——在这个空间层面内，密斯以墙体进行空间组织。柱子撑起的屋顶构成一个小型建筑物，可以看作是一个神庙或是横在路上的山门（对页左下图）。尽管这个小建筑自身是对称的，却遵照不对称的原则，设置在偏离广场 x—x' 轴线的位置，轴线在其大约第一跨 2/5 的位置穿过。

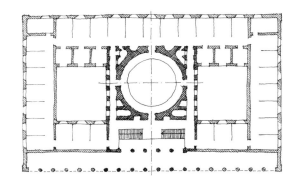

既有的爱奥尼克柱列使人想起卡尔·弗雷德里希·申克尔（Karl Friedrich Schinkel）设计的柏林老博物馆（Altes Museum）前的凉廊 / 门廊。认为密斯想到了借鉴这个早先案例仅是一个推断，但似乎是合理的（也可参阅图 20）。

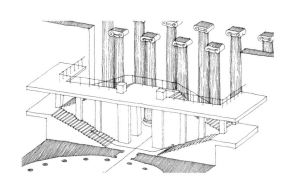

在德国馆中，密斯看到了这块隐藏在柱列背后的场地所蕴含的戏剧性潜能；采用了类似于老博物馆中隐藏在爱奥尼克柱列门廊后著名的台阶处理手法。

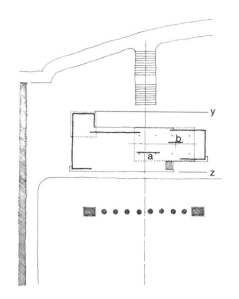

图 10

这是德国馆迷宫构建的开始。左侧是开敞的庭院，右侧是屋顶下的中央大厅——一种经典的并置，但在这种情况下墙体脱离了其传统上作为屋顶支撑构件的角色，独立成为一个将空间从周边环境中分隔出来的围合构件，强调其作为屏障以及限定运动路径的作用。

较短的独立墙体 b 位于内部，在屋顶下，沿着中央大厅的中轴线布置。在所有要素中，这是最接近于构建一个展馆核心的墙体。从整体上看，它似乎位于平台的中线上（不含削减的部分），即图 10 中 y 线与 z 线的中线（参阅索菲亚·普萨拉（Sophia Psarra）的文献，2009 年，第 49 页）。这面墙可以比作是梯林斯（Tiryns）王宫中央大厅中王座背后的那面墙（下图）（以及范斯沃斯住宅的核心）。在 1929 年的国际博览会上，展馆落成仪式由西班牙国王阿方索十三世（Alfonso XIII）主持。或许密斯考虑将他特别设计的椅子靠这面墙放置会使它像王座一般？最终，当时的摄影师展示出的是沿中轴线靠墙放置的一张桌子（一个圣坛），另一侧有一对椅子。据路德维希·格莱泽（Ludwig Glaeser）所述，（德国馆）的首要功能是在那里举行落成仪式时，西班牙国王在"金皮书"（golden book）上签名。放金皮书的桌子设置在清晰限定了仪式性中心的绿玛瑙墙边（参阅胡安·帕布鲁·邦塔（Juan Pablo Bonta）的文献，1979 年，第 208 页）。所有朝向庭院的墙体均以与平台相同的石灰华片材饰面。所有朝向中央大厅的则采用了染色抛光大理石和上面提到的绿玛瑙。这个差异表现出密斯想要使这两个区域有一个质的区分。最稀有、最宝贵的石材——绿玛瑙，是为"圣坛"的墙壁（墙体 b）特意准备的。

如图 10 所示，下一个元素是实墙（无玻璃）。这些实墙大部分围绕平台的边缘布置，形成一个像环绕着神庙的神圣围地（temenos）或是迈锡尼或米诺斯中央大厅（megaron）[译注] 前的庭院般的片段式围合（下图，右图）。但两片较短的墙，没有转角，随意地立着。其中较长的一片（墙体 a）不仅与广场轴线互动，还将其阻隔。就它自身来说，这段墙体坚持着潜在的空间组织原则。它通过打断运动的轴线，创造了一个漫步的空间。结合通达平台上阶梯的设置，这片墙控制着人穿过场地的动线。阶梯的位置和方向决定了你无法沿轴线登上平台，当登上平台，这面墙则阻止你重新找到轴线的方向；它迫使你要么向左要么向右。传统上利用建筑建立一条可靠的轴线（很多是由宗教建筑充当）——一个在不确定中依赖的参照系的方法准则被打破了。墙体 a 是一个政治宣言。

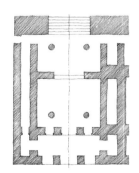

位于克里特岛克诺索斯（Knossos）的米诺斯宫殿山门——一个横跨在路上的建筑。

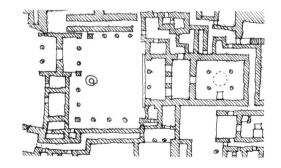

梯林斯王宫中心的中央大厅及庭院；在左侧也有一个山门。

[译注] 中央大厅是古希腊与小亚细亚建筑的中央部分；由敞廊、门厅和大厅三部分组成，中间有火炉及宝座，周围是 4 根木柱。

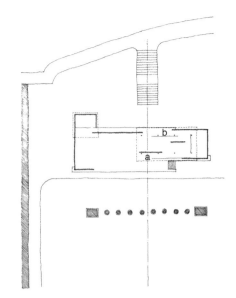

图 11

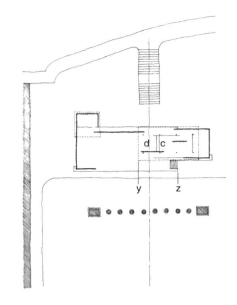

图 12

如图 11 所示，在这个建筑组合布局中的下一个元素是透明的浅色玻璃墙体。这些墙体引导视线从一个空间穿透到另一个空间：从平台的入口阶梯进入中央大厅；从大厅内部朝向庭院以及从大厅内部朝向斜坡上的阶梯。它们也与实墙共同建立了展馆与门道（墙体 a 和墙体 b）之间的紧密联系。这些就是关键，为何在展馆的原始设计中为了在夜间关闭展馆设置了可移动的门，而如今展馆的门则是固定的。（固定的门——歧视与排外的象征，是对展馆内在的流动空间和内部与外部空间之间模糊分隔的设计理念及其政治宣言的反叛，但出于安保的考虑是必要的。）玻璃墙对于展馆迷宫般的特质也有所贡献，它们打断了环绕并穿过展馆的道路。远处一面玻璃墙围合在办公室前方，留出了穿过庭院的视线。

如图 12 所示，从概念上讲，最后一个加入这个组合布局的墙体，是一面双层透明白色玻璃墙（c）。它阻挡了从中央大厅内部朝向庭院的轴向视线，同样也阻挡了沿轴向走出或是进入中央大厅的流线。双层墙也营造出了一个门廊（d），却没有门道，从这里能在屋顶的荫蔽下向外看到庭院。双层墙的两片墙体之间不可进入的空腔上方有一个天窗，使它们明亮起来。这里也设置了人工照明，在黑暗中这两片墙也是明亮的。普萨拉（2009 年，第 49 页）发现这个双层透明墙体 c 被设置在了屋顶边缘与阶梯起步之间的中线，即 y 线与 z 线的中线上。

如图 13 所示，玻璃和抛光的石材墙面像是镜子。两个矩形水池的水面也是。两个水池中较小的一个几乎占满了小庭院，大的一个则在外面的主庭院中。这些水池通过营造不可达的区域增加了展馆的迷宫特质，在这些区域你只能站在边上看过去，或是低头看到自己的倒影。倒影在德国馆中是一个重要元素。相互重叠的、迷惑的影子创造了德国馆复杂的视觉体验。如罗宾·埃文斯（Robin Evans）在《密斯·凡·德·罗矛盾的对称性》（Mies van der Rohe's Paradoxical Symmetries）一文中所述，它们营造了这个建筑布局中并不鲜明的对称性。如果说一个对称的建筑的两边可以看作是沿中轴的镜像，德国馆的对称则是在垂直方向与水平方向，在那些反光的玻璃、抛光石材和水体界面上的逐一镜像。

不同类型墙面的组合，与水池共同构建了德国馆的复杂迷宫。图 13 中标明的最后两个元素是：小水池中立于基座上的一座雕塑（e），在很多照片中能看到她被框景在门道 b 之间（图 14）以及一块强调"圣坛"墙体空间营造作用的黑色地毯（f）。雕塑营造了一个关注的焦点，也成为献给"某特定人物"的"神庙"的象征符号（参阅邦塔的文献，1979 年，第 208 页）。雕塑遮蔽了直射眼睛的阳光，引起整体水平向设计中被忽视的朝上方向的关注。水面上她的倒影，也吸引了对朝下方向的注意。"圣坛"墙边的黑色地毯相当于古代中央大厅中的壁炉床；它在地面上界定出一个特殊的领域来放置桌

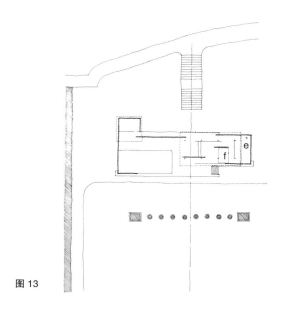

图 13

子。石灰华地面和罩面片材的沙黄色、地毯的黑色和用于遮蔽东面透过玻璃墙上入射阳光的红色窗帘，接近于德国国旗的黄、黑和红色。1929 年，西班牙和德国的国旗在旗杆上飘扬，如这篇解析的标题页上展示的那样。如今挂在那里的是巴塞罗那和欧盟的旗帜。

建造几何 | Geometry of making

从很多方面来讲，德国馆都像是一个舞台布景。我们看到，它占据着与周边世界隔绝的专属领域（像是剧场中的舞台）。我们也能看到，它设定了某种特定活动的规则；主张人们去探索迷宫般的空间，而非遵循魔幻喷泉广场与既有阶梯所限定的轴线。

德国馆的结构也像是舞台布景；所有东西都与看起来的不大一样。平台并不是一个坚实的石头基座，而是空的。墙体也不是用石块砌成，而是将石片挂在钢龙骨上。覆有白色饰面的屋顶则完全看不出它的结构。相较于实体，这个建筑更像是一个表皮。

这座展馆也完全无视传统建筑结构原则，如同在附近西班牙村本土建筑的重建中清晰展示出的那种。与范斯沃斯住宅不同（解析见本书第 63~78 页），德国馆并非一个清晰明确的结构体系。甚至能观察到它有一个视觉上的混淆，无法确定柱子或墙体是否支撑着屋顶（罗宾·埃文斯的文献，1997 年，第 240~241 页）。它们二者并不是同时都需要的；每个柱子均可以独自支撑屋顶；柱子不是实心的，而是由四片直角镀铬钢片组成（在重建中使用的是亮面不锈钢）。

图 14 雕塑——《黎明》（西班牙语为 Alba，英语为 Dawn），格奥尔·科尔比（Georg Kolbe）的作品——立于小水池中的基座之上，如果德国馆是一座神庙，她就是其中的主神；遮挡了直射眼睛的阳光，她将参观者的注意力引导到朝上的方向；她在水中的倒影，也将目光吸引朝下。

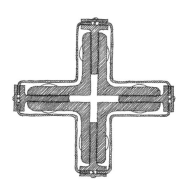

在对范斯沃斯住宅的解析中我们能看到，矩形的石灰华铺面构成的网格体系限定了主要元素的位置。乍看上去，似乎在德国馆的也是一样（图

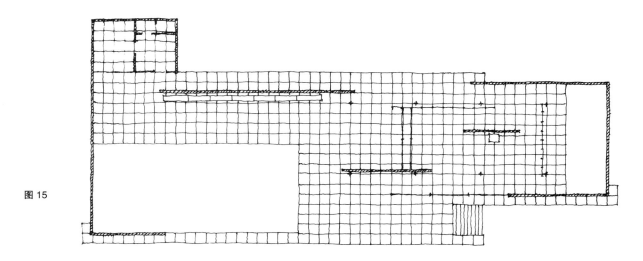

图15

15）。但如果你进一步观察，会发现有一些微妙的差别。例如，支撑中央大厅屋顶的8根柱子，均衡地沿着铺地的一条纵向接缝排列，但并不总能落到与横向接缝的交点上。两端的柱子落在了横向接缝的位置，但中间的那些就没有。就像是铺地的节拍与柱子的节拍形成的切分节奏。在端点处它们相互加强，但在中间部分却不太一致。类似的情况在其他位置也有发生。例如，入口台阶旁的大玻璃之间的竖梃，是从一条横向接缝的位置开始，却再也没有与另一条横向接缝相交。而小庭院旁的玻璃幕墙的竖梃，则并没有排列在某一条横向接缝的位置上，但两端都落在了纵向接缝上，交点却都不是中点。

人们会对它的音乐感留下印象。正方形铺装形成的节奏与其他元素组合之间并非互不相关。相反却存在着一些复杂的关系；弱拍与冲突的节奏，如在伊戈尔·菲德洛维奇·斯特拉文斯基（Igor Fedorovitch Stravinsky）的一部当代作品中能够听到的那样——斯特拉文斯基的《春之祭》（Rite of Spring）（创作于1913年），在20世纪20年代开始被大量演出。尽管我们不能将原始戏剧同斯特拉文斯基音乐中猛烈的节奏与德国馆中平静的复杂性相提并论，但密斯的这座建筑，以它自己冷静的方式掌控着一种由变化的、相互叠加的节奏形成的可比较的冲突。如在范斯沃斯住宅中所看到的，密斯更关注源自材料的空间秩序和材料的构造方式，而非在新古典鲍扎体系建筑中所追求的符合数学比例的理想几何形体的生硬组织方式。

理念和影响 | Ideas and influences

创造力源自理念。德国馆充满了理念与创造力。尽管起初看起来是新奇的，但这个设计并非凭空想象。它源自密斯对古典建筑的理解、他的哲学理念以及他对当代建筑和艺术运动的兴趣。密斯很少谈及他的影响，像大多数艺术家/建筑师一样，对他的工作方式保持缄默。因此对于他从哪里获得那些运用在作品中的理念，我们也只能推测。

风格派 | De Stijl

胡安·帕布鲁·邦塔在其《建筑及其诠释》（Architecture and its Interpretation）（1979年）一书中将德国馆作为一个案例分析。他用了大量篇幅（从第161页开始）讨论关于密斯·凡·德·罗与20世纪20年代由荷兰的画家、建筑师及家具设计师，包括特奥·凡·杜斯堡（Theo van Doesburg）、格里特·里特维德（Gerrit Rieveld）及雅各布斯·约翰尼斯·彼得·奥德（Jacobus Johannes Pieter Oud）等称为"风格派"的艺术流派之间关系的各种建筑评论观点。邦塔得出结论，密斯与"风格派"之间并没有正式的联系，只是恰巧它们之间有一些碰撞而已。但他们仍然认为"风格派"对密斯的影响是很明显的。密斯否认了这一点。但当你看到凡·杜斯堡1920年完成的空间研究（图16）时，二者的相似性看起来又很明显。

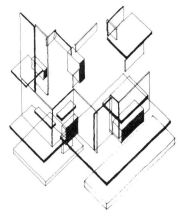

图 16 凡·杜斯堡的空间研究

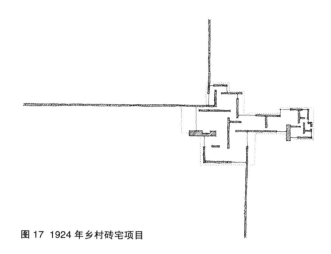

图 17 1924 年乡村砖宅项目

凡·杜斯堡的研究是空间解放运动的一部分，将空间从传统经典限定方式的束缚中解放出来。这个运动，以彼埃·蒙德里安（Piet Mondrian）的绘画及里特维德的家具和建筑设计为代表，称为"新造型主义"（Neoplasticism）。凡·杜斯堡在 1924 年写下宣言声称："走向可塑建筑。"看起来与德国馆有着非常明确的联系，因此我将完整全文附后。阅读时，你会发现能清晰看出它就像是德国馆的一个设计指南，密斯建筑中的设计原则与它是如此相似。

在宣言第 1 和第 5 段中对"形"的摒弃是对鲍扎体系新古典主义建筑设计套路的摒弃。密斯本人在 1924 年写道："将'形'作为目的是'形式主义'；我们拒绝形式主义"，但他也意识到语义上的问题，因为任何建筑——包括德国馆，都有"形"。密斯对这个语义问题进行了思考。1927 年，他写道："我的抨击并非是针对'形'，而是针对**为了形而形**"（强调是密斯亲手所加）（参阅菲利浦·约翰逊（Philip Johnson），1978 年，第 188~189 页及第 192~193 页）。密斯仿佛要表达的是，任何项目都应当被视作是一个对事物重新思考的机会，允许项目不同的特质引领设计走向，而非依赖既有的定式。当然这就是密斯在德国馆所做的……他之前尝试过以这种方式来限定空间——在 1924 年乡村砖宅的设计中（图 17），也将继续这么做——在他 1931 年为柏林建筑博览会设计的住宅模型中（图 18）。这表明密斯也在发展（自己的）设计公式，而非由环境引发它们自己的解决方式。德国馆显然提供了一种可能的设计方法，也曾被其他建筑师所运用。

凡·杜斯堡宣言的第 2 段认为新建筑应当是"元素构成的"（elemental）。有明确的墙体、屋顶、水池……每个元素都有自己的材料、色彩和细节……德国馆显然就是"元素构成的"。

在第 3 段，凡·杜斯堡使用的"经济"（economic）一词或许在 21 世纪的说法中等同于"最少"（minimal）。而第 6 段（及在标题中）"plastic"一词的意思是可塑的（mouldable），能（根据需求、条件和材料）赋予其形状，而不是说由我们现在说的"塑料"建成。

在第 5 段，凡·杜斯堡认为"可塑"建筑应当是"功能性的"（functional）。因为德国馆的功能非常简单——满足举行开幕式和图书签名的仪式——这或许可看作是密斯的建筑偏离了新造型主义原则的一个方面。但展馆本身的基本特征使其比凡·杜斯堡的空间研究更具"功能性"。密斯的建筑依照重力原则，水平、竖直地伫立于大地上，而杜斯堡的研究既不落地又不虑及重力。密斯的元素组合，与凡·杜斯堡的不同，既不抽象也不随意，而是为了限定人的活动和空间体验进行的精心安排。如果这些特征

图 18 1931 年为柏林建筑博览会设计的住宅

特奥·凡·杜斯堡，《走向可塑建筑》（Towards a plastic architecture）（1924 年）

1 **形式**。从**固定类型**的意义上说，消除所有**形式**概念对于整个建筑和艺术的健康发展至关重要。必须重新提出建筑的问题，而非将早期风格作为模本并加以模仿。

2 新建筑是**元素构成**的。也就是说，它是从广义的建筑元素中发展出来的。这些元素——例如功能、体量、表皮、时间、空间、光、色彩、材料等——都是**可塑**的。

3 新建筑是**经济**的。也就是说，元素的引入意味着尽可能高效、节约，既不浪费金钱，也不浪费材料。

4 新建筑是**功能性**的。也就是说，它是从对实际需求的准确定位中发展出来的，而实际需求是包含在清晰的范围之中的。

5 新建筑是**无形**的，却能够明确定义。也就是说，它不屈从于固定的美学形式类型。它没有（像糖果师用的那种）模子，能从实用的生活需求中生成功能性的表皮。

与所有早期风格不同的是，新的建筑方法中没有故步自封的类型，也没有**基本形制**。

功能空间被严格划分成毫无个性的矩形表面。尽管每个面都固定在其他面的基础上，但它们可以被看作是无限延展的。因此它们构成了一个协调的系统，其中所有的点都与宇宙中同等数量的点相对应。这样一来，这些表面与无限的空间之间就有了直接的联系。

6 新建筑使**纪念性**的概念脱离了大小的维度（自从"纪念性"一词变得陈腐之后，它就被"可塑"替代了）。它表明一切事物都存在于相互关系的基础之上。

7 新建筑不具有单一的**被动要素**。它超越了（墙上）洞口的概念。窗户**开放性**与墙面**封闭性**的对比使它扮演着积极的角色。没有任何一个洞口或缝隙占据着最显眼的位置；每个要素都严格地通过对比来确定。比较那些各种各样反建造（counter-construction）的方案，组成建筑的元素——线、面、体不受任何三维关系约束地置于其中。

8 **底层平面**。新建筑打开了墙体，消除了**内部**与**外部**的界限。**墙体本身不再承重**，它们仅提供一个支点。其结果是一个全新的、开放的底层平面，它与传统平面完全不同，因为内部和外部相互联系在了一起。

9 新建筑是**开放**的。整个建筑由根据不同功能划分的空间组成。这种划分是通过（内部的）**分隔性界面**与（外部的）**围护性界面**来实现的。前者划分了不同的功能空间，或许是可移动的；也就是说，分隔性界面（以前的内墙）或许由可移动的内墙或面板来代替（同样的手法可应用于门上）。在建筑发展的下一个阶段，底层平面必然会完全消失。**固着于底层平面的二维空间布局将被精确的构造计算**——一种将承载力限制在最简单但最坚固的支撑点上的计算方法所代替。欧几里得数学对于这种目标将不再适用——但借助于非欧几里得的计算方法，并将四维空间考虑在内，会使这一切变得很简单。

10 **空间与时间**。新建筑不仅是关于空间的，还有时间的。通过**时间**与**空间**的统一，建筑外部将获得一个全新的、完全可塑的外观（四维时空的特征）。

11 新建筑是**反立方体**的。也就是说，它不会将所有功能空间单元置于一个封闭的立方体盒子中，而是由立方体的中心向外**离心式地布置功能空间单元**（以及悬垂的表面、阳台等）。从而，高度、宽度、深度加上时间，获得了全新的可塑的表达。通过这种方式，建筑或多或少都具有了反重力的、漂浮的特质（目前从结构上来说是可能的——这是工程师的问题！）。

12 **对称与重复**。新建筑要摒弃单调的重复和死板的两侧均等——镜像对称。没有时间上的重复，没有沿街立面，没有标准化。

住宅街区就像一幢住宅一样是一个整体。住宅单体的设计法则同样适用于住宅街区或城市。在对称方面，新建筑用**不平等的组成部分构成了平衡的关系**。也就是说，各个组成部分因其功能特征——方位、大小、比例和情境而互不相同，这些部分的平等取决于它们不同点之间的平衡，而不是取决于它们的相似性。此外，新建筑赋予前、后、左、右、上、下相同的价值。

13 与源自僵化、静态生活方式的正面律（frontalism[责编注]）相反，新建筑具有空间和时间全方位发展的可塑的丰富性。

14 **色彩**。新建筑摒弃了将绘画作为对和谐的一种独立的、想象的表达，主要是将其看作一些上色的表面，其次才当作是表达。

新建筑允许色彩作为一种表达时间和空间中关系的直接方式。没有色彩，这些关系不是真实的，而是**隐含**的。有机关系的平衡只能通过色彩来实现可见的真实。现代画家的任务是在色彩的帮助下，在新的四维时空领域中创造和谐的整体——而非二维的表面。进一步发展，色彩或许也会被具有自身独特颜色的改性材料所取代（这是化学家的问题——但仅限于实践需要这种材料的情况下）。

15 新建筑是**反装饰**的。色彩（这是畏惧色彩的人必须试着掌握的东西）不属于建筑的装饰，而是它表达的有机媒介。

16 **建筑作为新造型主义的综合体**。建筑物是新建筑的一部分，建筑通过将所有艺术元素的表现形式结合在一起来揭示其本质。

一个先决条件是四维思考能力——也就是说：造型主义建筑师，包括画家，必须在新的空间和时间领域中进行创造。

由于新建筑允许无具象元素（如绘画或雕塑作为独立的元素），其利用一切重要手段创造一个和谐整体的目标从**开始**就很明显。因此，每个建筑元素都有助于在实践和逻辑的基础上实现最大限度的可塑性表达，而不忽视任何实际需求。

（英文版由迈克尔·布洛克（Michael Bullock）翻译）

[责编注] 古埃及的艺术创作法则，古埃及人的写作与艺术间的关系密不可分，浮雕和绘画中的人物为正面与侧面相结合的表现形式，并且是以正面形象为主，全面展现主人公的活动。

没有让密斯的设计变得具有"功能性",却使它变成真实的、人性的、存在的、现象的,因为它容纳并将人、人体尺度、活动、感觉和情感这些在抽象的形式主义中易被忽略的元素融合在一起。或许这是凡·杜斯堡所谓的"功能性"?

凡·杜斯堡在宣言第 7 段提到"窗户",认为窗户本身应当被看作是注意力的目标(在新古典建筑中它们在立面内),但考虑其功用,即它们使视线穿过了空间。

第 8、9 和 11 段是关于密斯提及的新造型主义者赞同"开放性"及模糊的"内部"与"外部"界限,并由此产生对封闭小空间的憎恶。

第 10 段认为时间与长、宽、高一样,也是建筑中的一个重要维度。作为路径中的一个舞台、一个迷宫,德国馆为活动限定了一个框架,并与时间维度相契合。

第 12、13 段是关于拒绝轴对称(因为这是新古典建筑和专制主义的标志特征)和正面律。我们能看出非对称和阻断轴线是德国馆设计中的主要手法,而且,尽管也可以说它前面面向魔幻喷泉广场,却并不具有一个正立面。

最后(剩下的第 16 段无须多言),第 14 和 15 段认为建筑中的色彩和装饰只有当它们是"有机的"才应当使用。德国馆中仅有的色彩和装饰,除了红色窗帘之外,只有自然有机的色彩和不同的石头与彩色玻璃上浸染的图案。密斯在这方面也遵循了新造型主义原则。

奥斯瓦尔德·斯宾格勒《西方的没落》 |
Oswald Spengler's *The Decline of the West*

奥斯瓦尔德·斯宾格勒的《西方的没落》一书出版于第一次世界大战后,共两卷。由于斯宾格勒对历史自然循环的机械观点,也因为他开始与希特勒纳粹党的往来,使这本书现在的声誉并不好。但在 20 世纪 20 年代,斯宾格勒的作品相当流行。其博学多识似乎解释了关于历史如何运转以及时代文化等内容。《西方的没落》在建筑师中尤其受欢迎,因为它将建筑作为一个关键的文化指示牌。斯宾格

勒认为,所有文化中基本的推动理念和文明——它们的"命运观",都在于他们如何处理空间,即在他们的建筑中最明确地表达出来。20 世纪 20 年代包豪斯教师奥斯卡·施莱默(Oscar Schlemmer),在其日记中提到过斯宾格勒的观点看起来是多么强大。埃里克·贡纳·阿斯普伦德(Erik Gunnar Asplund)1931 年被任命为斯德哥尔摩建筑学校(School of Architecture)校长,他将斯宾格勒的观点作为就职演讲的主题。而密斯本人也在 1924 年的文字记录中暴露出曾读过斯宾格勒的作品。"希腊神庙、罗马巴西利卡和中世纪大教堂对我们来说更重要的是作为一个时代的创造,而非作为建筑师个体的作品……它们真实的意义是作为一个时代的象征。建筑是将时代的意志转译为空间语言。"(见约翰逊,1978 年,第 191 页)

斯宾格勒的作品受到了很多德国哲学先驱的影响。他在文中引用了歌德(Goethe)、黑格尔(Hegel)、尼采(Nietzsche),等等。例如,关于建筑,黑格尔写道:"建筑的任务在于对外在无机自然的加工,使其与心灵结成血肉因缘,成为符合艺术的外在世界。"(黑格尔,19 世纪 20 年代,第 90 页)[译注]那么,建筑不仅仅是一个语用学问题,更应被看作是一个人思想的外化,广义来说,是一个文化或文明的世界观——一种理解其世界中空间含义的方式。

> **建筑是将时代的意志转译为空间语言。**
>
> ——密斯·凡·德·罗(1923 年)(显然密斯赞同奥斯瓦尔德·斯宾格勒的"命运观"),引自菲利浦·约翰逊,《密斯·凡·德·罗》(*Mies van der Rohe*),1978 年,第 191 页

斯宾格勒举了一些例子来说明不同的文明如何处理空间。希腊文明的"命运观"是空间中的实体,例如希腊的雕塑以及在建筑方面位于开敞环境中的古希腊神庙。拜占庭建筑则将这个观念颠倒,创造了洞穴式建筑,即巴西利卡,这种建筑更关注内部空间。比希腊和拜占庭更早的埃及建筑则是源自路径或是道路的观念;穿过一系列神庙,沿着始于尼

[译注] 译文引自黑格尔.美学(第一卷)[M].朱光潜,译.北京:商务印书馆,1979.

罗河的堤道最后到达了为死去的人建造的金字塔。中国的"命运观"被认为是由漫游活动决定的；斯宾格勒认为，其建筑像是一个个迷宫。而西方文明的"命运观"则是对无限空间的迷恋与追求（参见第 36 页凡·杜斯堡的文章，第 5 段）。斯宾格勒认为这并非是近期萌生的迷恋；这种迷恋可追溯至中世纪，如在拥有巨大彩色玻璃花窗的巴黎圣礼拜堂（the Sainte Chapelle）（13 世纪）中能清晰看出。"窗即建筑"（这是斯宾格勒原文中的强调），"是浮士德精神（Faustian soul）[译注1] 所特有的"（引自尼采的观点），"是这一精神深度体验的最重要特征。在它那里，可以感觉到一种想从内部向无限升腾的意志"（斯宾格勒，1918 年，第 199 页）。

在他某些语义稍显含糊的表达中能够清晰看出，密斯认为德国馆并非仅是一个有趣新奇的组合，而是一个关于作为现代文化表征的空间处理手法的哲学命题。斯宾格勒曾指出"命运观"是有机融入文化中的，并非刻意为之。密斯有意深化了这种理念。德国馆即具有"从内部向无限升腾"的特征。

克诺索斯 | Knossos

19 世纪末 20 世纪初是一个考古大繁荣时期。其中最著名的是阿瑟·埃文斯（Arthur Evans）在地中海克里特岛的克诺索斯发现的米诺斯王宫（Palace of King Minos）遗址。这座遗址的发现在当时引发了巨大关注，因为它看起来似乎就是古希腊神话中米诺陶洛斯的迷宫。[译注2] 20 世纪 20 年代直至 30 年代，埃文斯的发现前后共出版了七卷。

尽管公众对此次发现的关注集中于遗址与神话之间的联系，建筑师们却被埃文斯发表的宫殿平面图所吸引。然而他们却无法将他们公开宣称的建筑"新时代"与他们对一座古代建筑的兴趣二者调和在一起。例如，弗兰克·劳埃德·赖特（Frank Lloyd Wright）谴责古建筑是"异教徒的毒药（pagan poison）"（赖特，1930 年，第 59 页），尽管很显然他也在从中学习。

德国馆中也有些"异教徒"的成分；或许是源自克诺索斯的克里特文明。值得注意的是遗迹最初的平面图中皇室（Royal Apartments）部分的平面图（图19）。克里特的宫殿没有防御工事；看起来更适于和平相处的民主城邦。皇室部分的平面图证实了这一观点。即使在今天，建筑也要运用轴对称加以调控，而非强调。如在梯林斯的迈锡尼王宫的中央大厅一样，王座并非落在中轴线上，而是靠着一面侧墙。空间被柱廊分隔出层次。内部与外部之间没有明确的界线，而是一系列逐渐趋于室内感的过渡空间，而最内部的空间有时却是向天空开敞的。这些特征

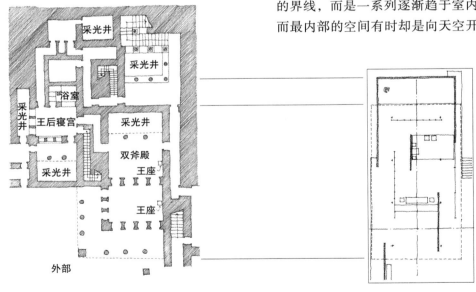

采光井
采光井
浴室
采光井
采光井
王后寝宫
采光井
双斧殿
采光井
王座
王座
外部

图 19

[译注1] "浮士德精神"（Faustian soul）的重要特征是"纯净与无限的空间"（The "prime-symbol" of this Faustian soul was "pure and limitless space".）（引自：Oswald Spengler & the Faustian Soul of the West, Part 1, Ricardo Duchesne）。

[译注2] 希腊神话中米诺陶洛斯（Minotaur）是克里特岛上的半人半牛怪，克里特岛国王米诺斯在克里特岛为它修建了一个迷宫。

似乎是源于国王坐在王座上时想要尽量避免面向从明亮室外的洞口射进来的刺眼阳光，同时又能满足在克里特岛炎热夏季对穿堂风的需要。但如果去参观这些王宫——克诺索斯、费斯托斯（Phaestos）、哈及亚·特里阿达（Hagia Triada）……——你会对从王室房间向户外神灵居所的景象印象深刻：斯宾格勒或许会称其为"意欲……直至无限"。斯宾格勒注意到米诺斯艺术"推进了舒适的习惯与智力的发挥"（1918年，第198页）。

将德国馆的"中央大厅"平面与皇室部分的平面（图19）并置比较，忽略不计墙体的厚度和柱子，其相似性是显而易见的。展馆中被屋顶覆盖的部分与皇室的主要部分比例关系相似。展馆的小庭院也值得进行比较，它与双斧殿（Double Axes）[译注]采光井的比例几乎相同。而展馆中的"圣坛"，与克诺索斯的王座相似，也是靠一侧墙面设置的。德国馆就像是对皇室部分进行解构并重组（镜像并再诠释）的版本。

卡尔·弗雷德里希·申克尔 |
Karl Friedrich Schinkel

谈到对密斯·凡·德·罗作品的影响，德国新古典主义建筑师卡尔·弗雷德里希·申克尔是最常被论及的人物之一。前文提到过德国馆前爱奥尼克柱列或许是在暗喻申克尔在柏林老博物馆中设计的柱廊（图20~图22）。除了二者均是依照正交方式组织构件之外，申克尔作品的两个特征引起了密斯的兴趣：为参观他的建筑或在其中生活的人提供精妙空间体验的愿望以及他的建筑与其周边环境之间的关系处理方式。在处理建筑功能和周边环境时，

这两个特征将建筑的关注点从立面设计这种二维图形组合方式向三维空间理念拓展，同时加入第四个维度，即时间维度中人类的活动。这意味着建筑具有了更丰富、更复杂的内涵，不再仅受控于风格和比例。

老博物馆的台阶和入口是个恰当的例子。一方面你可以看到这个建筑的正立面（图20），看到一列爱奥尼克柱夹在基座和檐口之间。这个立面可以从一个旁观者的角度来欣赏。但看看密斯自己的作品就能知道，他对申克尔的兴趣并非其表面的风格，而在于其空间如何与人和环境景观发生联系。当你走上台阶，穿过柱列进入门廊，进入一个由你脚下的基座和头顶的屋顶所限定的空间，你不再是一个旁观者，而成为这座建筑中一个重要的组成部分——一个空间的体验者。申克尔利用这种手法为你提供了选择。你可以穿过圆形的大厅空间（图22）进入展厅；或者你也可以向左或向右转，走上一段楼梯，转过休息平台到达上层，从这里可以透过两排柱列望向卢斯特花园（Lustgarten）（图21），或是向内走进圆形大厅。老博物馆的楼梯和平台曾是整个建筑中重要的过渡空间（很遗憾这是"曾经"的事情，20世纪90年代这个空间被两排柱列之间的玻璃幕封

图21 老博物馆的凉廊。

图20 申克尔设计的柏林老博物馆，1823—1830年。

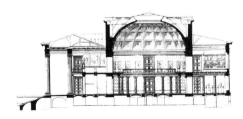

图22 剖面图示意穹顶下的圆形大厅。

[译注] 双刃斧是繁荣于爱琴海地区的克里特文明时期的宗教象征。威尔·杜兰特（Will Durant）指出："重叠的双刃斧是献祭的工具，它所杀伤动物的血可使其更具神力，它也可以作为神力引导下的一件神圣武器，甚至可以代表以闪电劈开天空的宙斯。"

图 23 申克尔的夏洛特城堡，波茨坦，1826—1829 年。

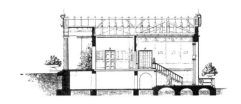

图 24 这些版画（图 23、图 24）出自卡尔·弗雷德里希·申克尔之手，1819—1840 年；图中显示出建筑并未完全按设计图建成。这两张图都按照建筑的变化做了修改。

闭起来了）。这是申克尔如何将建筑作为组织空间体验、调节与景观 / 外部世界之间各种关系手段的一个示例。

　　申克尔的其他建筑看起来也影响了密斯。夏洛特城堡（Charlottenhof）是无忧宫（Sanssouci Palace）广阔庭园中的一幢别墅，无忧宫位于柏林市郊波茨坦。从组织布局上来看——夏洛特城堡被一个平台抬起，有中央大厅与一个半围合的庭院相连（图 23~图 25）——显然德国馆与之非常相似。如在德国馆中一样，夏洛特城堡的"神庙"（住宅）右侧伸出一段棚架，从一侧围合着花园。棚架从建筑主体伸向外面的世界——这是密斯乡村砖宅中的"密斯墙"（Miesian wall）的先驱。无论在夏洛特城堡还是在德国馆，伸出的这一"臂"都环抱着一个能够望向开敞空间的平台。

　　但夏洛特城堡还有另一个特征影响了密斯，这一特征比单纯组织构成上的相似具有更深刻的意义。它也肯定了上文在老博物馆中提到的观点，即建筑不仅是一种视觉表现与形式雕刻，而且是一种组织空间体验的手法。在夏洛特城堡中，住宅不仅是坐落在王宫场地中的一个物体，它限定了一个过渡区域。它也是一个入口，是从广泛的公用场地通往抬起的花园平台的通路。在设计中申克尔划出一条路径来限定人的活动，引领他 / 她从公用场地经过一个门道，走上几步台阶，经过一个平台，再穿过一个门道进入一个门廊，最终到达花园，在这里可以漫步到尽头并回望花园（就像在德国馆中一样）。因为正对主门道有一个中心立柱，台阶也分开布置，在到达上层之前人们都不会觉察到建筑组群的中轴线。这个建筑一直在暗示 / 主张依托中轴线——主干——的设计原则是属于那些在道德层面、智力层面、社会层面以及政治层面上更高贵、更高级的建筑。

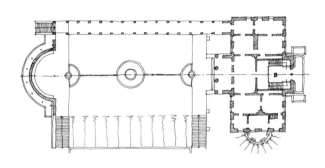

图 25 夏洛特城堡的平面设计是限定人的空间体验的一种方式；人们在更上层能够感受到轴线的存在。

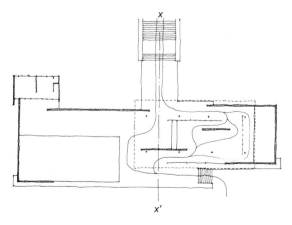

图 26 德国馆平面（这是一个早期设计版本）也是限定人的空间体验的一种方式；这里更上层空间是一个不确定的领域，无视轴线的存在。

密斯在德国馆中融合了这些理念，他没有强调主轴线，却采用了一种颠覆的方式。在早期的一些设计草图中他将魔幻喷泉广场的主轴线画在了平面图上（图 26 中 $x—x'$）。德国馆与夏洛特城堡相似的整合方式中，前者的轴线与后者是垂直的。这两个建筑都可被看作是入口。但申克尔强调了象征权力与高贵的轴线，而魏玛共和国的密斯（尽管在他后来的职业生涯中设计过对称的建筑）则否定了它，建造了属于他的迷宫。这两个案例的意图都是要用建筑来限定人在其中的活动，以此来主张一个哲学命题或政治观点。

结语 | In conclusion

对德国馆的解析揭示了建筑的广度、精妙与力量。这个著名建筑所达到的高度让其他建筑师难以企及。它展示出建筑可以相当新颖，同时却是基于某些古老的理念。也表明新的理念可能来自对旧理念的修正或反驳；创新也可源自对历史先例的深入研究和解读。它证明建筑理念可以由抽象的哲学观点发展而来，建筑设计本身也可能是一个复杂的哲学命题，以建筑元素组合及空间组织的形式表达出来，而非诉诸言辞。

德国馆表明了建筑的一个重要方面——建筑与人的关系。这是一个几乎没有功能的建筑，却是一个真正的建筑作品，而非一座雕塑。建筑与雕塑之间最重要的区别在于建筑与人的和谐关系。密斯的设计中人不仅是一个旁观者，而且是一个参与者。密斯的游戏不是一个抽象的构件组合（如凡·杜斯堡在其空间研究中所做的那种）；而是一个身处其中的人们——展馆的参观者（虽然他们很少出现在这个建筑的照片中）——被调动、被操控、被引导的建筑——尽管人们能够自由地漫步。每面墙位置的确定都不仅仅是由于布局的需要，而是为了限定人们的活动，从而控制他们对建筑的体验。展馆会让人们在某条路径上停下来，去感受空间的愉悦；也会体验一种与沿对称轴布置有所不同的建筑空间。从某种意义上来说，德国馆是一个扭曲的领域——这种感觉被它反光的表面加强——在这里传统的空间理念解体了。方向性很强的路径被一个充满幻想的迷宫取代。而且，作为一个始于政治目的的建筑，密斯使其建筑蕴含着政治寓意。德国馆不仅是一个

美丽动人的新建筑，也是一部宣言。尽管关于这样的建筑是否可以推广存在争议，密斯·凡·德·罗已经下定决心要做一个在新时代、新文脉下"命运观"的示范。

仅从照片看德国馆无法感受到它的内在力量。这是一个宣言式的建筑，尽管在与建筑相关的评论或讨论中常常在暗示相反的含义，但这个建筑绝不只是一个视觉媒介。建筑的含义比仅仅让一个房子看起来好看要多得多。建筑是对空间的解读。另外，几个世纪以来，它在不同的文化中以不同的方式一直扮演着这样的角色。

奥斯瓦尔德·斯宾格勒于 1936 年逝世，享年 55 岁。除了他的观点对德国馆产生过影响，我不知道他是否见过或哪怕是听说过这个建筑。但旁边选自《西方的没落》（1918 年）的这段话，就像是在描述密斯·凡·德·罗如何工作，他在 1929 年的德国馆设计中探寻着什么，并预言了他的成就。

在我眼前，一种迄今未被想象到的卓越历史研究方法似乎作为一种内心视像出现了，它完全是西方式的方法……这是全部（all）存在的一种综合相貌，是所有渴望最高、最后观念的人类生成的一种形态学……这个哲学观点——我们，且只有我们借助我们的分析数学、我们的对位音乐、我们的透视绘画才得以拥有它——因为它的视域远远超出了体系论者的框架，故而需要有一种艺术家的慧眼，这个艺术家因为能感受到整个可感觉的与可理解的环境，故而将自己融入一种无限深刻的神秘关系。

——奥斯瓦尔德·斯宾格勒著，《西方的没落》（1918），查理斯·弗朗西斯·阿特金森（Charles Francis Atkinson）翻译，乔治·艾伦和昂温出版社（George Allen & Unwin），伦敦，1932（1971）年，第 224 页

参考文献：

Werner Blaser – *Mies van der Rohe*, Thames and Hudson, London, 1972.

Juan Pablo Bonta – *Architecture and its Interpretation*, Lund Humphries, London, 1979. (Contains a number of other useful references.)

Peter Carter – *Mies van der Rohe at Work*, Phaidon, London, 1999.

Caroline Constant – 'The Barcelona Pavilion as Landscape Garden: Modernity and the Picturesque', in *AAFiles* 20, Autumn 1990, pp. 46-54.

Theo van Doesburg – 'Towards a plastic architecture', in *De Stijl*, 12, 6/7, 1924.

Robin Evans – 'Mies van der Rohe's Paradoxical Symmetries' (1990), in *Translations from Drawing to Building and Other Essays*, Janet Evans and Architectural Association, London, 1997.

Georg Wilhelm Friedrich Hegel, translated by Bosanquet – *Introductory Lectures on Aesthetics* (1820s, 1886), Penguin Books, London, 2004.

Robert Hughes – 'Mies van der Rohe – Less is More', *Visions of Space* 4/7, BBC(television programme), 2003.

Philip Johnson – *Mies van der Rohe* (1947, 1953), Secker and Warburg, London, 1978.

Detlef Mertens – *Mies*, Phaidon, London, 2014.

Fritz Neumeyer – *The Artless Word: Mies van der Rohe on the Building Art*, MIT Press, Cambridge, MA, 1991.

Sophia Psarra – 'Invisible Surface', in *Architecture and Narrative: the Formation of Space and Cultural Meaning*, Routledge, London, 2009, pp. 42-64.

Colin Rowe – 'Neo- "Classicism" and Modern Architecture I' (1973) and 'Neo- "Classicism" and Modern Architecture II' (1973), in *The Mathematics of the Ideal Villa and Other Essays*, MIT Press, Cambridge, MA, 1982, pp. 119-138 and 139-158.

K.F.Schinkel – *Sammlung architectonischer Entwürfe (Collected Architectural Designs)*, 1819-1840, also available in facsimile with an Introduction by Doug Clelland, Academy Editions, London, 1982.

Franz Schulze – *Mies van der Rohe: a Critical Biography*, University of Chicago Press, Chicago and London, 1985.

Franz Schulze – *Mies van der Rohe: Critical Essays*, Museum of Modern Art, New York, 1989.

Ignasi de Solà Morales, Cristian Cirici and Fernando Ramos– *Mies van der Rohe: Barcelona Pavilion*, Gustavo Gili SA, Barcelona, 1993.

David Spaeth – *Mies van der Rohe*, The Architectural Press, London, 1985.

Oswald Spengler, translated by Atkinson – *The Decline of the West* (1918, 1922), George Allen & Unwin, London, 1932.

Wolf Tegethoff – *Mies van der Rohe: the Villas and Country Houses*, MIT Press, Cambridge, MA, 1985.

Frank Lloyd Wright, edited and introduced by Neil Levine–*Modern Architecture; being the Kahn Lectures for 1930* (1930), Princeton University Press, 2008.

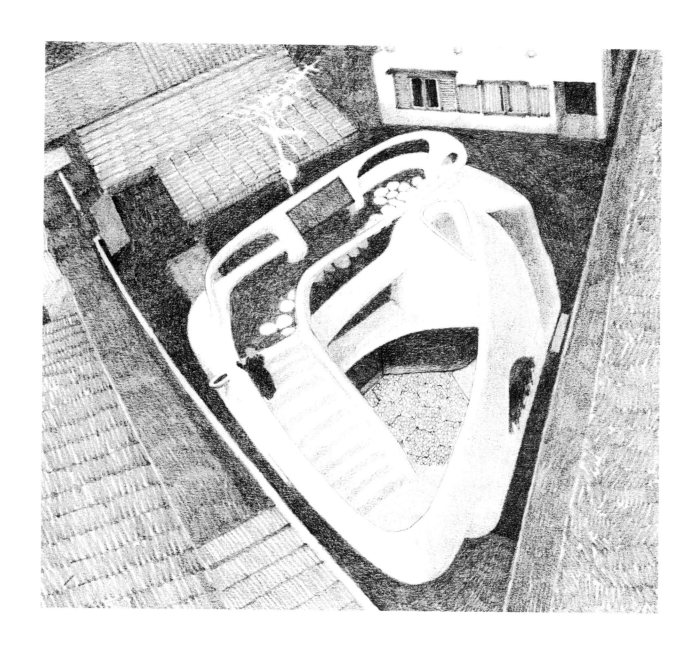

曲墙宅

TRUSS WALL HOUSE

曲墙宅
TRUSS WALL HOUSE

日本町田市鹤川村的一座住宅
凯瑟琳·芬德利与牛田英作设计，1993 年

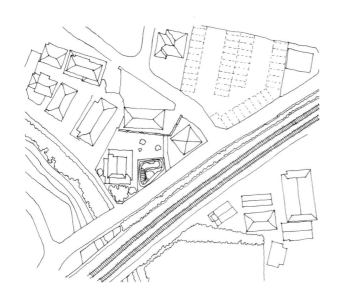

进行了反驳：首先采用了将混凝土喷射到用弯曲钢筋制成的曲线形"桁架"上面及内部的建造方式；其次它认识到人类不是一种被束缚的静态十字形物体——他们会徘徊，他们会舞蹈。

> 对空间最直观的体验来自运动；从更高的层面上来说，来自舞蹈。同时，舞蹈也是实现创造空间热望的基本手段。它能表达空间，并使之有序。
>
> ——拉兹洛·莫霍利-纳吉（Lázló Moholy-Nagy）著，《新观点》（*The New Vision*）（1938,1947 年），多佛出版社（Dover Publications），纽约米尼奥拉（Mineola），纽约，2005 年，第 163 页

　　曲墙宅（图 1）位于日本东京郊区住宅区中的一块小场地上。它的名字来自它的建造方式。由苏格兰建筑师凯瑟琳·芬德利（Kathryn Findlay）和日本建筑师牛田英作（Eisaku Ushida）设计。曲线的造型使它与众不同。它像是插入周围传统矩形 / 规则几何形的市郊别墅群中的一团建筑曲线（architectural squiggle），周边的线形（动态线形）元素分别是西侧的河流与南侧的公路和铁路。

　　曲墙宅的曲线形态是非正统的，或至少可以说它在挑战人类离开洞穴后就统治着建筑界的正交形式的权威性。这种正交形式的权威性（在《解析建筑》书中"存在几何"一章论及）源自建造几何（即使用标准的建材，如砖和直的木材更容易构建正交）以及隐含在人造形态中的六向加中心（the six-directions-plus-centre）的模式。曲墙宅对这二者

场所识别，原始场所类型 |
Identification of place, primitive place types

　　建筑共有三层（图 2~ 图 4）。这三层空间将与家庭生活相关的日常功能空间容纳在清晰的、与功能相关的外形中。在洞穴状的内部空间中，能清晰地辨识出这些空间。

　　从小路走上几步台阶便能进入房子内部。因此建筑的入口层（图 3）是在中间的一层。这里是一个天光穹顶下的半圆形起居空间，有固定的餐桌和用于烹饪及洗涤的厨房，厨房有独立出口通往房子旁的一条小路。唯一活动的家具是一些餐椅（图上未标出）；其他所有东西都是内嵌式的、固定的，像是船上的那样。从这层你可以：

　　·穿过一个硬质铺装的小庭院，走上外跨旋梯，

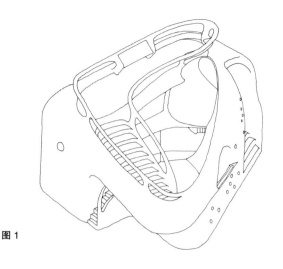

图1

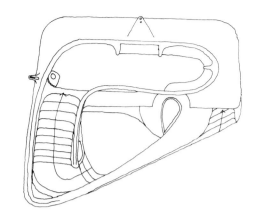

图2 屋顶层：平台

到达屋顶平台（图2），这里有座位和太阳能电池板，客人能从这里环顾周边的城区，眺望远处的小山，欣赏驶过的火车；

·或是向下走，到达卧室层（图4），这是一个半下沉空间，有一间带双人床的主卧、一间双床的儿童房以及带有独立卫生间的浴室（为了简化排水管道，浴室正对在厨房的下方）。

分层法；过渡、层级、中心；光 |
Stratification; transition, hierarchy, heart; light

纵向组织方式上，传统住宅往往将休息室（会客的空间）放在首层，而将更私密的卧室放在楼上，这个住宅则完全不同。曲墙宅的布局使人能够从休息室直接到达屋顶平台，不经过私密的卧室区域。而休息室也是直达的，只需从街上走上几步台阶即可。这种组织方式也意味着底层子宫般的空间更适于休息，同时休息室也能够通过小庭院和起居区域的采光顶获得更多的自然光。底层的房间是通过像船只舷窗一样的小窗户和房子南侧一个三角形小采光井侧壁的窗口来采光的（图4和图5中的a）。

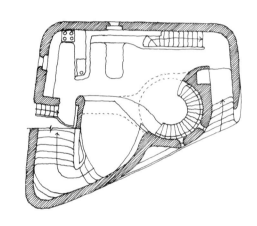

图3 中间层：入口，起居室

住宅的核心是起居区域（尽管这个区域作为放松的空间看起来并不是特别舒适）。入口的台阶和过道，与小庭院以及通往屋顶平台的阶梯，共同构成了一个S形路径，引领采访者从街道一直到达顶层。这个路径带来一系列不同的体验：走上台阶经过隧道般的入口；左转就能看到内部空间，经过起居和

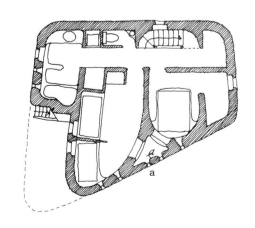

图4 底层：卧室

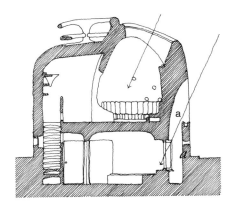

图 5 起居区域通过天窗采光；卧室则通过三角形小庭院采光。

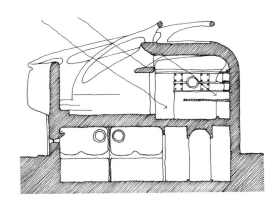

图 6 用餐区域通过一堵高墙与道路和铁路隔离开的小庭院采光；一个遮光板遮挡了射向室内的直射阳光，但把阳光反射到屋顶上，使它变得更柔和，也照得更深远。

用餐区域（图 6），穿过玻璃墙进入小庭院，再走上旋梯到达屋顶平台。就像是建筑带着你跳了一支舞。

一部偏离了这条路线的小楼梯带你去往底层的卧室和浴室。

几何形 | Geometry

所有这一切在直角形的、有垂直墙体和平屋顶的传统住宅中也都可以做到。但这个富有曲线美的建筑具有丰富的表情与雕塑感，而且按照实用性需求和空间体验进行了精心组织。它以此来反驳建造几何并支持某些其他东西。这些"其他东西"并非理想几何形状。这个建筑中的线条都是动态的，与运动相关。就像建筑师们将基地看作一张白纸，在上面画了那些自由曲线（图 7）；只是这些曲线是三维的——向上盘旋升入空中，向下旋入大地。

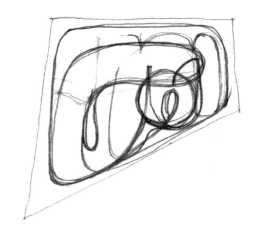

图 7

一条曲线是自由而流动的，但不是随意的。它的弧度与手和手臂的几何特征相关。不同的艺术家、设计师和建筑师都曾探讨源自运动并与姿态相关的自由曲线带来的装饰可能性，特别是从 19 世纪末兴起的新艺术运动开始。在格拉斯哥工作的苏格兰建筑师查尔斯·雷尼·麦金托什（Charles Rennie Mackintosh）便是其中之一。他创造的装饰元素看似产生于二维曲线，如这个克莱斯顿茶室（Cranston Tea Rooms）壁炉上的图案（图 8），而后转化为三维形式，就如在格拉斯哥艺术学校（Glasgow School of Art）北立面窗桃上的一个尖顶饰（图 9）那样。帕布罗·毕加索（Pablo Picasso）也尝试过用运动产

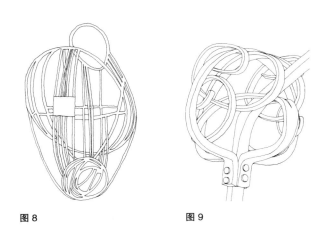

图 8   图 9

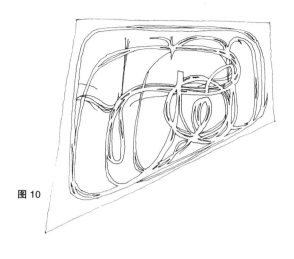

图 10

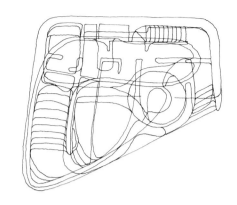

图 11

生的曲线创作。当相机快门按下，他用光在空中快速地绘画；这些瞬间占据了三维空间的线条，被胶片记录下来(如果你用谷歌搜索"毕加索光绘"（Picasso light drawing），会看到一些作品）。

曲墙宅就是这样，只不过它是用混凝土建造的。如果将它的三个平面重叠，压缩成二维图形，可以与麦金托什的装饰相比较（图 10、图 11）。这个建筑源自一个惊艳的挥舞姿态。如果古希腊神庙是站在空间中的一个静态人体（图 12），那么曲墙宅就是一幅运动中的人体图片（图 13）。

麦金托什的曲线和毕加索的光绘占据了空间但并不容纳什么。曲墙宅作为一个住宅，容纳着与家庭生活相关的场所。这些场所被嵌入空间运动所形成的曲线当中（图 11）。这些蜿蜒曲线的产生很可能伴随着线条应当如何营造场所的概念——入口和起居空间就是很好的例子，而环形的屋顶平台和卧室则清晰地限定着空间。

建筑也以其他方式与人体相关。曲墙宅不仅与作画的手部运动相关，它也引导整个身体开始运动。这个理念也有先例。在德国 20 世纪 20 年代成立的创新设计学校——包豪斯（Bauhaus）中，保罗·克利（Paul Klee）对"散步的动线"（taking a line for a walk）充满兴趣，拉兹洛·莫霍利-纳吉和奥斯卡·施莱默则关注于肢体如何占据空间以及在空间中的运动方式。施莱默将列奥纳多·达·芬奇（Leonardo da Vinci）著名的绘画《维特鲁威人》（*Vitruvian Man*）（见下页）加以深化，展示了人体潜在的运动（图 14），表达了人体通过运动向空间中释放他的能量和活力（图 15）。他还设计了舞蹈的服装和其他代表运动的结构（图 16）。

曲墙宅代表了空间中构筑物的运动。不仅是如芭蕾舞者手臂般穿过其中的路径（图 17），还有建筑的三维布局使人在其中穿过空间运动时犹如在舞蹈，在空中跳跃旋转，又再次落下。

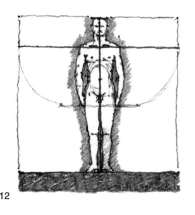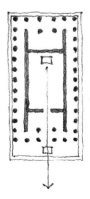

图 12

图 13

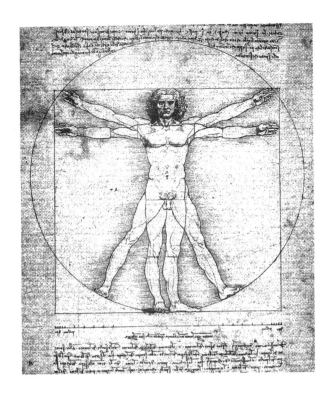

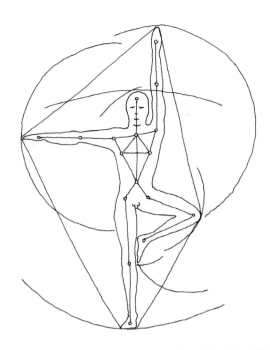

图14 列奥纳多·达·芬奇在其《维特鲁威人》中描绘了伸展手臂的(男性)人体及其静态的几何特征。奥斯卡·施莱默则根据运动的能力,即舞蹈的能力将人体形态重新加以诠释。

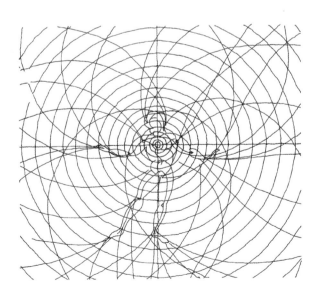

图15 施莱默认为人体能够将其动态能量释放到周围的空间中。

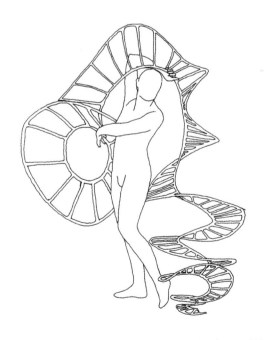

图16 施莱默根据其对人体动态特征的理解设计了表现运动的特制舞蹈服装。

图 17

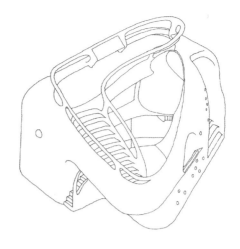

结语：难题与疑问 |
Conclusion: a problem and a question

　　曲墙宅造成了一个难题，也提出了一个疑问。首先，关于难题。由于它违背建造几何原则，给建造过程带来了困难，密集而复杂的强化支架——"桁架"——需手工进行混凝土喷射。整个建造过程没有标准构件或是成熟的工艺。

　　其次关于疑问……关于人的活动与建筑造型之间的关系。曲墙宅代表了人体的运动——作画的手臂和舞蹈的身体。另一种方式是让建筑成为容纳运动的框架，而非对运动的表达。曲墙宅是在引导自由运动而非容纳它。

　　马丁·克里德（Martin Creed）的《850 号作品》（*Work No.850*，2008 年）[译注] 中的短跑运动员全速跑过伦敦泰特美术馆（Tate Britain）的杜维恩画廊（Duveen Gallery）时（图 18），他们不可能按照绝对的直线跑过空间的中轴线；有时他们不得不绕过画廊中漫步的人们。他们跑过的路线并非被建筑中轴线所支配，更像是围绕中轴线嬉戏。只有在正式队列的约束下，人们才可能严格沿着空间的轴线运动。通常在这样空间中的漫步，会偶尔跨过轴线，在轴线四周舞蹈，而不会被这条线所束缚。

　　舞者在空间中穿梭，将时间切碎，再糅合在一起，手肘和膝盖像活塞般拖曳着缓慢地前行、后退，创造着时间，呼吸着空间。方形的房间没有尽头。不知道舞蹈是从哪里开始，音乐是从何时奏响。

——弗雷德里克·基斯勒（Frederick Kiesler）著，《在无尽之宅中》（*Inside the Endless House*），1966 年，第 261 页

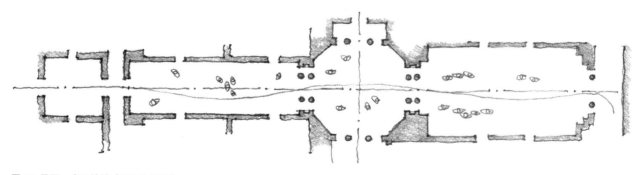

图 18 马丁·克里德的《850 号作品》

[译注] 克里德《850 号作品》的内容是，每隔 30 秒，就安排年轻短跑者全速跑过美术馆，那时去泰特美术馆的观众们，每 30 秒就会看到有一个人飞快地跑过泰特美术馆的新古典主义长廊，像钟表一样准时。

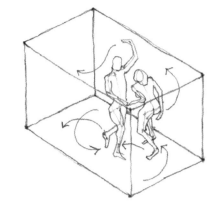

图 19

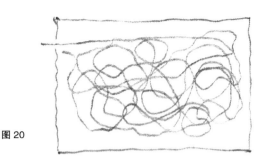

图 20

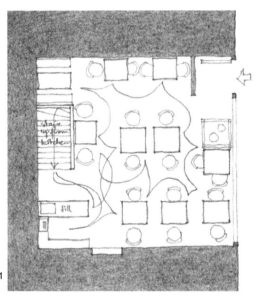

图 21

或许当空间的营造试图模仿自由运动时，这种相互作用开始减小。曲墙宅中的曲线空间是一种决定或是约束？它们在家具布置和人员活动方面并没有如在传统矩形空间中具有一般的弹性。

曲线构成的曲墙宅证明了六向加中心并非是绝对的权威，曲墙宅在尽量避免直线和矩形，不过地面、台阶和架子（大体上）还是平的，以满足实用性，走道和床也是矩形的（矩形用以满足不同的尺寸和人的活动），餐桌的边缘也互相平行。尽管如此，如果说水潭住宅（第 9~16 页）是一个句子，那么曲墙宅就是一首抒情诗，依舞者旋转足尖的轨迹写就。

当舞蹈时，我们通常会在一片开阔的场地或是一个自由的矩形房间中（图 19）；当我们演出一场戏剧时，则是在古希腊式剧场的原始圆形舞台或是矩形的开放舞台上。2007 年，一个毒驾的荷兰司机为了逃脱警车的追赶，他的轮胎在矩形场地中留下了一团混乱的印记（图 20）。咖啡厅的服务员穿梭在餐桌之间时，像是在无尽的序列中舞蹈（图 21）。

建筑与运动之间的关系值得探讨，它们之间的关系就像是无规则的（自由的）运动与规则的（受约束的）框架之间的相互作用；类似于一段乐曲中旋律与节奏的关系。

参考文献：

'Ushida Findlay Partnership: Truss · Wall · House', in *Kenchiku Bunka* (Special Issue), August 1993, pp. 29-68.

Paul Klee, translated by Manheim, edited by Spiller – *Notebooks, Volume 1: The Thinking Eye*, Lund Humphries, London, 1961.

Lázló Moholy-Nagy – *The New Vision: Fundamentals of Bauhaus Design, Painting, Sculpture, and Architecture* (1938, 1947), Dover Publications, New York, 2005, p. 163.

Mario Pisani – 'Eisaku Ushida, Kathryn Findlay: Truss Wall House, Tokyo', in *Domus*, Number 818, September 1999, pp. 18-25.

Oswald Spengler, translated by Atkinson – *The Decline of the West* (1918, 1922), George Allen & Unwin, London, 1932（1971）.

Leon Van Schaik – 'Ushida Findlay Partnership', in *Transition*, Number 52-53, 1996, pp. 54-61.

John Welsh – *Modern House*, Phaidon, London, 1995, pp. 188-193.

无尽之宅

ENDLESS HOUSE

无尽之宅
ENDLESS HOUSE

一幢基于"无限"理念的未建成住宅

弗雷德里希 / 弗雷德里克·基斯勒（Friedrich/Frederick Kiesler），1947—1961 年

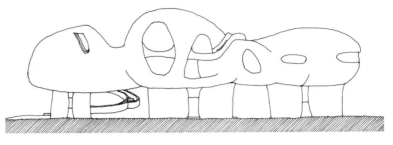

立面图

架起的居住空间平面图

日本艺术家山口胜弘（Katsuhiro Yamaguchi）绘制出了曲墙宅（前述解析）和大约 30 年前的一个未建成项目（山口胜弘，1993 年）之间的联系。这个项目被叫作"无尽之宅"。建筑师弗雷德里希（美语为"弗雷德里克"）·基斯勒生命最后二十年中大量的时间都投入了这个建筑中（他生于 1890 年，于 1965 年逝世）。1961 年，一位来自佛罗里达名叫"玛丽·西斯莉"（Mary Sisler）的女士，表达了对基斯勒项目的兴趣，这个设计被提交到了或许能将它建成的州，但最终没有结果。基斯勒致力于这个项目的那些年，绘制了许多草图，也制作了大量模型。

"无尽之宅"的想法是基斯勒在与一些超现实主义艺术家，特别是马塞尔·杜尚（Marcel Duchamp）的合作中萌生的。1947 年，基斯勒策划了两个展览：纽约雨果画廊（Hugo Gallery）的"血之焰"（Blood

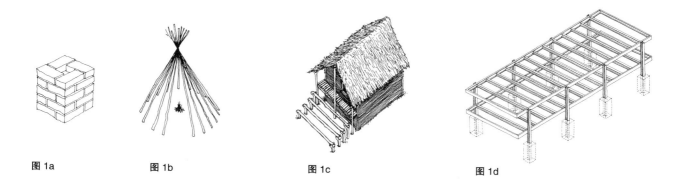

图 1a　　　　　　图 1b　　　　　　图 1c　　　　　　图 1d

Flames）以及在巴黎玛格画廊（Maeght Gallery）举办的国际超现实主义展（Exposition Internationale du Surréalisme）。两年后，在一个新创办的建筑杂志《今日建筑》（L'Architecture d'Aujourd'hui）上，他发表了自己的宣言——《关联主义宣言》（Manifeste du Corréalisme）。基斯勒的关联主义是对超现实主义专注于梦境心理领域的反击。基斯勒认为人类与自然不是相互独立的（互不影响的、独立的个体……如在《圣经》故事中亚当和夏娃被逐出伊甸园的故事中所述），而是一个整体系统中的组成部分，而建筑应当是这一关系的反映。

建筑中的线 | Lines of architecture

在 15 世纪，佛罗伦萨建筑师莱昂·巴蒂斯塔·阿尔伯蒂（Leon Battista Alberti）写道，建筑是关于线条和轮廓的问题（参阅《解析建筑》第四版，2014 年，第 157 页）：

> "整个建筑物是由轮廓和结构组成的。这些轮廓的全部目的和意义都在于找到连接并组合线条的正确与可靠的方式，这些线限定并围合了建筑物的面。"

阿尔伯蒂倾向于认为建筑的线应当由理想几何形和比例来确定：正方形、圆形、$\sqrt{2}$ 矩形，等等。但也有其他观点。现将部分观点概括如下。

首先，有一种观点认为建筑的线应当被建筑材料的尺寸和特征所控制，至少是受到很大的影响（图 1）。这个观点来自美国建筑师路易斯·康（Louis Kahn）的名言"砖知道它想成为什么"（a brick knows what it wants to be）。这一点有以下的例证：砖墙或砖柱（图 1a），其几何形取决于砖本身的尺寸；北美印第安人的梯皮（teepee，圆锥形帐篷，图

1b），其形状取决于相互支撑着的杆件；影响了密斯·凡·德·罗的非洲棚屋（图 1c，参阅第 71 页）以及密斯自己设计的范斯沃斯住宅（图 1d），其形式在很大程度上是由结构钢材的特征决定的。这个观点在《解析建筑》一书"建造几何"标题下进行了探讨。这个观点的支持者倾向于认为建筑的形式是产生于或至少是与其所用的材料本身的天然特性相协调。材料的这些特征（比例）决定了它们的组织方式以及最终构成的建筑形状。

其次，有观点认为建筑的目的是为了容纳生活，因此建筑的线应当遵循居住行为的"那些"线或模式。非洲村落或许是一个范例（图 2a），尽管其中各组成部分或许受到了建造几何的影响，其整体组织的几何形态则更多取决于社会结构与居住其中的社区活动。

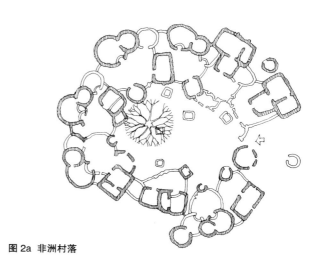

图 2a　非洲村落

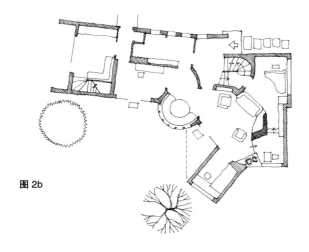

图 2b

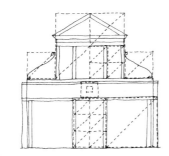

图 3a

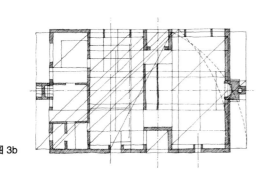

图 3b

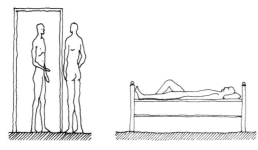

图 4a

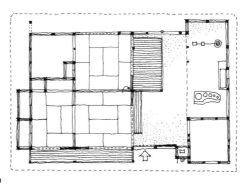

图 4b

另一个由居住行为（作为重要因素）决定建筑形态的例子是汉斯·夏隆设计的一个住宅（图 2b，这是摩尔曼住宅，其解析参阅第 243~254 页），其中的生活方式——共同用餐、坐在火炉边、弹钢琴——优先于几何形决定了建筑的结构组织。这个观点支持者的主张来源于他认为是生活占据了空间、定义了场所的观点。

第三个观点来自阿尔伯蒂：建筑的线不必被建造几何或生活方式所限。人类智慧可以去追求更高的目标，甚至是完美（perfection），如在理想几何形——正方形、圆形和特定比例的矩形中表现出的那样。这个观点在《解析建筑》中"理想几何"标题中进行了阐述。阿尔伯蒂本人的佛罗伦萨新圣母玛利亚教堂（Santa Maria Novella）正立面设计（图 3a）以及路易斯·康的埃西里科住宅（Esherick House）（图 3b，参阅第 97~104 页）是体现这个观点的范例。这个观点的支撑源自数学公式衍生出的几何图形所具有的无可辩驳的正确性——即认为它们并非是独断的，而是提出了（一种）完美的形式。

第四个观点认为几何图形太过抽象，而建筑的线应当与尺度和人体特征相关。因此一个门道的高度应当刚好能够使平均身高的人通过，一张床的大小则刚好能够让他们躺下（图 4a）。日本传统住宅（图 4b）就属于这一类，因为其房间的尺寸是由地板上榻榻米席子的尺寸决定的，而席子的尺寸则是由一个人躺下的尺寸决定着。屋顶的高度、阳台的宽度、踏步……也都是仔细依照人体的尺度设计。这个观点的权威性与观点一、二相似。

第五个观点融合了观点三和观点四，认为既然人体的几何形体能够得到论证，如列奥纳多·达·芬

奇和勒·柯布西耶所展示的那样（图5a、图5b），
一套整合的建筑比例和尺寸系统也能够源自人体比
例，如勒·柯布西耶提出的模度系统以及模度系统
在包括小木屋（Un Cabanon，图6，参阅第87~96页）
在内的不同设计中的应用。这个观点综合了观点三
和观点四的主张。

第六个观点（还有更多！）认为建筑几何原则
应当被颠覆，或许是因为它们表现的是一种虚幻的
确定性。按照这个观点，平行线变得聚集或发散，
垂直的墙变得扭曲或破碎，几何形体否定了独立性
和清晰性，从而变得充满冲突。由此出现了惊人的
形态。这类建筑中的线源自要么回避，要么就是基
于与复杂而矛盾的世界之间的共鸣。例如，阿尔瓦
罗·西扎（Alvaro Siza）和扎哈·哈迪德（Zaha Hadid）（图
7a、图7b）用破碎和扭曲颠覆了传统几何形（扎哈·哈
迪德的维特拉消防站（Vitra Fire Station，图7b，解
析见第233~242页）。

[这些各种各样关于建筑中几何形所扮演角色的
观点很少是孤立的。建筑作品往往是一个综合的结
果。例如，勒·柯布西耶的小木屋（右图），尽管
具有模度系统的尺度特征，却也没有忽视建造几何；
而传统的印第安人圆锥形帐篷也能相当好地适应人
们围坐在火堆旁的活动方式。每种观点在不同时代
都会以完全不同的方式表达建筑的线——精神上或
是在其他方面。或许因为建筑的复杂性，复杂得无
法以一个观点来概括，这个领域一直能够接受任何
关于建筑中几何形扮演角色的新观点。]

第七个观点（我说过还有更多！）认为建筑的
线或许是源自没有被简化为几何图形和比例的自然
界生物；即建筑物或许像树木或植物的卷须、骨头

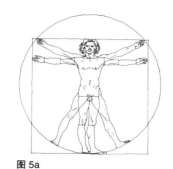

图5a

图5b

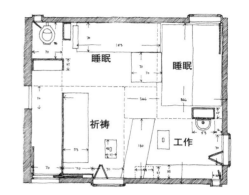

图6

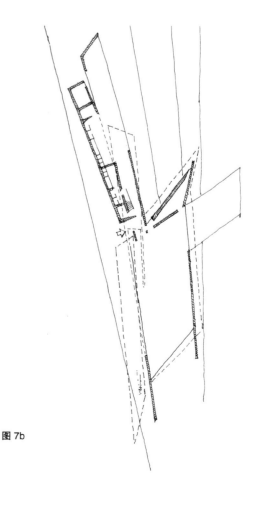

图7b

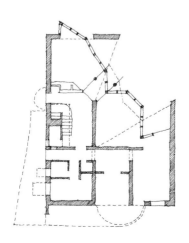

图7a

或是骨架、贝壳或是岩层……例如西班牙建筑师安东尼·高迪（Antonio Gaudi）的巴特略公寓（Casa Batlló）阳台的构造就是源自鱼的头骨（图 8a）。他在古埃尔领地教堂（Colonia Guell）的地下礼拜堂中用毛石砌筑的柱子也像是森林中的树干一样（图 8b），尽管平面图（图 8c）表达了秩序性与自然界生物的无序性混合。与这个观点相关的常有这样一个愿望，即人们或许能够像动物们那样自然自发地建造，甚至那个建筑会如自然进程一样生长，就像软体动物的壳或是瓢虫的蛹那样。就好像建筑是原罪的一部分。在这个观点中关于建筑的线应如何组织或许是源自尝试逃离或否定人类的固执任性，这种任性被看作是错误的根源，从而回归动物的纯真状态。无论是这些，还是碎石和鱼头骨的自然线条都被认为要比按照规则几何形建造的东西美得多。

图 8a

观点七有两个推论。一个是在 21 世纪最初 10 年流行的，认为计算机软件已足够成熟精道，能够模仿自然进程对不同的条件予以回应。例如，参数化设计软件使建筑师能够通过输入参数来调整建筑形态，例如重力、荷载、日照……以及评估形式如何更加有效地进行自我修整，如自然界生物会对变化的条件做出回应一样。这样，自然界中的形态——植物的生长、肥皂泡在微风和重力的作用下扭曲变形、贝壳和骨骼上复杂的生长曲线——或许也能在建筑中加以仿效。

图 8b

另一个推论则有个更复杂的谱系。它关注如何降低或消除人类的固有影响，如绘画的手，从而获得看起来更自然或是更接近自然界的线条——植物的卷须、水流、鸟在空中的飞行、贝壳或树木的生长。"自由"绘画（free drawing）使手（和手臂）的运动不受意识控制，强调偶然因素（它被假定为是自然的同胞）。例如，以一条自由曲线开始，有可能构建一棵逼真的自然形态的树木（图 9）。这是查尔斯·雷尼·麦金托什的一种创作方法，在曲墙宅解析中已经提到（参阅第 46 页）。这种方法也被赫克多·吉马德（Hector Guimard）使用过，例如巴黎贝朗榭公寓（Castel Béranger）大门的设计（图 10）。

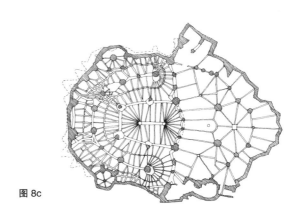

图 8c

图 9

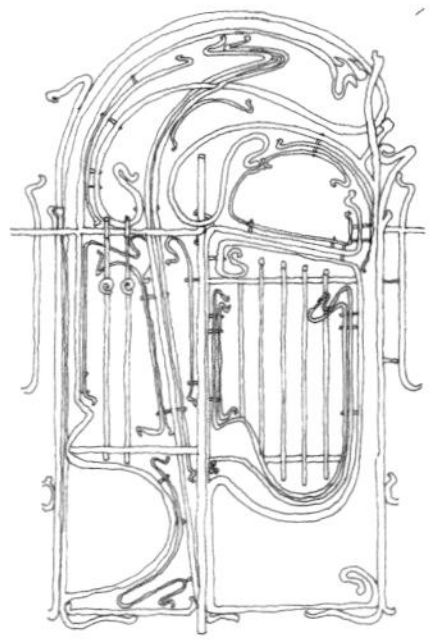

图 10

基斯勒将这一观点用于探讨建筑中的线如何生成。他想要找到一种自然的方法来创作建筑，这种方法不受人类意志的控制，下文将提到选自他 1949 年撰写的《现代建筑中的虚假功能主义》（*Pseudo-Functionalism in Modern Architecture*）的文章开头。他的第一句话就像是对勒·柯布西耶的名言"平面是发生器"（the plan is the generator，《走向新建筑》（*Towards a New Architecture*）（1923 年），1927 年）的直接反驳：

> "平面图不过是建筑的脚印。通过这种平面的印象很难构想出建筑的实际形态和内容。如果上帝从一个脚印开始创造人类，可能会长成一个只有脚后跟和脚趾的怪物，而不是人……幸好这个创造的开始不是这样，而是源自一个核心理念。从一个蕴含着一切的生殖细胞开始，慢慢地成长为拥有不同楼层和房间的人。这个细胞，源自性爱和创造的本能，不受任何头脑指令控制，它才是人体大厦的核心。"

基斯勒在同一文章中表达了他对直角建筑的憎恶，认为它与"多维度"（polydimensional）的生活相悖：

> "首层平面不过是体量的一个印记。并没有考虑到被容纳在建筑体量中的重要活动；而是以并置的正方形和长方形，长的、短的、弯的，或是掺杂在一起的取而代之——再一层层地叠起来（立面图）。这个盒子结构与居住活动毫不相干。住宅是一个人们要在其中进行多维度生活的体量。是居住者在其中可能进行的所有活动的总和；而这些活动则是受到多样直觉的推动。因此从平面图开始设计是个谬误。我们必须努力抓住居住的完整内涵，并以此进行造型。"

基斯勒在其 1959 年的文章《冒险与无尽之宅》（*Hazard and the Endless House*）中描述了自由绘画的各种可能性：

> "画草图是将想象用铅笔、墨水等呈现在纸上的过程。蒙上眼睛滑冰能比设计更强烈地受到体验与愿望的指挥，引导着人的感受与思绪，使它们逐渐变得清晰明了。随机的绘画和雕塑是一种放手创作的能力，是工具，而非工具的使用指南。设计依靠的是人的全身心，而非单一的感受。它不是描绘（sketching），是偶然与意愿之间的杂糅。"

有些对基斯勒无尽之宅的研习草图都很潦草（如右侧我的草绘，图 11）。

图 11 看起来无尽之宅的形式（下图）是来自精心挑选的一团线条，像我画的树那样；手的自由运动绘制出了不受意识决策控制的曲线。

这幢住宅 | The house

　　无尽之宅的设计反复了多次。最完整的版本是1961年基斯勒为客户玛丽·西斯莉所做，以期能够建成。1961年的设计与之前的版本一样，坚持将一组互相联系的小仓室以柱子或基架抬离地面（图12）。（在某些版本中——例如其中之一在基斯勒《在无尽之宅中》（*Inside the Endless House*）第566~567页——这些基架是对建造几何的一种妥协，比这里看到的版本更具有正交特征；参阅第62页。）

　　基斯勒将他的无尽之宅看作与大地之间是相互独立的。他（在1961年的一次电视采访中）说"它可以在大地上，也能浮在水面上或沙滩上"。或许，若不是因为重力，他会让这栋房子浮在空中（正如他探求的将建筑从传统的禁锢，例如从直角几何形中解放出来。）

　　住宅中各空间的特质在公开发表的草图中并不完全清晰。三个基架（图13）每个都有入口。机动车流线暗示了主入口在中心的基架。中心基架容纳了通往中间层的最豪华的楼梯，还有一个可能是衣帽间的房间；也包含了一个看起来是花园商店的房间，能从室外直接进入。南侧的基架容纳了一部通往厨房的楼梯以及一个可能是储藏室的空间。北侧的基架更像是一个从中间层主卧的小仓室向下通往底层花园的室外楼梯。

　　中间层大楼梯的顶部（图14）是大起居室，中心是炉床。向前是主卧，看起来似乎有个泳池。从起居空间也能穿过餐厅通往厨房。这一层的最后一个空间是儿童房和附属的浴室。起居空间中有一部楼梯通向顶层的另一个卧室/浴室（图15）。这个房间看起来还有一部室外楼梯能够爬上仓室的屋顶，但之后就无处可去了。（这部"无处可去的楼梯"在《在无尽之宅中》被删掉了，或许也是对现实的妥协。）

　　这个住宅的自由形态使人联想起流水在岩石上冲蚀出的洞穴（图16）或是18世纪的景观建筑师们建造的岩穴（图17）。然而无尽之宅的空间不是从固体物质，而是从空间本身中雕刻出来。

图 12　西立面图

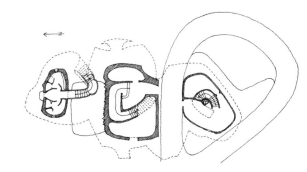

图 13　底层平面图

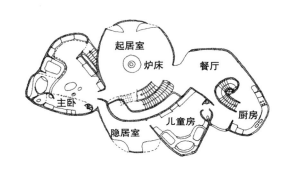

图 14　中间层（主层）平面图

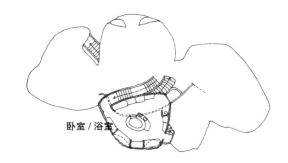

图 15　顶层平面图

图 16

图 17 18 世纪的岩穴

无尽之宅之所以成为"无尽"是因为其所有的尽端都互相连接、连续。它像人体一样没有尽头——没有开始，没有结束。这种"无尽"从感觉上来讲，更像是女性的身体，而非棱角分明的雄性建筑。

——弗雷德里克·基斯勒著，《在无尽之宅中》，1966 年，第 566 页

无限与场所（"空间核"）|
Infinity and places（'space-nuclei'）

有很多相互纠缠的路径进入或穿过无尽之宅。像曲墙宅一样，这个住宅也与运动和雕塑感相关。它的形态来自手的自由运动，而空间则限定了人的活动。下图（图 18）是将无尽之宅的三个楼层中人可能的进出与上下的动线重叠在一起。这个住宅就像是对现代生活焦虑感的一个注脚。

基斯勒（在 1961 年的电视采访中）解释道，这个住宅的潜在理念是数学中的无穷符号：

这幢住宅看起来也与克莱因瓶（the Klein Bottle）（图 19）和莫比乌斯环（the Möbius Strip）（图 20）有着密切联系，这二者均有单一的——即无尽的表面。

但最重要的是，基斯勒更想要强调无尽之宅与生命之间的关系，而非其抽象特征。他想以一种恰当而非强制的方式来容纳生命。他写道：

"无尽之宅中所有的尽端相连，就像在生命中那样。生命的韵律是周期性的。生命的每一个尽端在 24 个小时、一周、一生中相接。它们伴着时间的连续互相触碰。它们握手、驻留、告别，从相同或不同的门返回，在多联的路径中穿梭，静悄悄地或是大摇大摆，或是穿过回忆的奇想。

"生命中的事件是你住宅中的访客。你必须

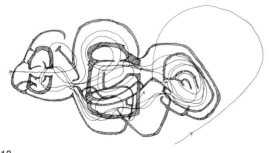

图 18

图 19

图 20

尽力做好主人；否则幽灵就会成为事件的主人。是的，它们会的，但在'无尽之宅'中不会。在那里，事件是真实的，因为你张开双臂迎接它们，它们就变成了你。你与它们在一起，从而变得更加自立。

　　"机械时代的住宅是一个个割裂的小室，

　　　盒子一个挨着一个，

　　　盒子一个摞着一个，

　　　盒子一个压着一个，

　　　直到长成一坨坨的摩天大楼。

　　"'无尽之宅'中的空间是连续的。所有居住空间都能统一成一个连续系统。

　　"但不要怕在'无尽之宅'中没有私密性。

　　"空间核（space-nuclei）（场所（Places）？）中的每个人都能在整体居住空间中相互隔绝。当需要时，也能够整合起来，满足不同的功能需求：家庭聚会，接待访客、邻居、朋友、流浪者。你还能够重新蜷缩回去，享受孤独的愉悦。'无尽之宅'不仅为家庭提供了一个居所，也为你的心灵'访客'创造空间与舒适。与自己交流。激发冥想。内心深处的居住者是坚实的同伴，尽管肉眼看不到，心灵却感受得到。那些隐形的访客是你的特工人员与仪仗队。我们不能如对待窃贼般对待他们。而必须使他们感到舒适。他们勤奋地表达着你对过去生活的回响和对未来的希望与憧憬。

　　……

　　"'无尽之宅'不是无定形的，绝对开放的形态。正相反，它的建构按照你的生活方式有着严格的界限。它的形态是由生命的内在进程决定的。"

　　基斯勒所著《在无尽之宅中》（1966年），

第567~568页

　　无论是精神或是文化特质层面强加于他著述的诠释，基斯勒用他的建筑清晰地表达了对生命（自由个体的生命——他自己）最高的关注；比如超过对建造几何或理想几何形的关注。在这个建筑中，如在本书其他解析案例中一样，基斯勒的建筑（尝试）通过空间及其组织方式、线条，来探讨哲学观点。无尽之宅究竟在现实居住中多大程度上实现了基斯勒的主张，还有待考证。

装置与程式 | Devices and ritual

　　基斯勒想要对建筑空间进行再创造，使其成为"唤醒人们"的一种方式，唤醒他们对存在的敬畏，引领他们去欣赏生命的精神境界。他相信他的创造健康、有益。也想用他的房子去做这件事情。

　　"在'无尽之宅'中没有多余的东西，无论是住宅本身，还是地板、墙体、屋顶、来客，或是进入的光线、温暖或凉爽的空气。每个机械装置都作为一个部分成为组成某个特定程式的灵感。水龙头也不仅是让水流进你的杯子或茶壶，通过花洒流到浴室——手柄转动从而水向前流动，像是来自摩西点石取水的那块岩石，这些闪烁的灵感，从人类头脑的神奇想象中释放出来，充满了惊喜，出人意料，自豪而安适。"

　　基斯勒所著《在无尽之宅中》（1966年），

第568页

　　基斯勒不是唯一认识到建筑的仪式性潜力（ritual potential）以及建筑细节与装置的人。尤哈尼·帕拉斯马（Juhani Pallasmaa）认为"门把手是与建筑'握手'"（帕拉斯马，2005年，第62页）。阿尔多·范·艾克（Aldo van Eyck）发觉门道不仅是一个实用的装置，而且是一个"偶遇的场所"（引自《解析建筑》第四版，2014年，第225页）。菲利普·斯塔克（Phillippe Starck）以独特的打开水龙头和开启电气设备的方式（例如他在纽约的旅馆设计中），纵情于体验"人类头脑的神奇想象"。

　　基斯勒想要安装在无尽之宅中的装置之一是一个"色彩钟"（colour clock）。《室内设计》杂志（Interiors）1950年11月刊发表了一篇关于无尽之宅早期版本的文章。这篇文章探讨了关于这个住宅对光线的控制，包括自然光和人工光。

　　"住宅的曲线外壳为漫射光提供了有利条件，内嵌灯带和气体放电光源发出的直射光线被发散到各个方向……我们现在有三种方式控制日光：（1）洞口的尺寸——通常指窗户——日光从这里进入建筑。我们可以控制它们的大小，圆形或是矩形。（2）在透光的洞口上覆盖玻璃、塑料或是织物使光线发散。（3）将洞口遮住，以此来减弱或反射光线。"

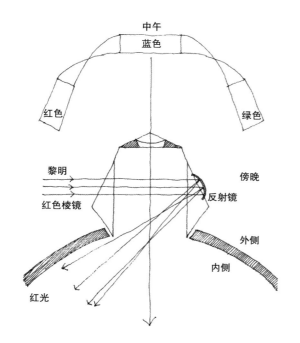

中午
蓝色

红色　　　　　　　　　绿色

黎明　　　　　　　　　　傍晚

红色棱镜　　　　　　　反射镜

　　　　　　　　　　　外侧

　　　　　　　内侧

红光

图21　无尽之宅中的色彩钟（基斯勒自己的示意图，参阅迪特·博格纳（Dieter Bogner）的文献第50页，2003年）

基斯勒这样描述色彩钟的工作原理：

"日光穿过一个三原色的玻璃棱镜，从清晨到傍晚依次在三者间转换。光线经过一个凸透镜射入室内，居住者就能根据他周围光线的颜色来判断时间。他不再完全依赖一个机械钟，将生命划分成一分钟又一分钟，他开始觉察到时间的连续，并且把自己与自然力量融为一体。"

色彩钟其中一个棱镜的图解（图21）显示，它是由棱镜、透镜和反射镜组成的。清晨，来自东方的光线穿过一个棱镜后，被染成红色；然后这束光被一个凹面镜反射进入房间中。在晚上，西侧的阳光也发生类似的现象，只是被染成绿色。一天之中，光线会逐渐从清晨的红色，经过中午的蓝色，最终变成晚上的绿色。

结语 | Conclusion

无尽之宅被看作是一个自由的宣言：摆脱建造几何和理想几何的自由；摆脱直角和轴线的自由；摆脱地面的自由；摆脱盒子般居住房间束缚的自

由；他甚至表达了摆脱重力的渴望以及（佛教徒般（Buddhist）？）将时间看作是循环的而非线性的。其中最重要的是，这个住宅必须被视为是从直角中解脱出来的宣言。这些对自由的探索隐含着基斯勒从意识本身中（以及或许是从被某些意识形态归因于它们的"原罪"（original sin）中）获得创造性自由的渴望，并将人类生活回归一种幸福的纯真状态（如果在建筑能量范围内能做到的话）。这些自由（如果有的话）中哪些可能实现仍待讨论。基斯勒住宅获得的主要自由，尽管是他刻意做的而非探求到的，是从对实际建造和居住的挑战中脱离：脱离季节变化、风化与磨损，脱离时间的影响，脱离可能居住在他的空间中的人们的批评。

实际上，基斯勒的理念保持了想象的本真，从而进一步提出了建筑与"现实"的关系问题。"现实"在建筑中是主导的吗，抑或拓展界限是建筑的任务吗，还是要提出超越现实的理念，如电影《非洲女王号》（*The African Queen*，1951年，导演约翰·休斯顿（John Huston））中罗丝·塞尔（Rose Sayer，凯瑟琳·赫本（Katharine Hepburn）饰）表达出的哲学观"天性……是我们来到这个世界上需要超越的"呢？

出版物中关于无尽之宅的图片，尤其是基斯勒的那些推敲模型（见下页），使这个建筑看起来很有"雕塑感"。"建筑"和"雕塑"之间并没有清晰的语义界定，除了将建筑看作是辨别（识别、定义、容纳……）场所的基本载体（参阅《解析建筑》第四版，第25~34页）；或许雕塑也是这样（可能会被描述为充满"建筑感"），但传统意义上，雕塑更侧重于塑造、雕刻、构想、组装、筛选出……能够坐落在任何地方的作品。

在无尽之宅的发展过程中，基斯勒似乎从未为它设定一个特定的基地，只是对其理想的朝向有所设想（以便他的色彩钟能够运转）。但他反对将他的建筑看作仅是一个"雕塑"的观点，这种观点是对他设计意图的误读，从本文引用的他的叙述文字就能看出这一点；很显然基斯勒并非将他的房子看作是三维的造型，而是看作是空间与生活的容纳。尽管如此，内部如流水侵蚀出的洞穴和无尽的环形空间，很难使人觉得住在里面会感到舒适。当我在

基斯勒的模型照片（上图）中加入一些人物时，他们看起来更像是在探索洞穴而不是此处的居民。基斯勒救世主般的设想，是在一个反乌托邦的、科幻般的孕育世界里，以重构的形态无尽地迷失在远离地面的漫步中。

> 无尽之宅的出现是世界末日前的必然。它是人类为自己辟建的最后庇护所。
>
> ——弗雷德里克·基斯勒著，《在无尽之宅中》，1966 年，第 569 页

参考文献：

'Frederick J. Kiesler's Endless House and its Psychological Lighting', in *Interiors*, November 1950, reprinted in Dieter Bogner, editor – *Friedrich Kiesler: Endless House 1947-1961*, Austrian Frederick and Lillian Kiesler Private Foundation, Vienna, 2003, pp. 50-57.

Interview with Friedrich Kiesler – 'The Endless House', Camera Three, 1960, reprinted in Dieter Bogner, editor – *Friedrich Kiesler: Endless House 1947-1961*, Austrian Frederick and Lillian Kiesler Private Foundation, Vienna, 2003, pp. 85-89.

Website of The Austrian Frederick and Lillian Kiesler Private Foundation: http://www.kiesler.org

Dieter Bogner – *Friedrich Kiesler: Inside the Endless House*, Böhlau, Vienna, 1997.

Dieter Bogner, editor – *Friedrich J. Kiesler: Endless Space*, Austrian Frederick and Lillian Kiesler Private Foundation, Vienna, 2001.

Dieter Bogner, editor – *Friedrich Kiesler: Endless House 1947-1961*, Austrian Frederick and Lillian Kiesler Private Foundation, Vienna, 2003.

Le Corbusier, translated by Etchells – *Towards a New Architecture* (1923), John Rodker, London, 1927.

Friedrich Kiesler – 'Pseudo-Functionalism in Modern Architecture', in *Partisan Review*, July 1940, reprinted in Dieter Bogner, editor – *Friedrich Kiesler: Endless House 1947-1961*, Austrian Frederick and Lillian Kiesler Private Foundation, Vienna, 2003, pp. 29-34.

Friedrich Kiesler – 'Hazard and the Endless House' (1959), in *Art News*, November 7, 1960, reprinted in Dieter Bogner, editor – *Friedrich Kiesler: Endless House 1947-1961*, Austrian Frederick and Lillian Kiesler Private Foundation, Vienna, 2003, p. 63.

Friedrich Kiesler – *Inside the Endless House*, Simon & Schuster, New York, 1966.

Pallasmaa, Juhani – *The Eyes of the Skin: Architecture and the Senses* (1996), John Wiley & Sons, Chichester, 2005.

Katsuhiro Yamaguchi – 'Living Media Architecture', in 'Ushida Findlay Partnership: Truss・Wall・House', *Kenchiku Bunka* (Special Issue), August 1993, pp. 66-67.

Some images of Kiesler's many development models for the Endless House are available at:

rudygodinez.tumblr.com/post/51598262234/friedrick-kiesler-endless-house

范斯沃斯住宅

FARNSWORTH HOUSE

范斯沃斯住宅
FARNSWORTH HOUSE

位于美国伊利诺斯州普莱诺（Plano）附近狐狸河（Fox River）畔
密斯·凡·德·罗设计，1950 年（1945 年左右设计）

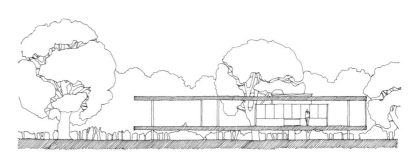

剖面图

很难找到一个比它体形更简单的建筑了。密斯·凡·德·罗设计的范斯沃斯住宅所使用的材料——主要是钢材和大片的平板玻璃，是从 19 世纪到 20 世纪才开始使用，但这个位于伊利诺斯乡村的周末度假住宅具有如基本的庇护所般原始的简洁。其隐含的建筑理念是将生活容纳于夹在两个相同尺寸的矩形平板之间的空间中——一个平台和一片水平的屋顶，这二者被 8 根钢柱撑开。这个简单的理念（在当时）非常新颖，同时也暗示了历史。这个住宅简单的外表下蕴含着许多微妙的变化。范斯沃斯住宅十分雅致，它白色的结构和规则的几何形体构成的韵律在河边树林的不规则背景下显得格外美丽迷人。这个建筑也充满了诗性，使人有所领悟，这种领悟源自其建筑形式与古建筑之间的共鸣。

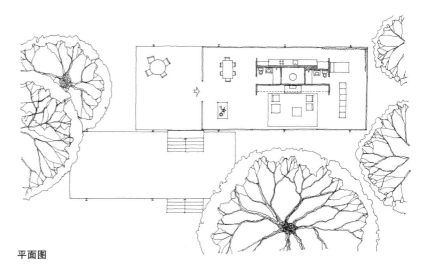

平面图

场所识别与基本元素 |
Identification of place and basic elements

密斯·凡·德·罗的这个建筑是为他的朋友伊迪斯·范斯沃斯医生（Dr Edith Farnsworth）设计的，为了让她在这里享受周末和闲暇的时光。这幢住宅中有常规的居住空间：一个壁炉，不仅能够取暖，同时也是日常生活与交流的核心；一张床；一间厨房；一张餐桌；两个浴室以及各种壁橱。这个住宅的形式或许并不平常。其外形清晰明确，由基本建筑元素构成。

> 生命最重要的任务是：把每一天都当作是第一天，重新开始——却聚集着一个人的整个过去，带着所有的结果与遗忘的教训。
>
> ——格奥尔格·齐美尔（Georg Simmel）著，《死后的碎片与散文》（*Posthumous Fragments and Essays*），1923 年（引自弗里茨·纽迈耶，1991 年，第 96 页；齐美尔的书收藏于密斯·凡·德·罗图书馆）

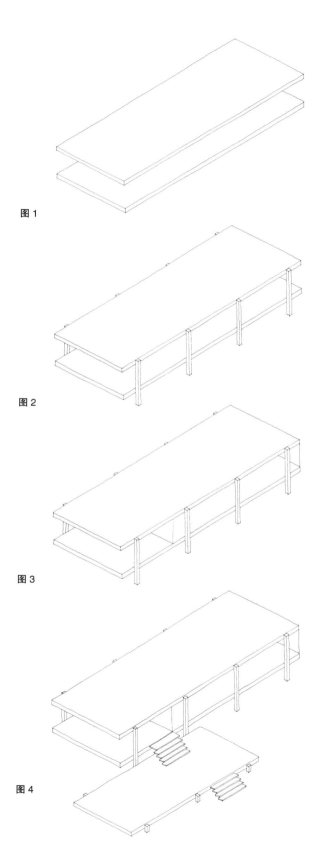

图1

图2

图3

图4

图1 范斯沃斯住宅是由基本建筑元素以一种直白的方式组合在一起的。首先是一对相同尺寸的水平矩形平板——一个从地面抬起的基面以及在它正上方的平屋顶。从概念上来讲(如果没有实际建造的话)这两个平板是完全相同的;就像一块平板裂开成了两半,在中间形成了夹层空间。这两块平板界定了这座住宅的居住空间。它们从周边的自然环境中隔离、升起,确立了属于人类的特别空间。这两块平板以其矩形的形状在环境中引入了一个清晰的水平四方向的内在特质(参阅《解析建筑》第四版,第144~147页)。

图2 或许,在一个没有重力的世界里,密斯会让这两块平板简单纯粹地浮在空间中;但当然它们必须保持稳定,因此它们被焊接到8根竖直且对称布置的柱子上,每边4根。平板和柱子是白色的——"纯粹"的颜色,也不会与周围大自然的色彩变化相互冲突。

图3 在概念上,设计的第三阶段是一面从外部世界中界定出内部空间的玻璃墙,这种划分是从物质上来讲的,而非从视觉上隔断。由玻璃隔出的内部并没有占满地板与屋顶所夹的所有空间,而是留出了2/7的开敞空间作为入口门廊,或是能够闲坐的平台,上面的屋顶会为这里遮阳挡雨。*

图4 下一步是第二个平台,设置在倚靠着建筑朝向小河的一侧。其高度比主平台的一半略低。它限定出了一个自然地面与人造的住宅空间之间的过渡空间。这个平台也能用作闲坐,但它是露天的。几步台阶——一系列小的平台与主体水平的屋顶和地面相呼应,将不同标高的平台连接起来。

构建基本元素的这些步骤都是出于一种实际的需求:将居住空间抬离地面(狐狸河有时会涨水),并为其遮阳挡雨;构建一个避风保暖的内部空间;提供一个室外闲坐的空间以及营造一个从外部到内部的过渡空间。而住宅必须容纳的特定功能——睡觉、烹饪、用餐、沐浴……尚未考虑在内。这并不是一个形式追随功能的建筑;有可能它们会被设置在矩形平板之间的玻璃盒子里。

---

* 也曾想用防蚊网将"门廊"围合。这些防蚊网在20世纪50至60年代范斯沃斯医生在此居住的时候一直安装在门廊处(维尔纳·布莱泽(Werner Blaser)的一张照片显示了这些防蚊网的存在,1972年,第124页)。

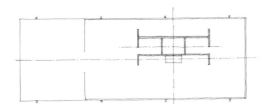

图5 在实际建造中右侧的浴室与上图显示略有不同，以便能在厨房中容纳一个深碗橱；马里兹·范登堡（Maritz Vandenberg），2003年，第14页，清晰显示在早期平面中有一个封闭的厨房。

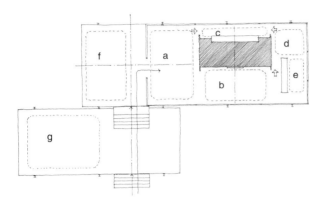

图6 在平面中可辨识的空间

空间与结构 | Space and structure

在平面中深入考虑了内部空间组织。为了满足私密空间的功能需求，密斯在建筑中插入了一个由三个小房间组成的内核（图5）——两个浴室及中间的一个设备间。沿内核北侧布置了厨房设备；南侧是壁炉及上方的壁橱。尽管内核本身出于目的与功能的需要是对称的，但它在玻璃隔间内部所处的不对称位置对于住宅内部空间的组织是很重要的。它的位置距离北侧的玻璃墙比南侧的更近，距离东墙也比西墙更近一点，由此营造出四个不同尺寸的空间（图6）。最大的空间是入口空间（a），从布置中能看出它容纳了餐桌，但或许也可以用作书房或客房。起居空间（b）在壁炉边。狭窄的北侧空间（c）是厨房，两端有隐蔽的入口——分别通向入口空间和卧室（d）。卧室边是一个衣帽间（e），与起居空间之间由一个壁橱隔开；这个壁橱充当了一面独立的墙，并在起居空间与卧室之间营造了一个门道。进入玻璃隔间的主通道外是有屋顶的休闲平台（f）。

其通路穿过了稍低一点的平台（g）。

住宅中的对称与不对称也是值得一提的：玻璃隔间的位置与六根柱子之间的关系是对称的；从地面到平台再到上层平台的台阶位于门廊四根柱子的中轴线上；壁炉位于（几乎）对称的内核的中轴线上，也穿过了住宅的长轴（图5），以此暗示它是整个住宅的精神核心；主通道在玻璃墙体上的位置是不对称的，使起居空间看起来比厨房更加重要。

> 我曾在（范斯沃斯）住宅中独自从清晨待到傍晚。直到那时我才发现自然的色彩原来如此炫目。
>
> ——密斯·凡·德·罗，引自布雷泽著，《密斯·凡·德·罗》（*Mies van der Rohe*），1972年，第234页

为了更好地理解密斯在范斯沃斯住宅中对空间处理的独到之处，或许可以将它与一个以传统方式设计并以砖石而非钢铁建造的住宅进行比较。我曾尝试绘制这样一个平面（图7）。这个建筑是坡屋顶的，墙体落在地下的条形基础上。它的内核位于相同的位置，尽管这些房间可能需要通风设备（实际在范斯沃斯住宅中，通风设备隐藏在平屋顶中）。我将用餐空间和卧室移到了南侧能够俯瞰小河的位置。这就需要主入口距离台阶更远，从主入口进入一个北向的门厅。从而更衣室位于住宅的北侧，壁橱则沿一面墙来放置。我也将较低的平台伸长使其在住宅沿河一侧通长，并围绕着一丛灌木。上面遮蔽着门廊的屋顶由木柱支撑。

将这个砖石建筑平面（图7）与实际的平面（图8）相比较，能更清晰地看出密斯在空间处理中的重点。最明显的是承重结构占据的地面面积之间的巨大差异。在砖石建筑版本中，屋顶由四周厚重的墙体支撑，部分也承托在内墙上。在实际的范斯沃斯住宅中，实际承重消减到了8根工字钢柱（外加4根短柱支撑较低的平台）。从根本上改变了这个住宅的本质。想象你在两个住宅中的体验会有怎样的差异。在砖

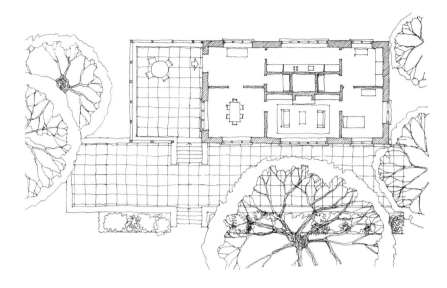

图 7 砖石建筑版的范斯沃斯住宅

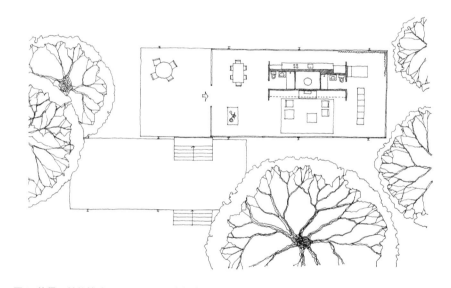

图 8 彼得·帕伦博（Peter Palumbo）拥有这幢住宅时的平面

石建筑中，内部空间被包裹在墙体中间，而不是三明治般夹在地板与屋顶之间向四周开敞的。在砖石建筑中，阳光进入建筑以及视线向外看去都是经过"墙洞"窗口；而在实际住宅中，四周完全是玻璃的。范斯沃斯住宅是一个没有墙的住宅，能够让周围的景观毫无遮挡地映入眼帘。在内部，砖石住宅是一系列被内墙和门洞限定的盒子般一个挨一个的房间；而实际住宅除了容纳浴室的内核、遮挡更衣室的壁橱及家具之外，全部是开敞的；它唯一真正的门——在休闲平台与玻璃盒子之间——是玻璃的，尽量与玻璃墙面融为一体。这是用建筑语言表达开敞、自由漫步以及光与外界的景象。这个住宅，或许从外部看起来像是一个展示生活的橱窗，除了拉上窗帘，再无隐私可言，却也想要成为一个居住园亭、眺望台或是观景楼——一个遮蔽所，从这里能够欣赏、沉思周围的景观、变化的光线与四季，还有流淌的小河。在范斯沃斯住宅中，玻璃上映出的全景画充满了视野，被屋顶和地面的水平线框住，仅被结构柱和竖直的玻璃窗棂划分开来。

倒影 | Reflection

有一个方式可以反驳最后的这个评论；住宅内看到的这幅全景画并不是一览无余的。玻璃会反光。从室内看，紧挨着范斯沃斯住宅至少有 4 个或是 8 个住宅内部的倒影——"幻象"（mirages），每个都从不同角度"穿过了镜子般的玻璃墙面"（图9）。但这个特点并不令人厌烦，却可以理解为是这个建筑诗意的一部分，不仅反射了多个内部的映像，

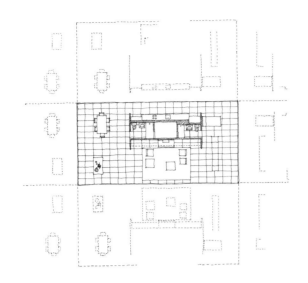

图 9 室内镜像

图 10

也把居住者投向世界，这种方式类似于帕拉迪奥的圆厅别墅（Villa Rotonda，《解析建筑》第四版，第164~165页），通过轴线处理，将人延伸至外部景观中。这两个建筑都能够诠释为是人的"神庙"，是将人延伸至广阔世界的媒介（我并未去过范斯沃斯住宅，只能想象夜晚灯光下的室内景象，平行玻璃墙上的倒影无限延伸——一场犹如戏中戏的嵌套式结构（a mise en abyme））。

> 在玻璃模型中我发现其最重要的是倒影的游戏，而非如在普通建筑中一般的光影。
>
> ——密斯·凡·德·罗，引自菲利普·约翰逊著，《密斯·凡·德·罗》（Mies van der Rohe），1978年，第187页

就地取材 | Using things that are there

范斯沃斯住宅平面图在出版物上通常都不带有周边的环境；其几何形态中抽象原始的纯净，让它看起来像是疏离于现实世界之外。但它的设计却与环境相通。如在巴塞罗那德国馆的设计中一样，密斯精心选择了范斯沃斯住宅的基址（图10，树的位置是大致的位置）。建筑长轴沿东西向，睡眠的空间在东端，向着日出的方向；休息平台则朝西，迎着傍晚的日落。住宅在基址上一棵大枫树的庇护下，一定程度上遮挡了南面正午的阳光。同样，它也（如一件珍宝，或至少是一个展示珍宝的盒子）坐落在外部四周的树木和丛林营造的"房间"之内；密斯在这幢位于被树木环绕的不规则自由环境中的住宅里创造了一个正交却"自由"的平面。

这幢住宅距离小河不远不近。它就在河岸上，基础植根河中，下层的平台成为上下小船的栈桥；但这样的话它与大地的关系就会不同。实际上，这幢住宅与小河之间有一种特别的关系。从内部能穿过一道树木的屏障看到小河（图11）。这显然是受到再现密斯在其他住宅草图中构思的启发。在密斯1935年绘制的哈贝住宅（Hubbe House）设计透视图（我尝试将这张图抄绘在旁边，图12）中，他致力于说明这幢住宅与小河之间在美学与诗意上的关系（一种生命流逝的象征？）。在范斯沃斯住宅中，存在一个住宅与景观之间的过渡区域。在哈贝住宅中，是屋檐下的一片铺装区域；在范斯沃斯住宅中，则由高、低平台组成。这个理念似乎与日本建筑相关。这种理念以图解形式刊载在爱德华·西尔维斯特·摩尔斯（Edward Sylvester Morse）1886年在美国出版的《日本住宅及其环境》（Japanese Homes and Their Surroundings）一书中，该书影响了包括弗兰克·劳埃德·赖特在内的大量美国建筑师，而密斯承认他的设计曾受到赖特的影响。摩尔斯的一张插图（图

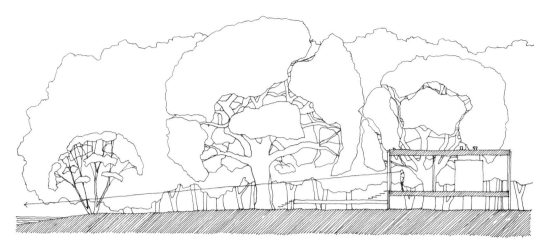

图 11

14）展示了一个房间开敞的墙面，由此能获得庭院的景观，为了与哈贝住宅的草图相比较，我将这张图做了翻转。一个游廊或是缘侧（engawa）插入其中（在摩尔斯一张类似的剖面图中标注为"Yen-gawa"，图 13），这是日本建筑中的传统做法。这个连廊为居住者提供了一个非内非外的过渡空间。从文化上讲，这个空间在日本的利用率是很高的，它为居住者提供了一个机会，使他们能够在自己的房子里却同时成为外面世界的一部分。它们表达了一种有吸引力的关系，在其中人们既非被排除在外，又非被囚禁在住宅中，却同时又被它包容和保护。密斯的设计为范斯沃斯医生提供了这样一个能够闲坐的空间，附属于她的住宅却延伸向外部世界，被阳光温暖，感受微风的凉爽，欣赏流淌的河水。

图 12 密斯的透视草图没有尝试将建筑当作一个物体那样描述，而是选择了一个视角，将你当作观赏者放置于住宅空间中。在密斯的作品中很重要的一点是将建筑视为是关于人占据的空间，尽管它表面上看起来很抽象。

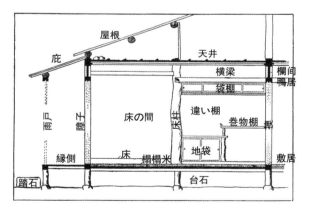

图 13

图 14

[图 13 译注]
屋根：屋顶、屋脊
庇：房檐
雨户：防雨门板
踏石：（日本房屋门前的）踏石

床の间：壁龛
台石：基石
床柱：壁龛的柱子
敷居：门槛
地袋：（壁龛下边的）小壁橱

鸭居：门框上端的横木
袋棚：（设在壁中的）橱柜、壁橱、（茶道）茶橱
违い棚：多宝格式橱架
襖：隔扇

栏间：（在日本房间内，拉窗、隔扇上部与顶棚之间镶的）格窗、透笼板、楣窗
障子：纸拉窗、纸拉门
缘侧：走廊

卷物棚：卷轴书画架
天井：天花板
床：地板

建造几何 | Geometry of making

密斯拒绝使用我在《解析建筑》中所谓的"理想几何"（ideal geometry）——完美的正圆、正方形以及具有特定比例的矩形（参阅第78页中部引文）。他（在精神上）偏爱具有自己固有几何形式的严谨结构与构造法则（真理）——即"建造几何"——而非武断且勉强的抽象数学图形，无论它们多么"完美"。在范斯沃斯住宅中寻找正方形和比例矩形是徒劳的。它的几何形状是基于结构简洁的原则以及材料的尺寸与性质，受到总体人类尺度的限制。

旁边这张图（图15）展示了这幢住宅潜在的结构几何。8根钢立柱，每边4根，为了保持稳定和坚固，深深植入地下的混凝土基础中。4根长钢梁与这些立柱焊接在一起，两根在底层，两根支撑着屋顶。之间是固定的托梁，与混凝土板或要放置其上的金属托梁的跨度相等，这些托梁支撑着底部构造和屋顶与地板的面层。（马里兹·范登堡的文献中有一张插图展示了这些底部构造是如何整合在一起的，2003年，第20页。）一切似乎都仅受到感觉的支配。

旁边这段长引文表明了密斯从那些他称之为"无名大师"（unknown masters）建造的传统建筑中发现的灵感和权威性。在《质朴的语汇》（*The Artless Word*）（1991年，第117~118页）一书中，弗里茨·纽迈耶讲到，密斯1923年12月在柏林德国建筑师联合会（Berlin Bund Deutscher Architekten）的一次演讲中展示了各种传统建筑的例子（一个印第安帐篷、一个树叶小屋、一个因纽特人住宅、一个因纽特人的夏季帐篷、一个德国北部农舍）作为当代建筑师的范例。密斯欣赏这些建筑的简单与直接，但采用现代材料——钢、玻璃、混凝土来表达。

根据纽迈耶的说法，在差不多同一时期密斯在他的办公桌上摊开一本当时新出版的书——利奥·弗罗贝纽斯（Leo Frobenius）的《未知的非洲》（*Das unbekannte Afrika/The Unknown Africa*，1923年）——这本书中展现了非洲各地区的传统建筑（及其他手工艺品）。在对页（图16）我绘制了弗罗贝纽斯的示例之一，刚果南部的一幢木桩屋（Pfahlbauten/pile-building，弗罗贝纽斯，1923年，图127）。图17a中展示了这个建筑的基本结构原则：它是由直立的带叉木棒深深插入大地来保持稳定和严整，上面支撑着一根横杆。很难想出一个比这更简单的结构形

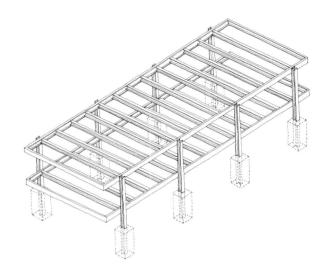

图15

我们还能从哪儿找到比老木屋更棒的清晰结构呢？哪里还有这样的材料组合、构造和形式？这里蕴藏着世世代代的智慧结晶。这些建筑中的材料感知与表达的力量是如此强烈。它们是多么温暖而美丽啊！它们就像是古老歌曲的回响。石头建筑也是如此：它们表达了多么自然的感受！对材料的感知多么清晰！它们的交接是多么确定！它们对于石头能够用在哪里、不能用在哪里有如此深刻的理解！我们从哪儿能找到这样的结构财富？天花板如此轻松地放置在老石墙上，上面打开的门洞是多么善解人意！对年轻建筑师来说还有更好的范例吗？他们从哪儿还能学到比这些无名大师的作品更简洁而真实的工艺啊？我们还可以向砖学习。这个小巧方便的形状是如此触发感知，对所有意图都如此有用！它的黏接、式样和纹理都有条有理！在简洁的墙体表面之下的内涵是多么丰富啊！但这种材料又强加了一种秩序！因此每种材料都有其独有的特性，如果我们想要使用它们就必须理解这种特性。这对于钢铁和混凝土也是一样的。

——密斯·凡·德·罗（1938年，任阿尔莫理工学院（Armour Institute of Technology）建筑系主任时的就职演讲），引自菲利普·约翰逊，1978年，第197~198页

式又与所用的材料如此相称；即使是直立的树杈也是源自树枝。如果同样直接的手法用于石材，其结果就会像是一个巨石牌坊，如在巨石阵（Stonehenge）中的那种（图 17b）；此处两个巨大的石头插入土地，上面横跨着一块楣石。希腊神庙列柱走廊的结构原则（图 17c）是相似的，只是垂直构件没有插入土壤而是依靠它们平整的底部准确落在一个平台上来保持稳定。

这些例子表明了密斯在范斯沃斯住宅设计中的

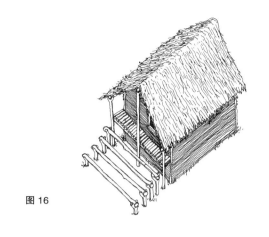

图 16

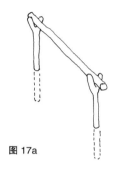

图 17a

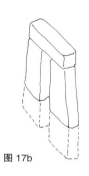

图 17b

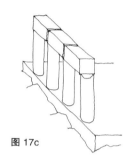

图 17c

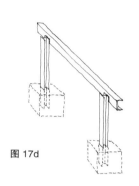

图 17d

理想原型（图 17d），其原则是相同的；但钢材比木材或石材都要更坚固，也更"想要"实现更大的跨度（它也"喜欢"悬臂）。焊接，而非树杈或是支撑，是与这种材料相称的接合方式。

建造几何也约束着范斯沃斯住宅平面的比例。如第 69 页图 14 和本页图 18 所示，传统日本住宅中房间的尺寸是由榻榻米席子的尺寸决定；房间可能是 8 张或 6 张甚至是两张席的尺寸。在范斯沃斯住宅中（图 19）石灰华片材的尺寸决定了平面的比例、

柱间距及其他构件的位置。每个片材是 33×24 英寸（838.2×609.6 毫米）（比例为 11:8）。住宅主体部分是 24 块片材长乘以 14 块宽（比例为 2:1）。较低的平台是 20 块片材长乘以 11 块宽。柱子之间的距离为 8 块片材，两端有两块片材的悬挑。台阶占了"门廊"柱之间的四块片材宽。室内与门廊之间的玻璃墙在一条片材的交界线上。内核的位置与片材交线形成的网格相关，这个网格体系构成了控制整个房子的设计框架。这幢住宅受到几何原则的限

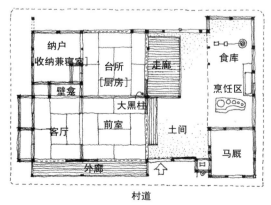
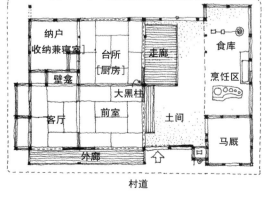

图 18

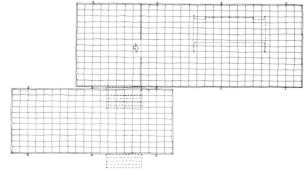

图 19

71

制，但并非由完美正方形或是数学比例构成的抽象几何形状。它的几何原则源自其自身的一个构成要素，即地板片材的模数，赋予了整个建筑"天生的"完整性。

神庙与村舍 | Temples and cottages

在 19 世纪浪漫主义诗歌和 20 世纪商业广告的环境下，我们或许会认为传统建筑会是顺应自然的，或至少是适应自然的。这并不是唯一的解释。传统建筑，如上面提到的那些，也可以被诠释为是人类运用资源满足需求的智慧例证。传统建筑可以被诠释为英雄主义的——在自然环境中，通过发明和技巧的运用，代表着人类的聪明才智。以上引用表明，密斯就是这样诠释的。这样范斯沃斯住宅既能被看作是一个"村舍"，也可以看作是一个"神庙"。（采用《解析建筑》中讨论过的概念，第四版，第117~132 页。）

在形式上，这幢住宅显然是一座"神庙"。它很规则。与环境景观没有碰撞。它隔绝在自己的形态中。与村舍或郊区住宅不同，它没有庭院，没有围墙，甚至没有一条连接大地和外部世界的小路。它竭尽最大努力盘旋于世界之上，而非成为其中的一部分。（说它像是一个刚刚着陆的飞船已经是老生常谈。）它的材料都是绝对笔直或平整的，均是机器加工而成而非手工制作。所有墙面都是玻璃的，但内部却完全独立……像隐藏在颅骨内的智慧。

显然，尽管密斯想要实现如村舍（及其他传统建筑）的简单直白，但同时他也被神庙的诗意潜质所吸引。他所受到的建筑教育，如其他与他同时期的建筑师一样，是源自新古典主义（neoclassicism）的。故而范斯沃斯住宅内在具有神庙的语汇——一个封闭的房间或内堂，穿过门道和连带的外廊（porch）、柱廊（portico）或是门廊（pronaos）。这种语汇在弗罗贝纽斯绘制的非洲木桩建筑（pile-building）（图20a）和古希腊神庙原型——中央大厅（megaron，图20b）中也有所体现。范斯沃斯住宅采用的直角设计手法（图20c）甚至使人联想起希腊的神庙，如斯尼旺（Sunium）的波塞冬神庙（Poseidon，对页），参阅雷克斯·马丁森（Rex Martienssen）在其特刊《南非建筑实录》（*South African Architectural Record*，1942年 5 月出版，密斯设计范斯沃斯住宅的 3 年前）中

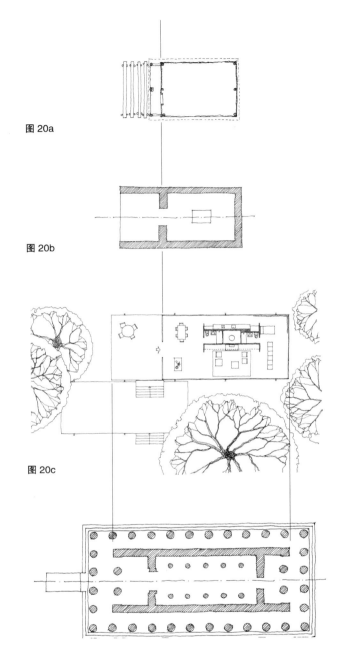

图 20a

图 20b

图 20c

图 20d（一座古希腊神庙，同范斯沃斯住宅一样，通过用沿主要方向上正交的四边构建一个中心向外部世界延伸，将周边环境联系在一起。）

名为"希腊建筑的空间构造"（Space Construction in Greek Architecture）的解析，马丁森是一位南非建筑师及学者（也是密斯的追随者）。

古希腊神庙因其某些构件采用的模数系统而具有一种"与生俱来"的完整；在这种情况下，形成了柱子与柱子间的空间（柱间（intercolumniation））。范斯沃斯住宅似乎也以不同方式借鉴了希腊神庙的理念。有趣的是，玻璃盒子的比例与波塞冬神庙是类似的，而平台则类似于另一个希腊神庙——埃伊纳岛（Aegina）的艾菲亚神庙（the temple of Aphaia，图 20d）的内殿。后者的柱间比例为 12∶6（2∶1，与范斯沃斯住宅的板的长宽比相同）。密斯设计中的内核也像是希腊神庙内殿的变体，偏离轴线，壁柱或突出的墙体环绕着四周，限定出了厨房和居住空间，而非门廊。在范斯沃斯住宅中，日常生活容纳在内堂与外部柱廊之间的空间中。

安东尼·葛姆雷（Antony Gormley）认为（见右侧），基座或平台将置于其上的东西抬高，使之瞩目并加以称颂。在希腊神庙中，称颂的对象是神。在范斯沃斯住宅中，我们猜测，这个对象是伊迪斯·范斯沃斯医生。但她不再信任她的建筑师，对这幢住宅也是"又爱又恨"（love-hate）（参阅第 74~75 页）。很多人（包括范登堡，2003 年，第 15 页），主要是密斯的追随者们认为她对这幢住宅的憎恶是由于她与建筑师之间私人关系不睦。或许还有其他原因，与客户和建筑师之间的不良关系有关，但或许也与这幢住宅建筑本身引发的争议有关。

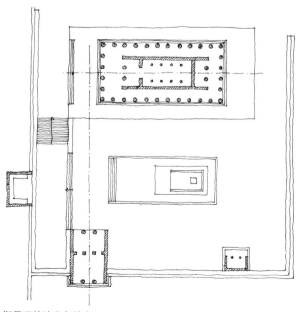

斯尼旺的波塞冬神庙

> 通过将立面从大地上挪开，放在基座之上，使主体变成了一种隐喻、象征和徽章——值得参阅、关注与思索。

——安东尼·葛姆雷，2009 年葛姆雷讨论的是为了占据伦敦特拉法加广场（Trafalgar Square）上一个空的基座而设计的一件艺术品"一个接一个"（One & Other），由持续轮换的 2400 人组成——每人 1 小时，共 100 天。

寻求变化 | Exploring variations

对建筑师来说，思考如何在他人的作品中寻求可能的变化，如同作曲家为他人乐章的主旋律谱写变奏曲，或是哲学家测试他人的论断一样有趣。这种与其他建筑师作品之间创造性的互动能够成为灵感的源泉，并更好地理解建筑如何运转。

无论如何，认为范斯沃斯住宅——这幢影响深远的建筑——可能与众不同，都是鲁莽，甚至无礼的。它的结构之优雅，而且提炼至最纯粹的精髓，如一首经过精心推敲的诗，不能更好了，除了它的功能问题（周期性泛滥的洪水一直是这幢建筑面临的一个问题）。但建筑不仅局限于建筑物的结构或者不结露、不漏水的屋顶；也与环境和功能有关。

如左图所示，范斯沃斯住宅的一个原型模型（那个它作为变奏曲的"主旋律"）是一座古希腊神庙。理想的希腊神庙并非孤立于场地之上；它庇佑着城墙围绕的一方圣地（神圣围地）。这与印度教庙宇的圣地一样，它们是被高高的围墙围护着的庭院，与外部世界隔开；或也与日本传统茶室隐匿在其精致的花园当中一样。在《门道》（Doorway）（2007 年，第 18~19 页）一书中，我详述了苏格兰岛屿上一个隐士的故事，他生活的核心是一辆损坏的大篷车（他的"神庙"兼"隐居所"（inner retreat）），他意识到自己必须在一定范围之外设立界线阻止入侵者，从而保护居所。这些先例表明，神圣的居所（"神庙"）需要庇护，与世隔绝。尽管范斯沃斯住宅拥有用树木围合的领域，但其清幽和宁静却并非不可侵犯：还记得那些好奇而冒犯的来访建筑师，搞得范斯沃斯医生无法在这里独自安静地度过新年前夜；而且，她 1971 年决定卖掉这所住宅是由于附近有一条被重新规划的路，更加靠近住宅，使她的宁静与私密领

密斯·凡·德·罗柏拉图式的住宅以及范斯沃斯医生与它的关系
Mies van der Rohe's platonic house, and Dr Farnsworth's relationship with it

在 BBC 广播 4 台的节目《本周开始》（Start the Week，2008 年 11 月 24 日，周一）中，加拿大作家马尔科姆·格拉德威尔（Malcolm Gladwell）讲述了一种古老的诠释世界的方式，他认为，我们每个人曾经见过的许多住宅会在脑海中发展出一种完美的或是柏拉图式的住宅——称之为 "柏拉图式"（platonic）是由于其源自古希腊哲学家柏拉图的哲学观点，他认为世界可以被看作总是由具有理想本质的不完美变体组成的—— "狗" "树" "人类"、字母 "A"……甚至抽象概念如 "如何正确地生活" 的理想本质。我们将这个理想住宅的想法随身携带，或许在遇到什么东西时便会修正它——一个壁炉（inglenook）、一个窗边的座椅、一处有围墙的花园……或是一间完美的立方体房间、一个宽敞的门廊、一大片严整布局的庄园……我们想将它吸纳到自己心目中的理想住宅之中。我们的柏拉图式住宅是进化了的理想，或许最初来自非常早期的生活体验，并从生活、教育、与小伙伴的讨论中发展起来，我们用它来衡量我们看到的、体验到的或是居住的（通常是不完美的）实际中的住宅。尽管柏拉图认为理想本质独立存在于人类价值和某些超越境界的领悟变体之外，一个更符合相对论的观点（尤其适用于人造物，而非自然生物）则认为理想住宅的形象会由于不同的文化、社会群体以及个体的不同生活经历而各不相同。但范斯沃斯住宅如何成为谁心中的柏拉图式理想呢？

范斯沃斯住宅或许接近密斯·凡·德·罗的理想理念，但却与范斯沃斯医生的愿望相左，她想让自己的住宅更实用、舒适，并有安全感。如任何配得上 "神庙" 二字的建筑一样，范斯沃斯住宅对于居住者的生理和心理需求没有足够的考虑。它在实用性上的失败在 2003 年范登堡的著述以及范斯沃斯医生在住宅建好几年后的个人日记中有详细记载。这些失败之处包括，由于大枫树不能为大面积的玻璃幕墙提供足够的遮阳而导致在夏日阳光下室内温度过高、位于建筑东端的两个小悬窗不能满足通风需求。寒冷的冬天，供热系统不堪重负，凝结的露水顺着玻璃幕墙流淌下来。壁炉也被证实象征性大于实用性，会搞得屋子里满是烟尘。再加上屋顶漏水，所有这些使范斯沃斯最终没有付给密斯设计费，并在 1953 年将密斯告上了法庭（参阅范登堡，2003 年，第 15 页以及范斯沃斯医生个人日记）。

据报道（范登堡，2003 年），1971 年彼得·帕伦博勋爵从范斯沃斯医生手中购买了这幢房子，他通过加装空调和其他改善设施，解决了这些问题（除了季节性的洪水问题。后来在 2003 年他将这幢房子拍卖了出去，现在它成了博物馆和历史遗产，偶尔也会有人在这里举办婚礼）。然而，似乎这幢住宅最重要的问题并非在生理上，而是在心理上；它打破了对于住宅应有样子的期待，使它很难居住。下方引文是来自刘易斯·芒福德（Lewis Munford）的《城市发展史》（The City in History，1966 年）一书。这段文字是对于他之前出版于 1940 年——范斯沃斯住宅设计前 5 年左右的《城市文化》（The Culture of Cities）中关于 "私密卫生间" 一段相似评论的扩充版。但这个后来修改的扩充版发表于这幢住宅建成 10 年后，获得了更多的肯定，因为这些批评看起来直指它对 "来自阳光和室外的毫无遮挡的炫光" 的开放性以及它无法满足 "同样需要反差、安静、黑暗、私密和内心的栖所"，而且还违反了 "唯一（在其中）神圣不可侵犯的地方就是私人卫生间的事实"。（范斯沃斯在有趣的个人日记中记下了 1950 年 12 月 31 日住宅快要完工时，她尝试在其中过夜。她那只光秃秃的灯泡把这幢玻璃屋变成了一座灯塔，向远方邻居播撒着怜悯，并让她坚持和他们一起迎接新年的到来。）似乎密斯实现了柏拉图式的理想，却不是芒福德的理想住宅，而是一种被芒福德斥为 "反住宅"（anti-house）的住宅形式。

范斯沃斯医生住在里面的时候，显然尝试过将这幢住宅从密斯的理想变成自己的居所，从 "一个宣言变成一个家"（范斯沃斯，个人日记）。范登堡（2003 年，第 15 页）转载了一篇阿德里安·盖尔（Adrian Gale，盖尔本人是一位建筑师，20 世纪 50 年代晚期在美国和密斯一起工作，后来成为英国普利茅斯建筑学院（Plymouth School of Architecture）校长）1958 年拜访这幢住宅的报道。他觉得这是 "一片复杂的露营地而非周末的梦想之家"。而当这幢住宅后来的买主彼得·帕伦博在 1971 年拜访范斯沃斯住宅时，曾为上层露台四周的防蚊网感到惋惜（这些防蚊网是原始设计的一部分，但似乎削弱了其材料和形式的纯粹性），还发现范斯沃斯曾试图为这幢住宅建造一个传统 "村舍" 的花园，种上玫瑰，铺上疯狂的地砖（范登堡，2003 年，第 15 页以及休斯（Hughes），2003 年）。然而，尽管存在这些失败的地方，范斯沃斯住宅仍然被公认为，即使不是整个历史上，也是 20 世纪最杰出的作品。

一幢建筑如何能伟大而有开创性，同时又被斥为是一个失败、不切实际、无法舒适居住的作品呢？当然，范斯沃斯住宅不是建

在过去的半个世纪中，建筑从封闭变得开放：墙体被窗户取代。即使在住宅中，如亨利·詹姆斯（Henry James）在他 1905 年访问美国期间敏锐地注意到，将一个房间扔进另一个房间之中，为每一刻、每一个功能创造一种开放的公共空间，剥夺了所有亲密感的私密性。这一运动现在也许已经达到了对人类需求的任意解释的自然终点。将我们的建筑向毫无节制的阳光和户外敞开，我们忘记了，我们同样需要反差、安静、黑暗、私密和内心的栖所，这是冒险，也是我们的损失。如今，内心世界的退化表现在这样一个事实：唯一神圣不可侵犯的地方就是私人卫生间。

—— 刘易斯·芒福德，1966 年，第 310~311 页

—— 亨利·詹姆斯，《美国掠影》（The American Scene），查普曼与霍尔出版公司（Chapman & Hall），伦敦，1907 年，第 168~169 页（第四章，第二节）。

> 我们一致认为，我们从没见过这样的设计，未完成的建筑中两个水平面漂浮在草地上方，在如野玫瑰般灿烂的阳光下，有种超凡脱俗的美丽。
>
> —— 伊迪斯·范斯沃斯，个人日记

> 我一直对矩形的神圣持有一些模糊的怀疑……当然密斯并不是矩形的发言人——他就是那个矩形！
>
> —— 伊迪斯·范斯沃斯，个人日记

> 或许，作为一个人，他并没有我想象的那么有洞察力，而是一个比我认识的任何人都更冷漠、更残酷的人。
>
> —— 伊迪斯·范斯沃斯，个人日记

筑史上的孤例，特别是在 20 世纪。勒·柯布西耶 1929 年设计的萨伏伊别墅（参阅后文解析）遭受了更持久的类似质疑，认为它是一幢失败的住宅，但最终作为一幢"博物馆"建筑找到了存在意义；扎哈·哈迪德设计于 1994 年的维特拉消防站（参阅后文解析）被证明无法用作消防站，最终成为了一处鸡尾酒会的会场，并用来展示古典椅子。

像一个著名的法庭案例，电影《风的传人》（*Inherit the Wind*，斯坦利·克雷默（Stanley Kramer）导演，1960 年）中讲述了 20 世纪 20 年代，一位田纳西的学校教师因教授达尔文进化论而被起诉，范斯沃斯医生在 1953 年起诉密斯的案件似乎触及了更广泛的哲学问题，这个案件涉及建筑的本质以及建筑师的责任。在个人日记中，范斯沃斯写下了她在证人席上对密斯轻蔑的指控：

"你无法想象他装出一副多么无知的样子！他对钢材一无所知，既不清楚它的性能和标准尺寸，也不了解建构，甚至连高中物理知识或者简单的常识都没有。他只知道胡扯他的所谓理念，在肯德尔县（Kendall County）法院，是不能允许这一切发生的。"

或许最终范斯沃斯和那些不太理解建筑师是干什么的人们会非常失落。因为除了"那些胡说八道……"之外，建筑师最终还能依赖于什么呢？如果密斯在法庭上展示了一些关于钢材和建构的知识，或许能减轻他在证人席上的尴尬，但这不会改变一个基本事实，即这些知识本身永远不会产生"思想"（概念、理念），即如路德维希·维特根斯坦所说，"好的建筑具有表达能力"（参阅第 4 页）。从本质上说，建筑不是关于供热系统如何工作的，或是像保罗·纽曼（Paul Newman，在影片中饰演建筑师道格·罗伯茨（Doug Roberts）——译注）在电影《火烧摩天楼》（*The Towering Inferno*，约翰·吉勒明（John Guillermin）导演，1974 年）中对摩天大楼的供电系统有着难以置信的熟悉。从根本上讲，建筑与某些类型的哲学相似，是关于理念的产生和对命题的探索。但与哲学不同，在建筑中，这些不是以语言为媒介，而是通过形式、建构和空间组织来表达。诗人、小说家和剧作家不需要精通桌面排版软件、工业印刷流程以及剧场照明，因为他们的作品是经过这些中介到达书店的书架、读者的扶手椅或是观众面前的舞台的。我们承认他们的创作手段正是源自思想。尽管对建筑技术的理解可能会激发或支撑建筑理念，但它们仅仅是这些理念实现的手段。如所有伟大的人类创意模式一样——建筑的影响范围和效果可以说比其他任何模式都要大，因为它的产品几乎为我们的一切活动提供了框架（当然包括将书放到书架上、在扶手椅中读书以及演出舞台剧）——建筑从根本上依赖于人类的想象力，空间组织和场所识别的理念就从中萌生出来（参阅《解析建筑》第四版，2014 年，

第 25~34 页）。尽管如此……有人说，我们留下的是一些不合用的建筑。

在她的个人日记中，范斯沃斯含蓄地暗示了这一困境的另一方面。她带着些许讽刺和不加掩饰的嘲讽写了许多建筑师在这幢住宅还没完工的时候就来参观它：

"来自欧洲各个国家的建筑师……大多数都对这个出现在乡村的奇迹赞不绝口，惊叹不已；一两个德国人惊叫道'大师！'并爬过走廊来到后者脚边，他正躺在一张低矮的铝制帆布椅上，面无表情地等待着来访者的沙哑喝彩，'杰作！''难以置信！'"

"伟大的作品！""难以置信！"似乎范斯沃斯已将这幢住宅看作一座"神庙"，但不属于她自己，而是属于创作者。无论一个傲慢建筑师的自负带来的刺痛看起来多么有趣而又有魅力，作为这幢住宅被认为好得无可指摘的同时又坏得无可救药的一种解释的话，都有些偏离重点。1971 年，受人尊敬、审美敏锐的彼得·帕伦博付了一大笔钱买下了这幢住宅，并且好好地整修了一番。2003 年，艺术评论家罗伯特·修斯（Robert Hughes）在住宅中过了一晚，并在 BBC 电视频道节目中讲到他的经历"非常不自然……甚至会更清晰地……看到它的反面。没有这幢住宅，就只有树林；有了它，就成为景观，一种世界观。"从节目中能清晰地看出，尽管他知道自己不能在这幢住宅中生活，但作为一件建筑作品，修斯非常尊重它。2003 年年底，各种慈善机构筹集了一大笔钱来挽救这幢住宅，使它没有被拆掉搬到别处。还有什么更有力的证据表明这是一座不仅受到尊敬，而且深受喜爱的建筑呢？

那么我们如何来理解这个显而易见的难题呢？一种方法是将想法和效果与目的和期望区分开来。这幢住宅之所以备受喜爱，是因为它优雅，而且是一个强有力的例子，说明了建筑作品如何影响我们，强化我们对周围世界的感知。但这与我们通常对房子要成为庇护所的期望相冲突。在《景观体验》（*The Experience of Landscape*，1975 年）一书中，杰伊·阿普尔顿（Jay Appleton）认为，我们对周围环境的审美是由原始需求决定的，作为帮助生存的手段，（使我们）能够隐蔽地观察周围的环境（留意周围的危险）。范斯沃斯住宅让居住者能够观察四周，但像一个"展柜"一样，不能提供庇护，甚至会引起注意。在理念、效果、目的和期望之间互不协调。

建筑理念有自己的生命；有时需要一些时间去找到它们存在的意义。这幢建筑都算不上一个成功的庇护所，无论对居住者、对建筑师，还是对于最近广告上的那些婚礼来说，却是一座很好的"神庙"。

域更少了。范斯沃斯医生住在这里时，似乎为了保卫她的居所，不得不树立起脾气暴躁的名声（范登堡，2003年，第24页）。密斯的建筑探索了建筑的开放性及其与无限空间之间的关系；一堵限定的墙会完全改变（毁掉？）对范斯沃斯住宅的预期，将其从与周边环境连续的关系中切断。然而围墙中神秘花园里一座玻璃房子的想法也是很有趣的。密斯自己在20世纪30年代也设计了许多"庭园中"的住宅。图21是他的三院落住宅（House with Three Courts，1934年）的平面图。

弗罗贝纽斯书中及第71页展示的非洲住宅用封闭的小室提供了庇护所。这另一个传统住宅（图22），位于印度喀拉拉邦（Kerala）的西高止山脉（Western Ghat mountains），它与周边环境之间的关系是连续的。它的设计语汇可以与范斯沃斯住宅相比较，因为它也具有上面有屋顶但四周开敞的结构；这里不需要玻璃墙因为气候炎热。这个住宅同样也有一个内核，由两个小房间组成。大部分的日常活动是在内核与结构柱之间的开敞空间中进行，在屋顶的遮蔽下，拥有望向四周景观的视野。但它的内核与范斯沃斯住宅中的内核扮演了不同的角色。在这里，内核并非包含实用的浴室（"私人卫生间"）功能和供暖设备，而是由一个储藏室和一间（印度教）礼拜堂（puja room）组成，它是这幢住宅的精神核心。礼拜堂是一间黑暗的小室，居住者在其中将自己从外部世界收回，去礼拜与祈祷。它为这幢住宅提供了"隐居处"，它的庇护所。

自然也应有它自己的生命……我们应当试着让自然、住宅和人高度结合在一起。如果你透过范斯沃斯住宅的玻璃望向外面的自然，具有比从外面观赏更有深远的意义。

——密斯·凡·德·罗（1958年），引自纽迈耶所著《质朴的语汇》，1991年，第235页

一幢住宅的内涵存在于其容纳的生活以及对空间、家具和配件的处理上。在这一点上，范斯沃斯住宅一定会令人想起似乎也与此相关的美国通世者亨利·戴维·梭罗（Henry David Thoreau）的经历。在19世纪40年代，梭罗决定独自住在马萨诸塞州康科德镇（Concord）附近的瓦尔登湖（Walden Pond）旁的一幢小木屋里，看看自己是否能简单地生活。他记录下了这段经历（梭罗，1854年）。他

剖面图

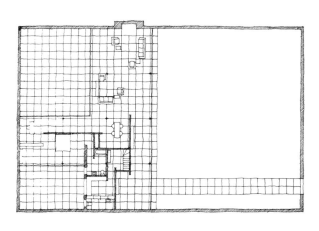

图21 三院落住宅，1934年

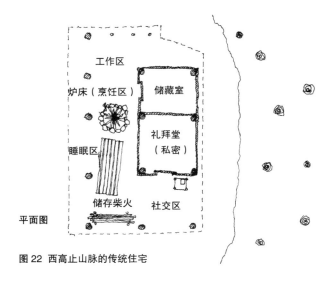

平面图

图22 西高止山脉的传统住宅

的隐居处环绕在四周稠密的树林中，并与城镇隔绝。但关键在于——这也是他"实验"中的重要组成部分——他改变了自己的生活方式。他的小屋中除了用来煮饭的炉床、一张睡觉的床铺、一个存放物品的箱子和一张能坐下来写作的桌子外，别无他物；他也有一张备用的椅子，是为那些能够与他一同享受哲学讨论的访客准备的。小屋是他的庇护所，但他尽可能在树林和湖边生活；有时他坐在门槛上，享受在家与户外世界中两种感受融为一体的感觉（参阅《门道》，第93~94页）。他构建了一种生活模式，远离工作与社会的纷扰。范斯沃斯住宅精简了家具，在其居住者的生活模式上引发一种类似的改变。作为一个哲学命题，这幢住宅要求其居民以简单而沉思的生活模式与自然交融，维持一种宗教般虔诚的关系。如果居住者抵制这种方式，这幢房子似乎是不会宽恕他的。这或许可以诠释为是建筑师的一种独裁的态度。这种说教并非如禁欲主义修道士居住的小室那般专制；范斯沃斯住宅的情形要宽容得多，在审美上更加丰富，也更具享乐精神。

结语 | Conclusion

对某些建筑来说，似乎人类的出现只是偶然。

> 舒尔茨（Schulze）：一个人坐在一个形式纯粹的玻璃盒子里沉思，静止不动，自然却在不断变化。范斯沃斯住宅是一个圣地。
>
> 弗里德（Freed）：或是一座神庙，或是一座住宅的隐喻，而非心理上或感官上的住宅……这座住宅真是妙不可言。
>
> —— 弗朗茨·舒尔茨（Franz Schulze），1989年，第196页

彼得·埃森曼（Peter Eisenman）的六号住宅（House VI）、艾瑞克·欧文·莫斯（Eric Owen Moss）的盒子（The Box）（参阅《解析建筑》第四版，案例解析10、11）以及弗兰克·盖里（Frank Gehry）的毕尔巴鄂古根海姆博物馆（Bilbao Guggenheim Museum）是这类建筑的三个例子。在这些建筑中，人似乎在其中，却被排除在建筑之外；即使在建筑内部时也仍无法真正走进；只能作为一个旁观者（观众），满足于赞赏其视觉上的复杂性和工艺的精巧，而无法成为参与者（构成元素）。这种指责在范斯沃斯住宅中是不存在的。尽管它或许不是一个舒适宽敞的家，但人是它重要的、不可或缺的要素。没有人，它是不完整的。尽管它在照片中看起来也不错——它纯净的白色与深绿色的树木形成对比，悬浮在草地与洪水之上——人人都这样说，甚至包括对它失望透顶的范斯沃斯医生以及罗伯特·休斯（参阅第74~75页），但这幢住宅在体验中会更加震撼，它作为将四周景观强化的媒介对人产生作用。

在傲慢与表面的冷漠背后，在严苛规则下的建构语汇背后，密斯似乎能在他的作品中探求到人性的深刻。范斯沃斯住宅或许的确最适合被描述为一座"神庙"。或许他原本就想要让它成为一座他喜爱但聚在一起时又常常争吵的人的神庙。可以确定的是，如大部分建筑师一样，他将它看作是自己创作天分的一座神庙。但在这之上，或许以他自己也无法用语言表达的方式，它最终成了一座人类的神庙。这就是为何这幢建筑深受喜爱——因为它所给予的远不止是一个用来观赏与赞美的对象。对它的居住者来说，是一件工具，也是一件礼物，改变了世界。范斯沃斯住宅的玻璃墙、钢柱、屋顶和石灰华地面在容纳于其中的人与环境景观之间斡旋，共同将人作为一个珍贵的要素，将人的存在投射到环

境中，也改变了人对周围世界的认知……用轻风拂过的树枝，用从清晨到正午再到傍晚直至深夜不停变幻着的光线，用一年四季的轮回，用洪水、落叶、冬雪和暖春。显然，这不是一个日常生活的住宅。这是一座神庙，像一种信仰或是一首诗，留下值得思索的教义和审美的凝视。

> 建筑艺术是人与环境之间的空间对话，也是他如何将自己插入其中并掌控环境的证明。
>
> ——密斯·凡·德·罗（1928 年），引自纽迈耶著，《质朴的语汇》，1991 年，第 299 页
>
> 最终什么是美的呢？一定是不能计算或量度的。是永远无法估量的东西，某种在事物之间的东西。
>
> ——密斯·凡·德·罗（1930 年），引自纽迈耶著，《质朴的语汇》，1991 年，第 307 页
>
> 无限的空间是西方精神一直在周遭世界中努力探寻，并想要立即实现的理想。
>
> ——奥斯瓦尔德·斯宾格勒著，查里斯·弗朗西斯·阿特金森译，《西方的没落》（1918，1922 年），1932（1971）年，第 175 页

参考文献：

Jay Appleton – *The Experience of Landscape* (1975), Hull University Press/John Wiley, London, 1986.

Werner Blaser – *Mies van der Rohe*, Thames and Hudson, London, 1972.

Peter Carter – *Mies van der Rohe at Work*, Phaidon, London, 1999.

Edith Farnsworth – Extract from personal journal, available at: farnsworthhouse.org/resource_center_references_2006.htm (accessed April 2009).

Edward R. Ford – *The Details of Modern Architecture*, MIT Press,Cambridge, MA, 1990.

Leo Frobenius – *Das unbekannte Afrika: aufhellung der schicksale eines Erdteils*, Oscar Beck, München, 1923.

Antony Gormley, quoted in Maev Kennedy – 'Antony Gormley wants you for fourth plinth', in *The Guardian*, 26 February 2009.

Romano Guardini, translated by Bromiley – *Letters from Lake Como:Explorations in Technology and the Human Race* (1923-1925), William B.Eerdmans Publishing Company, Grand Rapids, MI, 1994.

Robert Hughes – 'Mies van der Rohe – Less is More', *Visions of Space* 4/7, BBC（television programme）, 2003.

Philip Johnson – *Mies van der Rohe* (1947, 1953), Secker and Warburg, London, 1978.

Phyllis Lambert – *Mies in America*, Harry N. Abrams, New York, 2001.

Dirk Lohan – 'Farnsworth House, Plano, Illinois, 1945-1950', *Global Architecture Detail*, ADA Edita, Tokyo, 1976.

R.D. Martienssen – *The Idea of Space in Greek Architecture* (1956), Witwatersrand University Press, Johannesburg, 1964.

R.D. Martienssen – 'Space Construction in Greek Architecture with Special Reference to Sanctuary Planning', in *South African Architectural Record*, Volume 27, Number 5, May 1942.

Detlef Mertens – *Mies*，Phaidon，London，2014.

Mies van der Rohe – 'The Preconditions of Architectural Work'（lecture, February 1928）, Staatliche Kunstbibliotek, translated and published in Neumeyer, 1991, p. 299.

Mies van der Rohe – 'Build Beautifully and Practically! Stop this Cold Functionality', in *Duisberger Generalanzeiger*, 49, January 26, 1930, translated and reprinted in Neumeyer, 1991, p. 307.

Mies van der Rohe – 'Museum for a Small City', in *Architectural Forum*, Volume 78, Number 5, 1943, pp. 84-85, reprinted in Neumeyer, 1991, p. 322.

Mies van der Rohe – 'Christian Norberg-Schulz: a Talk with Mies van der Rohe', in *Baukunst und Werkform*, Volume 11, Number 11, 1958, translated and reprinted in Neumeyer, 1991, pp. 338-339.

Lewis Mumford – *The City in History* (1961), Penguin Books, Harmondsworth, 1966.

Fritz Neumeyer – *The Artless Word: Mies van der Rohe on the Building Art*, MIT Press, Cambridge, MA, 1991.

Franz Schulze – *The Farnsworth House* (a booklet that was available at the house), 1997.

Franz Schulze – *Mies van der Rohe: a Critical Biography*, University of Chicago Press, Chicago and London, 1985.

Franz Schulze – *Mies van der Rohe: Critical Essays*, Museum of Modern Art, New York, 1989.

David Spaeth – *Mies van der Rohe*, The Architectural Press, London, 1985.

Oswald Spengler, translated by Atkinson – *The Decline of the West* (1918, 1922), George Allen & Unwin, London, 1932.

Wolf Tegethoff – *Mies van der Rohe: the Villas and Country Houses*, MIT Press, Cambridge, MA, 1985.

Henry David Thoreau – *Walden* (1854), Bantam, New York, 1981.

Simon Unwin – *Analysing Architecture*, Routledge, Abingdon, fourth edition, 2014.

Simon Unwin – *Doorway*, Routledge, Abingdon, 2007.

Maritz Vandenberg – *Farnsworth House: Mies van der Rohe*, Phaidon (Architecture in Detail Series), London, 2003.

拉孔琼达美术馆

LA CONGIUNTA

拉孔琼达美术馆
LA CONGIUNTA

一栋展示汉斯·约瑟夫松雕塑作品的美术馆，位于瑞士焦尔尼科
彼得·麦尔克利设计，1992 年

说所有的"神庙"都是女性可能会引发争论。但这个一定是。拉孔琼达（La Congiunta）在意大利语中意为"女性亲属"，可能（潜在地）指母亲，暗喻子宫——一个容器，孩子从受孕经过漫长的妊娠最终出生的地方。艺术家常将他们的作品称作是"他们的孩子"。彼得·麦尔克利（Peter Märkli）的这个建筑就是一个容纳汉斯·约瑟夫松（Hans Josephsohn）雕塑作品的容器。

拉孔琼达美术馆独自伫立在瑞士提契诺州（Ticino）焦尔尼科镇（Giornico）附近一条狭窄山谷中的一个葡萄庄园里。这是一个狭长、灰色、无窗的混凝土盒子。这幢简朴的建筑是朝圣的终点。它本是为那些想要欣赏约瑟夫松雕塑作品的人们所建。现在业已成为喜爱麦尔克利建筑作品的朝圣者们的目的地了。

这幢建筑具有朝圣建筑的某些关键特征。它独自伫立，神秘莫测。它是一个圣地，内部是一个庇护所，与世隔绝；却也是一个没有景色的庇护所。朝圣者们需要花费大量的时间到达这里，再付出更多的努力找到这幢建筑，最终寻得它的入口。像与"门卫"交涉一样，拉孔琼达的访客必须从当地一个咖啡馆的老板那里得到一把钥匙；然后找到与来路相背的美术馆入口；你必须沿着建筑整面长长的白墙

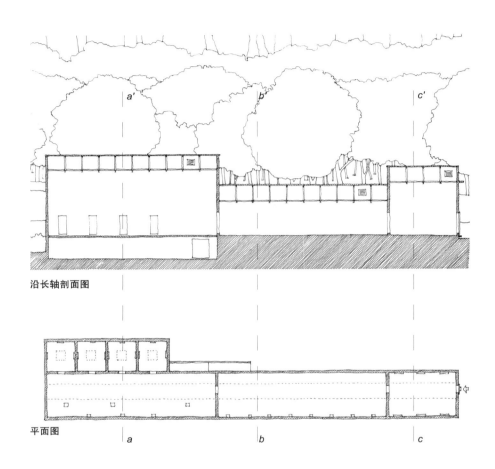

沿长轴剖面图

平面图

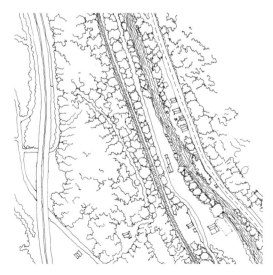

图 1 总平面图

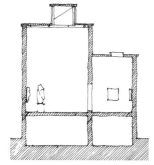

图 2 a—a' 剖面图

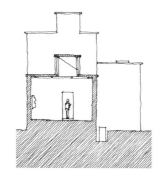

图 3 b—b' 剖面图

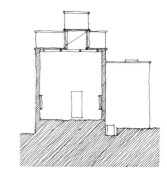

图 4 c—c' 剖面图

走过。像其他老教堂一样，这里没有电（没有照明），没有暖气，没有服务设施，没有厕所。但是，它也像是一座老教堂般，拥有神秘的阳光，同时也有一个"密室"（crypt）；这里的"密室"是一个与葡萄种植园相连的地下室。

拉孔琼达美术馆是一个长条形的建筑；其长向与狭长陡峭的山谷相呼应（图1）。它狭长的基地位于河边，在铁路与老的康通奈勒路（Via Cantonale）之间。包括通往建筑的一条小路在内，共有四条动线——铁路、小路、小河和公路——形成了四条几乎平行的线。（还有一条 E35 高速公路，在图的左边，也几乎沿着山谷的方向，由意大利向北通往圣哥达隧道（Gotthard Tunnel）。）这些线被层层树木隔开并限定。狭长的拉孔琼达美术馆也与这种肌理相契合。小路是从村庄向南。建筑入口则在建筑北端。

基本元素，组合元素和调节性元素 |
Basic, combined and modifying elements

拉孔琼达美术馆是由现浇混凝土建造的——液态的混凝土注入现场搭建的由模板构成的模具，当混凝土成型（凝固）后模板就会移除。对人来说，除了或许能遮蔽风雪外，这算不上一个舒适的建筑；这是一座属于雕塑的神庙，对寒冷和潮湿都漠不关心。内部的阳光（建筑主体部分没有人工照明）穿过带状的高侧窗射入——被磨砂塑料板"削弱"，这些磨砂塑料板就是用来柔化阳光，避免强烈阴影的——贯穿了整个长条形建筑的三个截面（图2~图4）。这个手法似乎是受到了麦尔克利对罗曼式教堂（图5）中设计元素特征兴趣的影响。在建筑远离入口的尽端，有四个"礼拜堂"（chapels），每个都在中心位置有自己的方形天窗。约瑟夫松那些高深莫

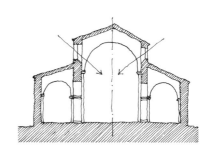

剖面图

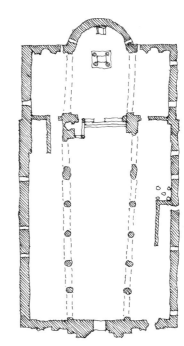

平面图

图5 在演讲中，彼得·麦尔克利分析过罗曼式教堂（圣彼得罗教堂（S. Pietro），托斯卡纳（Tuscania）），来解释他对建筑元素潜能的兴趣。其剖面图中中间高起的屋顶能让阳光透过高侧窗进入中殿，这似乎影响了拉孔琼达的设计，尽管麦尔克利精简的结构体系中横跨在两面平行的混凝土墙之间的细长钢梁并不需要类似于罗曼式教堂中殿与侧廊间的柱列般的中间支撑。

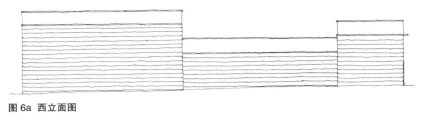

图 6a 西立面图

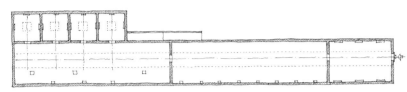

图 6b 平面图

图 7 在拉孔琼达美术馆内部，外面的世界已经完全隔绝；其内部像是一个洞穴体系；就像在天然洞穴中那样，只有在入口处才能看到外面的世界；从外面进来的唯一影响要素是穿过屋顶经过过滤的阳光。

测、明显具有真情实感的作品主要在墙上展示，三座有基座的雕塑则立在建筑端头三个最高的主展厅中。即使在明朗的晴日，这些作品也伫立在柔和甚至有点灰色的光线中（小礼拜堂中的光线则有点偏棕色）。整个内部色彩单调得像一个洞穴。

如果范斯沃斯住宅（前述解析）是通过消除墙体来获得朝向环境的开敞，拉孔琼达美术馆则是用墙体的原始力量限定一个场所，并将其从环境中分隔（孤立、隔绝、分离……）开来。它是由在一端有一个入口的门道联系在一起的一系列小室。除了从顶部进入的光线，再无其他。拉孔琼达美术馆中的基本建筑元素非常少。其地面（水平的灰色混凝土）从外面缓坡地面（柔和的绿色缓坡）上抬起几英尺，但显然只在入口处这样。相较于范斯沃斯住宅的地面，由几根柱子支撑浮在地面以上，拉孔琼达美术馆的墙面则是落到地面的。在范斯沃斯住宅中，没有规划引至建筑的小路；它就像是草海中的一艘小船。拉孔琼达美术馆入口处有一小步台阶，像是向外伸出的平台助你（使你）登入内部。入口门道处是一个简单的颇具工业感的金属门，从外侧固定在混凝土墙上。屋顶在入口一侧稍稍出挑，像是一个萎缩的门廊。每样东西在这里都尽可能简化、缩小、减少、浓缩……

当你绕过建筑到达入口，它尖锐的转角用苍白的灰色将树木景观和远山屏蔽在外。当你进入建筑，就与环境完全隔绝开了。一旦进入这灰色的室内，铁门在你身后咣当地关上，或是就让它开着，将明亮的绿色和阳光隔绝在外。每个小室间没有门的洞口都有门槛，就像印度教庙宇那样，让你意识到从

一个空间进入了下一个空间，从一个框架中到了另一个。在拉孔琼达美术馆，框架与小室的区别很是微妙。门槛并没有使存在状态发生显著改变。第一个小室（图 4 c—c' 剖面图）长度短，高度中等；第二个小室（图 3 b—b' 剖面图）很长，但最矮；第三个小室（图 2 a—a' 剖面图）与第二个一样长，但也是三个中最高的。四个小"礼拜堂"平面近乎正方形，高度介于第一个与第二个小室之间。人们能感受得到，有一个和谐的比例规则控制着这些空间关系。

建造几何 | Geometry of making

除了塑料天窗、金属屋顶板和屋顶的轻钢龙骨，拉孔琼达美术馆只有一种建筑材料——现浇混凝土。在《解析建筑》中，建造几何指的是材料的构造，例如砖和木块通过叠加，即通过将一块材料放到或粘到另一块上的方式组装起来。现浇混凝土的几何外形是不同的。你可能认为这种原本流质的材料本身能够形成更自由的形态；但其实通常它的形状取决于浇筑模板；而无论是木模板还是钢模板，都具有其自身的建造几何。

由于拉孔琼达美术馆的资金是逐步到账的，因此它的不同部分是在不同时间建造的。但混凝土浇筑是不断累积的过程。混凝土被灌入"仓面"中。模板和"仓面"的交接在最终的混凝土表面留下了"接口"。拉孔琼达美术馆的墙体表面上这些交线

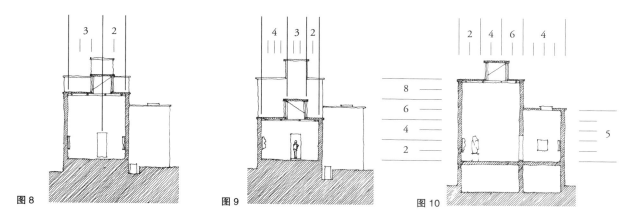

图8　　　　　　　　　　图9　　　　　　　　　　图10

很明显（图6a及图12~图15），使美术馆具有带层次的外表，像地质构造中的岩层。这些交线并没有严格贯穿建筑的三个部分；每部分的线条从墙面顶部向下排列，而非从共同的地面或是楼面。这也表明在这个建筑中除了控制混凝土模板尺寸的线条外，还具有某些与体块高度相关的比例原则。

理想几何 | Ideal geometry

拉孔琼达美术馆的内部就像一个洞穴系统（图7），但这个洞穴系统是由人类设想并建造的；因此，它是矩形的。外部整体的混凝土墙体、地板和门槛的天然特质强化了内部的洞穴感，使内部空间像是从岩石中冲刷出的一样。麦尔克利引入的几何比例规则，使矩形空间的人类（智慧的）特质被强化，赋予了量度。

众所周知，在研究一幢建筑的潜在比例时，很难确定你是否发现了正确的比例规则，而且很容易陷入某种并非实际存在的比例关系中。尤其是墙体的厚度和建筑的其他部分使这个问题更加迷惑，建造的不精确性也会有影响。很难确定应当从墙的内表面、外表面还是中线来测量。而图纸上（或计算机上）理想精确的建筑往往与实际建造之间也存在差异。如果我在这方面犯了错误或是误读了设计意图，我向建筑师表示歉意。然而很确定的是，麦尔克利在设计中确实采用了比例原则。我无法推测他是否认为设计中比例关系所基于的数值具有某种象征意义，还是仅将它们看作是一种使之具有如音乐中听觉上的和谐关系一般的视觉和谐的组织手段。

拉孔琼达美术馆中的某些明显的比例关系在上图（图8~图10）中已有所展示。最高的、距离入口最远的体块，似乎具有可从外部量度的比例关系，它的高度大约是8个单位，宽度为6个单位（图10）。小"礼拜堂"又宽出4个单位，其高度为5个单位。入口和中部体块分别为6个单位和4个单位高（图8、图9）。

高侧窗的位置似乎是由内部比例关系决定的（图9）。这个空间宽度被分为9个单位，其中3/9是高侧窗，左右两侧的"侧廊"（aisles）分别宽4/9和2/9。空间宽度五等分（图8），门道轴线在2/5的位置上。这种布置意味着过道的轴线并没有与高侧窗的轴线（完全）对齐（图6b）。而且，显然，无论高侧窗还是过道的轴线都没有在小室本身的中线上。只有四个"小礼拜堂"有居中对齐的门道和天窗。所有门道的尺寸都相同，而且比例都是8:3（图11）。

> 洞穴般的流线是由与传统的墙体、屋顶或地板等界面不同的表面来界定的。这些混凝土表面营造出绝对空旷的空间。
>
> —— 伊琳娜·戴维奥维奇（Irina Davidovici），在《实践中的形式：德国瑞士建筑 1980-2000》（*Forms of Practice: German Swiss Architecture 1980-2000*）中关于纪贡/古耶尔事务所（Gigon/Guyer）位于瑞士达沃斯的基希纳美术馆（Kirchner Museum）（1989-1992年）的评论，第218页，她本可以写一下拉孔琼达美术馆，但只是将它用作一个比较案例。

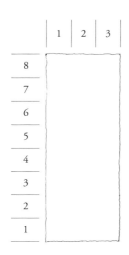

图 11

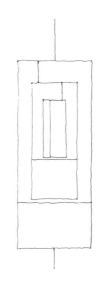

图 16

麦尔克利的拉孔琼达美术馆设计刻意回避了三个主要体块的中轴线。这在高侧窗与过道轴线的位置关系中表现得很明显。麦尔克利甚至拒绝高侧窗和过道共享同一轴线。在麦尔克利的轴线游戏中还有第三个元素。从内部和外部都引入了混凝土纵向"交点"的位置。

在入口立面（图 12）处，混凝土上的竖向线条标识出了门道轴线。在建筑另一端的立面上（图 13），竖线则标识出高侧窗的轴线。在建筑内部，混凝土上的线条则在过道上方，但并没有标识出中轴线。在从入口展厅进入中部展厅的过道上方（图 14）是偏左的，在从中部展厅通往最高展厅的过道上方（图 15）则是偏右的。最高展厅后墙面上的竖向交线似乎与任何轴线都没有关系。最终呈现的结果是，如果从门道处的竖线条往下看，相邻混凝土上的竖向线条并没有相互对齐（图 16）；它们先向

左偏，再向右偏，然后再次向左偏。如同在德国馆中存在音乐的对位法（参阅第 34 页），这里也是这样。

过渡，层级，中心 | Transition, hierarchy, heart

麦尔克利设计中普遍存在的不对称带来的影响，可以通过与假设整个建筑沿一条长向中轴线设计（图 18）并且屋顶从入口向里逐渐升高（图 17、图 19）得到的效果进行比较来理解。若这样变形，这幢建筑会变得更像一个传统基督教堂。如果将一个"小礼拜堂"挪到建筑的端头，将得到一个从入口至"至圣所"（sanctuary）逐渐推进的空间。再丢掉一个小礼拜堂，将另外两个放在两翼，如果拉长一些，就会创造出一个类似于基督教堂的十字形平面。在这样的布局中，雕塑就可能会如教堂中的雕塑一样，布置在两侧小室的墙边和十字两翼的小礼拜堂中。

图 12

图 13

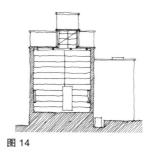

图 14

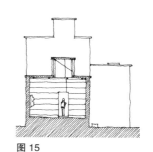

图 15

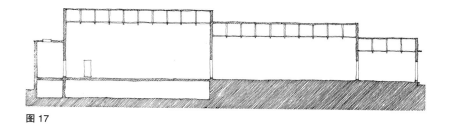

图 17

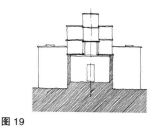

图 19

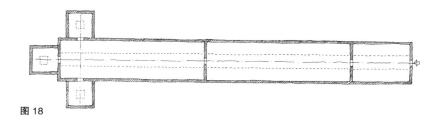

图 18

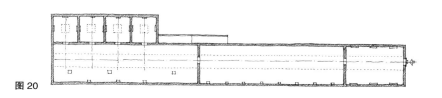

图 20

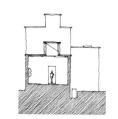

图 21

或许某个特别的作品会被放在"至圣所"中，落在中轴线上，从拉孔琼达美术馆的门槛处穿过四条过道远远地就能看到，像教堂中的圣坛一般，形成了一个焦点，也是通路的终点。

尽管对教堂建筑的隐喻清晰可见，但在麦尔克利的设计中（图 20）并没有清晰划分等级关系。它刻意回避了"至圣所"中单一的高潮。在实际建造的建筑中，四个"小礼拜堂"同等重要。而且，从入口进入的通路不对称——尽管由于过道的轴向排列使它强而有力——也使空间向一侧偏离，通路（路径）偏向右边，展示空间则偏向左边（图 21）。然而这个偏离在最后一个小室被通往"小礼拜堂"的过道平衡掉了。当然，在观赏雕塑作品时，你是与建筑所构建的轴线相背离的。但在每个门道处，你又在跨过门槛进入下一个空间前被拉回到轴线上。这个建筑并不是要带你进入精神世界，而是将你更远地与外部自然世界隔绝并引入心理世界（psychological world）之中。

结语，以及对平屋顶的注释 |
Conclusion, with a comment on flat roofs

除了本文中指明的之外，在这幢建筑中肯定还能找到更多比例关系。已列举的例子已足以说明麦尔克利在绘制平面和立面图时的想法，也暗示了在建筑中这种"游戏"怎么玩。很难确定这个游戏何时从一种建筑体验的重要组成部分变成了建筑师的个人爱好。对顺序排列的一系列过道的体验通常是强有力的。当它们在一个焦点处达到高潮时——一座圣坛、一个物体，或是王座上的君主——开启了某种更强大的力量。但更精确的比例关系究竟是增加了建筑的美感，还是仅仅帮助建筑师决定采用什么尺寸使建筑看起来不那么随意，这个问题仍存在争议。

麦尔克利对基于数字比例关系的使用与密斯·凡·德·罗对此的竭力回绝形成了对比。密斯的回绝是他抵制鲍扎体系建筑原则的一个方面。麦尔克利对比例的运用则是源自对视觉和空间和谐原则的信条，令人回想起超越了建造几何的古典建筑。但两位建筑师都采用了平屋顶；都在回避山墙或坡屋顶的屋脊形成的尴尬交线。思索麦尔克利与密斯的观点之间是否存在不同，为何存在这些不同，也是一件有趣的事。

密斯认为自由的空间规划决定了需要平屋顶，但很显然他也喜欢具有纯粹几何性的两片平板（如在范斯沃斯住宅中）之间视线不会受到任何斜线要素的干扰。他或许认为平屋顶是对希腊神庙的一种改良，将其简化为仅有基础与檐口，省略掉了山花。

麦尔克利的观点似乎不大相同。在拉孔琼达美术馆中，他对自由平面没什么兴趣。其主体的三个体块由两面相互平行的墙面界定，在他的罗曼式教堂案例中，这种方式很容易在其上构筑坡屋顶。麦尔克利对平屋顶的应用似乎更多源自他对几何比例的兴趣。矩形更容易赋予数值——如水平地面、两面垂直的墙体和水平屋顶所构建的那样——绘制起来也更便捷。而如果引入了对角线，这种比例关系就会变得混乱。

麦尔克利建筑中的力量存在于其坐落在瑞士南部耀目的绿草、蓝天、远山、艳阳与暗影中冷峻严酷的矩形混凝土面孔之中；也存在于引领你进入建筑的路径之中，这条路将你从丰富的环境引入一系列单调的灰色、光照均质的洞穴之中，这些洞穴的主人是那些不可思议的、扭曲的雕塑。这种效果无时间感，拉孔琼达美术馆中元素的纯粹又加强了这种感受。

拉孔琼达美术馆又是一个建筑师通过研习古建筑从而获得对建筑语言（元语言（metalanguage））的理解从而发展出原创建筑的实例。在这个案例中，如本书中所有案例一样，麦尔克利无视风格表象而从罗曼式建筑原初的（元素的）层面的墙体、门道和门槛、光、轴线和比例……中寻找灵感。在这个过程中，他展示了空间的力量，通过空间的精心组织来唤起情感的共鸣。在这一点上，麦尔克利的建筑充满了诗意。

> 我们的职业是一种古老的语言，有自己的语法。人们对此一无所知。但如果他们不懂这种语法又该如何做一个建筑呢？在小学里你学会了"A"。或许接下来你学了"apple"。很久以后你开始试着写一封情书。我想在这之前，你已学习这门语言长达十年之久。对我而言也是一样。你应当给自己一些时间去从头学习这门行当，这点尤为重要。
>
> ——彼得·麦尔克利，引自比阿特丽斯·盖利里（Beatrice Galilee）著，《彼得·麦尔克利》（*Peter Märkli*），引自《图标眼睛》杂志（*Iconeye*），2008年5月，第059期

参考文献：

YouTube video clip at: www.youtube.com/watch?v=iHC2av_O6Lg

Irina Davidovici – *Forms of Practice: German Swiss Architecture 1980-2000*, ETH Zurich, Zurich, 2012

Claudia Kugel – 'Raw Intensity', in *AR* (*Architectural Review*), Volume 203, Number 1212, February 1998, pp. 70-71.

Peter Märkli – *Architecture Fest: a Lecture by Peter Märkli* (DVD), with an introduction by Florian Beigel, 30 November 2006, London Metropolitan University and Architecture Research Unit, 2007.

Peter Märkli – *La Congiunta: House for Sculptures*, available at: http://www.archiweb.cz/buildings.php?type=arch&action=show&id=282 (June 2009).

Peter Märkli, quoted in Beatrice Galilee – 'Peter Märkli', in *Iconeye*, Number 059, May 2008, available at: http://www.iconeye.com/index.php?option=com_content&view=article&id=3453:peter-m%C3%83%C2%A4rkli (June 2009).

Mohsen Mostafavi, editor – *Approximations: The Architecture of Peter Märkli*, AA Publications, London, 2002.

Martin Steinmann and Beat Wismer, translated by Bachmann-Clarke – 'A World Without Windows', in *Passages*, Number 30, Summer 2001, pp. 51-53, available at: http://www3.pro-helvetia.ch/download/pass/en/pass30_en.pdf (June 2009).

Ellis Woodman – 'Beyond Babel: the Work of Swiss Architect Peter Märkli', in *Building Design*, 27 July 2007.

小木屋

UN CABANON

小木屋
UN CABANON

一间建筑师的度假屋，位于法国南部海岸马丁角（Cap Martin）
勒·柯布西耶设计，1952 年

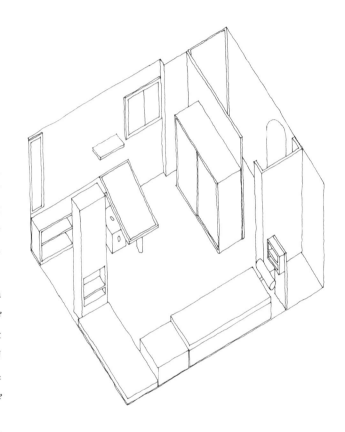

有一个古老而庄严的传统：设想世间有一处远离尘世的庇护所，一间僧侣的小室，抑或是花园中一个荫蔽下逃离喧嚣、唯有烟斗与沉思为伴的凉廊。小室（cell）——一个封闭（狭小）的空间体量，以墙和屋顶与外界隔开——是建筑中最基本、却最有力的元素之一。它的力量源自本身的现象学影响。从开敞的户外步入一间小室，关上门，你就被送入一个完全不同的情境之中，这个情境需要用一点时间来适应；小室内部安静、幽暗、沉寂，或许还弥漫着木料的清香。这显然是对子宫的隐喻，也是对头脑——头颅内部的隐喻。进入一间小室会产生一种心理效应。房间内，你可以放松，呼吸，沉思，反省，或许还可以祈祷。苏珊·格林菲尔德（Susan Greenfield）在其著作《大脑的私生活》（*The Private Life of the Brain*，2002 年）一书的开头写到，仅仅是只言片语也会对我们的情感状态产生作用。我们的建筑体验也会产生情感效应。安东尼奥·达马西奥（Antonio Damasio）在他的《感受发生的一切》（*The Feeling of What Happens*，2000 年）一书的开头也提到：

"某些特殊时刻常常引起我的兴趣：当我们坐在观众席上等待着，舞台的门打开了，演员走到舞台灯光下的时刻；或是，换一个视角，当演员在半明半暗中候场，看到这扇门打开了，灯光、舞台和观众暴露在眼前的瞬间。多年前我就意识到，无论从哪个视角来看，这个瞬间的动态特质，源自其对诞生隐喻的体现，也象征着对一道将前方未知世界的种种可能与风险隔绝开来、提供了跨越庇佑与保护的门槛。"

小室、凉棚、庇护所……提供了第三种视角：有可能从相反方向跨过门槛，回到子宫一般的隐喻当中。

《圣经》中有一个关于以利沙（Elisha）的故事，

我在蔚蓝海岸（Côte d'Azur）有一间乡村住宅，面积大小有 3.66 米 x3.66 米。它是为我夫人准备的；极其舒适，也非常方便。

——勒·柯布西耶，20 世纪 50 年代

图 1

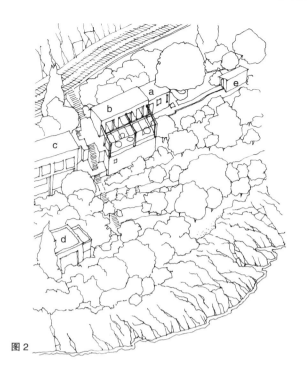

图 2

以利沙被书念城（Shunem）的一个妇人认出是"上帝的圣者"（holy man of God），并给了他一个房间，他无论何时都可以来这里驻留。妇人恳求丈夫：

> "恳求你，让我们在墙上建一间小室；在那里为他安放床榻、桌子、椅子和烛台。"
>
> （《圣经·列王记下》，4:10）

这四个元素就成为了一间僧侣小室的基本需求：用于休憩的床榻；用于脑力工作——研习《圣经》经文、获知上帝设定的万物运转的种种真谛——的桌子、椅子和烛台。

以利沙告知妇人她即将怀孕的预言来回报她丈夫的好意。19 世纪早期英国理想主义诗人、艺术家威廉·布雷克（William Blake）画了一幅画（图 1，是我大略勾勒的布雷克原作），表现的是以利沙在他的房间中，告诉那妇人她会生一个儿子。奇怪的是，床榻缺失了，但桌椅还在。灯挂在屋顶上，像卡通人物头顶上的灯泡，闪耀着神启之光，普照世界。

布雷克对"在墙上"的解读令人生疑。他的画中，以利沙的房间靠在一个洞穴般的矩形空间的内墙上，表明布雷克看到智慧之光照亮了自己的世界，亦即世界是自我构建的（更清楚地来讲，从哲学角度解释……是被"缔造"（"architected"）的）。勒·柯布西耶将他的小木屋——他的"以利沙小室"——靠在朋友开的一家餐厅的外墙上，餐厅名为"海洋之星"（Étoile de Mer）——位于法国南部海岸的罗克布吕讷·马丁角（Roquebrune Cap Martin，图 2）。他说这座小屋是为他的妻子建造的（参阅对页引文）。

旧闻轶事 | Intrigue

包括小木屋在内的这个建筑组群就像是为一出希腊悲剧的上演而设置的布景。这里没有足够的空间去讲述所有故事的细枝末节（有些细节也并不清楚），但却包含着傲慢、妒忌、私通、灾祸、谋杀以及疑似自杀等经典要素。

图 2 中 a 是小木屋，b 是与小木屋毗邻并通过一道内部门廊与之相连的餐厅；e 是勒·柯布西耶后期加上的一间小工作室，是他逃离喧嚣世界的庇护所中的庇护所；c 是 20 世纪 50 年代勒·柯布西耶设计建造的一组单元住宅。这个组群中最有意思的建筑是 d。这是 20 世纪 20 年代中期爱尔兰建筑师艾琳·格雷（Eileen Gray）为她的情人让·伯多维奇（Jean Badovici）设计的 E.1027 别墅（Villa E.1027）（参阅第 163~174 页；别墅谜一般的名字是出自两人姓名首字母的编码形式[责编注]）。勒·柯布西耶非常欣赏这幢建筑，并曾在 20 世纪 20 年代中期受邀在这里住过。有些文献记载暗示，他对这幢别墅的设计甚是嫉羡，甚至希望它是自己设计的。格雷离开伯多维奇后，勒·柯布西耶受邀回到这里，这次他为这幢住宅绘制了壁画。格雷后来抱怨说，她的住宅有如被糟蹋过一般。这幢房子的故事到此还没有结束。二战期间，它被意大利和德国军队占领，在战火中损毁。战后，房子的下一任主人被他收留的流浪汉谋杀了。1965 年，勒·柯布西耶在马丁角溺亡，此前他曾对一位朋友提到，在海中游泳时死去是种不错的离世方式。小木屋最近又被翻新了（2014 年）。

[责编注] E 代表了艾琳（Eileen），10 是让（Jean）的首字母 J 在 26 个字母中的排序位置，2 是伯多维奇（Badovici）首字母 B 的排序位置，7 是格雷（Gray）首字母 G 的排序位置。

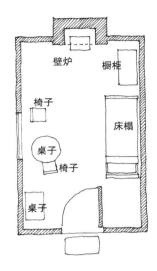

图 3 梭罗的小木屋

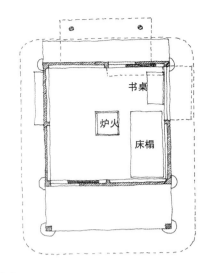

图 4 方丈庵

内容 | Contents

纵观历史，有很多彰显着伟大先哲智慧的小室范例。它们属于整个人类文明与时代。瓦尔登湖畔的小木屋（图 3），是亨利·戴维·梭罗在 19 世纪 40 年代建造的。在这里，这位美国作家、哲学家尝试着过一种与大自然紧密接触的简单生活。方丈庵（图 4）由日本作家鸭长明（Kami no Chomei）于 13 世纪初建造；他在《方丈记》（*Hōjōki*）中对这幢住宅进行了描述。

梭罗的小木屋和鸭长明的方丈庵都源自一种愿望，即将生活简化到最基本的要素，以求获得一种关于简洁朴素的精神纯洁。这两幢小屋都有与以利沙的"小室"同样的基本要素——床、椅子、桌子、灯——此外，由于它们的冬季气候寒冷，还有取暖的火炉。鸭长明或许坐在桌旁的蒲席上，而非椅子上；梭罗则为客人多准备了一把椅子，这样他就能享受与哲学对话。他还有一个储物的箱子。

小木屋也有类似的设施（图 5）：一张或两张床（a）；一张固定的工作台（b）和几个像盒子一样的凳子以及一个储物的橱子（c）；但没有火炉。勒·柯布西耶加了一个洗手的小水槽，就安装在图中左侧很高的家具的背面（d）；卫生间，在图中右边的小隔间里（e）。从门口经过一条短短的走廊进入小木屋（f）。通往隔壁餐厅的门也经过这条短走廊（g），高高的门槛和弧形门头看起来像是船上的舱门。小

木屋的主入口（h）在侧边；有第二层纱网门用来防蚊。小木屋有三扇百叶窗和两个通风槽（图中只能分别看到一个——i 和 j），其中一个在卫生间的小隔间里。窗户的百叶通过中间的铰链连接；一半是柯布西耶的绘画，另一边是镜子，都可以通过调节将光线和景色反射到小木屋的室内。

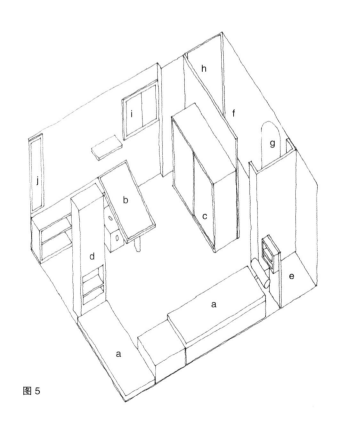

图 5

几何形 | Geometry

无论围绕小木屋建筑群发生过哪些轶事，它的内部都是某种特定几何形的"神庙"（圣地（shrine））。1948 年，仅仅就是在小木屋建造前 4 年，勒·柯布西耶写了一本书，名为《模度》（*The Modulor*）。这本书讲述了一个他声称做了 45 年的项目。这个项目是为了探寻一种审美上的数学关系，这种关系将人与世界联系在一起。在这本书中他写道：

> "数学这一宏伟体系由人类所构想，使人得以把握天地万物。数学既纯粹绝对又延展无尽，既明白易懂又永难捉摸。它会在我们面前竖起一堵墙，有人或许上下求索而终无所获；有时又开设了一扇门：有人打开它，走入，于是便进入另外一片天地，诸神的领域，数学空间拥有通向伟大秩序的钥匙。"

勒·柯布西耶，《模度》（1948 年），第 71 页

很难说数学存在（is）于何处。它只是我们的思维应用于这个世界的产物；然而同时它似乎又在我们的思维之外，"它就在那里"，充满逻辑，可以预知，纯净而可靠。远溯至 16 世纪，英国数学家约翰·迪伊（John Dee）曾提出，数学在自然与超自然之间占据着一席之地。在上述引文中，勒·柯布西耶首先说数学是"由人类所构想"，又说它"拥有

通向伟大秩序的钥匙"，亦即认为数学是人类所创造，但同时居于自然造物的核心之中。如何能兼而有之？数学究竟居于何处的不确定性——在人类头脑当中或是在自然宇宙当中——更增添了它的神秘感。数学的逻辑，完美而又准确无误，使它成为显然无懈可击的权威。约翰·迪伊——他将建筑学看作是"数学科学"（Sciences Mathematicall）之一——而勒·柯布西耶也认为，在数学与建筑创作活动之间存在某种至关重要的联系，几何构成了建筑生成的媒介。

在《模度》中，勒·柯布西耶为建筑尺度构建了一套数学体系。这套体系以正方形（图 6a）为基准。由此出发，生成了一个黄金分割矩形（图 6b）。然后，在 f 点做 g-f 线的垂线，得到点 i（图 6c）。由此做出了一个双正方形，于是他画了一条线将这两个正方形分开（图 6d）。他发现最终形成的图形与人体外形潜在的基本比例关系相吻合（图 6e）：肚脐位于两个正方形的中线上；头顶高度在原始正方形的顶线上；将手举起则刚好触碰到两个正方形中上面那个的顶线。由此，勒·柯布西耶声称发现了一套源自人体结构的尺度体系。就目的而言，这一操作分析与文艺复兴时期的艺术家和建筑师，如列奥纳多·达·芬奇（图 7，见下页）的所为极为相似，达·芬奇以绘画的方式对公元前 1 世纪古罗马建筑师维特鲁威（Vitruvius）在《建筑十书》（*The Ten Books of Architecture*）中所描述的人体与几何形之间的关系进

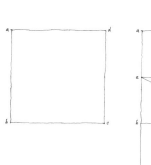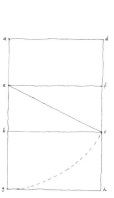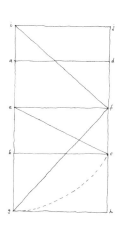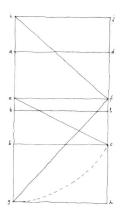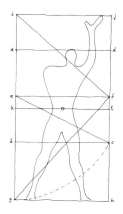

图 6a 勒·柯布西耶的"模度"系统始于一个正方形。

图 6b 由此生成一个黄金分割矩形。

图 6c 由点 f 绘制垂线得到点 i。

图 6d 矩形 g–i–j–h 是一个双正方形。连接 k–l 划分出两个正方形。

图 6e 勒·柯布西耶发现（创造出）与这个几何体系相吻合的人形，肚脐位于中心点上。

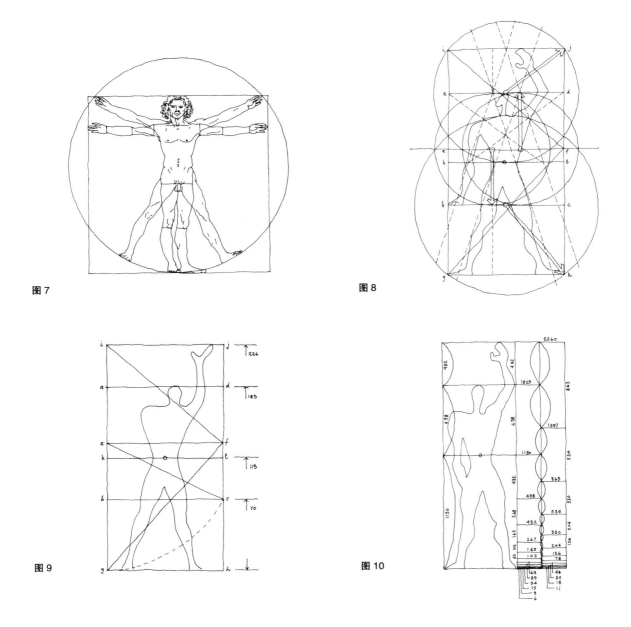

图7

图8

图9

图10

行了诠释。但勒·柯布西耶自称他的体系（图8）更好，更准确，也更精细；因为它与人的实际姿势——坐、倚靠、展臂等直接相关（图11）；也由此衍生出建筑的实用构件——座椅、窗台、餐桌等——的尺寸，而并不仅仅是抽象的比例关系。

经进一步推演抽象几何人形之后，勒·柯布西耶需要找出（赋予一些）真实的尺寸（图9）。经过多种尝试后，他提出了肚脐的高度为113厘米，初始那个正方形到底端线条高度为70厘米的一系列尺寸。运用斐波那契数列（Fibonacci sequence）

原理，他把这一理论拓展为一个数列：4, 6, 10, 16, 26, 43, 70, 113, 183, 296，每个数字与前序数字相加得到后续数字。他将这个数列称为"红尺"（Red Series），从中得到头顶高度数值183厘米（稍微有点高）。接下来他将113翻倍，由数字226，即指尖点举高，得到另一个数列：13, 20, 33, 53, 86, 140, 226, 366, 592。他将这个数列称为"蓝尺"（Blue Series）。这两个数列生成一个图表，看起来高深莫测，又具有标志性。勒·柯布西耶把它刻入他设计的一些建筑物的混凝土墙上（图10），通过以毫米为单

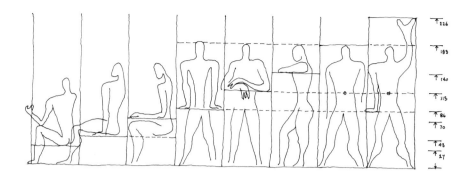

图 11

位赋予这个体系更高的精度。

进程的下一步是从诸多尺寸中进行筛选，选择那些与人体高度有所关联的尺寸，并将其应用到与特定人体姿态相关的建筑元素上（图 11）。柯布西耶以这种方式确定了矮凳、普通座椅、扶手、工作面、窗台板以及高倚靠面的高度。相较于 226 厘米作为合适的天花板高度，183 厘米就有些问题，假如它标示着人体的身高（这个身高是偏高，但并非高到不正常的程度），那么这一高度用作门口的高度就太低了。柯布西耶旨在建立一个尺度系统，与人的体形相关，又符合数学关系，从而使建筑获得视觉上与空间上的和谐；就如同音乐中的和谐音律那样，音乐本身简化成了几何比例关系。在《模度》一书中，勒·柯布西耶给出了一些受控于这个尺度系统的家具摆设的例子（图 12）。

依据这个尺度系统，柯布西耶设计了小木屋的内部空间（图 13）。如该系统所示，天花板的高度是 226 厘米。按照柯布西耶的说法，平面的总体尺寸是 3.66 米 × 3.66 米。这些数字都是出自他的"蓝尺"序列。

室内是依照四个矩形布置的，每个矩形名义上是 140 厘米 × 226 厘米，螺旋环绕着一个 70 厘米 × 70 厘米的正方形（图 13 中以虚线标出），此处以一个装有脚轮的可移动矮桌加以呈现。这些尺寸只是名义上的，因为当几何形应用到建筑中时，材料的厚度就会引发种种困难。尺寸的应用究竟应当从墙的这一面还是那一面，抑或是从中线上算起？在小木屋中，3.66 米的总体尺寸既非外部总长亦非内部总长；而是在每个方向各计入了一面外墙的厚度。

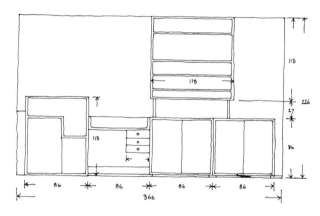

图 12

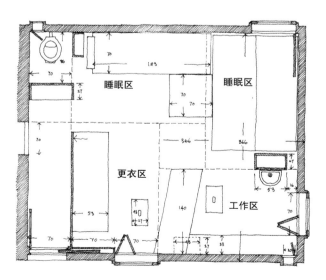

图 13

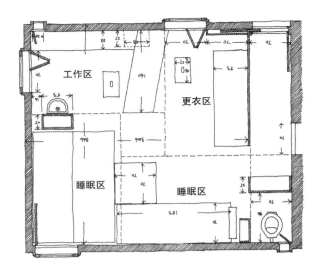

图13 （与上图相同，为了与下图剖面对应进行了翻转）

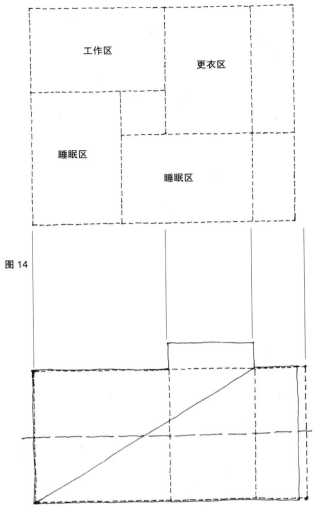

图14

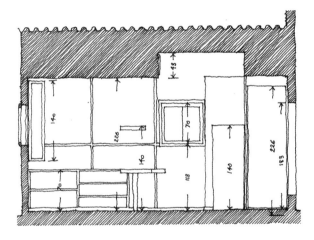

图15 剖面图

图16

螺旋状排布的矩形（图14）将室内空间分为不同的功能区。其中两个位于小屋较暗的位置，作为睡眠区；第三个用作更衣区；第四个是工作区。洗手盆位于工作区中。入口通道和盥洗室分别占据了一个额外的区块，它们位于正方形之外，但（当然）也服从"模度"尺寸。矩形的螺旋排布似乎也决定了其他元素的位置，例如进入餐厅的走道以及装有洗手盆的高大部件单元。

所有其他组件都受"模度"体系的控制。窗、工作面、架子、橱柜……所有尺寸都在红尺或蓝尺

的控制之下。即使形同简易包装箱般的凳子，其尺寸也是从这个数列中选出的。与之形成对比的是，工作台的平面不是矩形的而是平行四边形的，而它的角度显然也是根据"模度"关系确定的。从实用角度讲，它的夹角为更衣区让出了一点空间。在《柯布西耶作品全集》（Oeuvre Complète，第五卷，1946—1952年）中刊出的小木屋平面图中，这个工作台与墙面呈直角布置，但有一个斜边，以便坐在桌边的人能朝向对面的窗户。

图 17

模度尺寸同样适用于垂直方向（图 15）。整体剖面尺寸是基于一个正方形，这个正方形延伸为一个黄金分割矩形，然后衍生成一个双正方形（图16）；从正方形到黄金分割矩形的延伸决定了天花板的局部抬高。天花板是阶梯状的，以便能够利用屋顶内作为储藏空间。较高的部分比 226 厘米高的主体部分高出 43 厘米。能够注意到，剖面中的双正方形似乎是测量到餐厅的内墙面。甚至墙面带有的玻璃纤维绝缘胶合板，也遵循着模度尺寸；从一半高的位置横穿而过的分格条决定了窗台的高度。如在图 11 中提到过的问题，主过道没有遵循模度系统，或至少没有像其他要素一样采用同样的参照物（室内地面）。183 厘米未免有些太矮，因此它的顶高相对于室外地坪高度采用了 226 厘米。然而进入餐厅的走道却是 183 厘米高，而且有一道 20 厘米高的门槛。这一尺寸组合让你仿佛置身船甲板上，让你出入这个过道时不得不小心翼翼——这种设计用于神圣场所已有千年之久，为的是在人们进入神殿时逐步施以应有的敬畏。

结语 | Conclusion

小木屋内部如神殿般的特质（看作是对航行在生命之海上奥德修斯（Odysseus）小船的隐喻是相当恰当的）在入口处得到强化，入口处玩了一点小花招，亦即创造了一个简单的迷宫入口，就像古时供奉神灵的神庙入口一般。小木屋不是一座社交建筑：这里没有"闲坐"（idle）沉思或眼望世界消逝的游廊；没有地方就座或是闲谈；窗口很小，还有高高的窗台。就餐这种社交活动是在他处进行的，如在隔壁的餐厅。室内的清寡简朴或许可以用彩色的绘画或是镜子（反射出自己的影子）来缓解，但这就是一个出世的地方，一个（僧侣、行者或是囚犯？）集中心神的小室。

在众家言说中，罗宾·埃文斯指出，模度系统是建立在几何不精确性基础上的（参阅埃文斯，1995 年）。第 91 页和第 92 页示意图中展现的几何形体在绘图时可能没问题，但无法进行计算核查。埃文斯用一张示意图来表达这种不精确性。勒·柯布西耶本人也承认存在这种问题，但他似乎并不担心。或许他已认识到，所有这些体系都是人为设计的，其效力取决于体系内在的一致性，而非外部引证依据。对柯布西耶来说真正重要的是他为自己构建了一套几何／建筑的游戏，他能按照不同的排列组合玩了一遍又一遍，在这套游戏中，（有时）他也可以运用作者的权威，忽视那些规则。

小木屋为柯布西耶提供了一个置身环境景观中的庇护所（refuge），也是一个尽览地中海风光的瞭望台（图17）。杰伊·阿普尔顿（1975年）已指出，这是物我关系中一个常见的主题。但或许小木屋特殊的力量在于它构建了一个空间小盒子，而其中正是勒·柯布西耶的几何／建筑游戏在发挥支配作用。它就像是一个仔细构建的数学题解，或是一段经过精细打磨的哲学论述，在其自身能力范围内恪守着自我规则。这座小屋实现了乔治·麦克唐纳在其《奇异的幻想》（1893年）一文中制定的需求，这一需求我在本案例解析合集的开篇就曾提到过（参阅第4页）。

在《柯布西耶全集》中，柯布西耶把模度称为"神启使女"（révélatrice，意为"揭示神意的人"或是"缪斯女神"（muse））。在另一处，他将其称为"那个富有创造性的巧奴儿"（that ingenious slave）（《模度2》（Modulor 2），第257页），说明他想为他的体系赋予一种人格个性，就好像它是有生命的，而且随时准备为设计挑战伸出援手。我们不禁会想，当他说小木屋是为他的"妻子"建造的时候是在耍花招。这种只有单人床和简朴的僧侣小室式的房子，几乎不可能是为爱人或人生伴侣打造的。这是一个用于独处的小室，就像远航者航行在沉思畅想的汪洋大海之中。或许柯布西耶的本意是为他智识上、数学上的"妻子"，他的缪斯女神和富有创造性的巧奴儿——"模度"，建造了一座神殿。

参考文献：

Jay Appleton – *The Experience of Landscape* (1975), Hull University Press, Hull, 1986.

Bruno Chiambretto – *Le Cabanon*, available at: http://www.lablog.org.uk/2006/02/20/le-cabanon/February 20, 2006 (July 2009).

Caroline Constant – *Eileen Gray*, Phaidon, London, 2000.

Le Corbusier, translated by de Francia and Bostock – *The Modulor* (1948), Faber and Faber, London, 1954.

Le Corbusier, translated by de Francia and Bostock – *The Modulor 2 (Let the user speak next)* (1955), Faber and Faber, London, 1958.

Le Corbusier – *Oeuvre Complète, Volume 5, 1946-1952* (1953), Les Editions d'Architecture, Zurich, 1995, pp. 62-63.

William Curtis – *Le Corbusier: Idea and Forms*, Phaidon, London, 1986.

Antonio Damasio – *The Feeling of What Happens: Body, Emotion and the Making of Consciousness*, Vintage, London, 2000.

John Dee – *Mathematicall Praeface to the Elements of Geometrie of Euclid of Megara* (1570), Kessinger Publishing, Whitefish, MT, 1999.

Robin Evans – 'Comic Lines', in *The Projective Cast: Architecture and its Three Geometries*, MIT Press, Cambridge, MA, 1995.

Susan Greenfield – *The Private Life of the Brain*, Penguin, London, 2002.

Sarah Menin and Flora Samuel – *Nature and Space: Aalto and Le Corbusier*, Routledge, London, 2003.

Shane O'Toole – 'Eileen Gray: E-1027, Roquebrune Cap Martin', in *Archiseek*, available at: http://www.irish-architecture.com/tesserae/000007.html (July 2009).

Flora Samuel – *Le Corbusier in Detail*, Architectural Press, London, 2007.

埃西里科住宅

ESHERICK HOUSE

埃西里科住宅
ESHERICK HOUSE

位于宾夕法尼亚州费城栗子山（Chestnut Hill）中的一座住宅
路易斯·康设计，1959—1961 年

埃西里科住宅中有一间卧室、一间餐厅和一个
两层通高的起居室。在这些房间旁边是常见的辅助
空间：楼下是门厅、衣帽间、锅炉间和厨房；楼上
是浴室和更衣室。楼梯将两层通高的起居室与住宅
其余两层的部分分开。楼梯的休息平台成为一个能
够俯瞰起居室的展廊。住宅两端各有一套烟囱：一
端是供起居室的壁炉使用；另一端则是服务于锅炉
和另一个壁炉，这个壁炉在楼上主卧旁边，起初（显
然是）为看电视的空间供暖（尽管后来这里被改成
了浴室）。

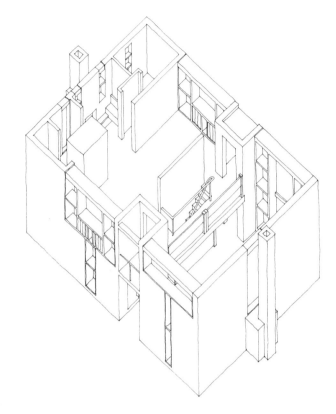

"被服务"空间与"服务"空间 |
'Served' and 'servant' spaces

埃西里科住宅清晰的空间组织是基于路易斯·康
关于空间建构（structuring space）的理念。特别是
这幢住宅的分区分为两种空间类型：主要起居空间
和辅助空间——"被服务"空间与"服务"空间。
两者之间的差异——以及理想几何与建造几何的混
合——通常被看作是康的建筑观点中的关键点之一。

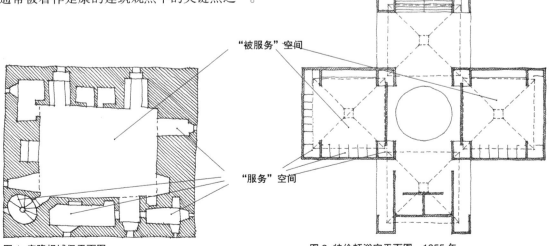

"被服务"空间

"服务"空间

图 1 康隆根城堡平面图

图 2 特伦顿浴室平面图，1955 年

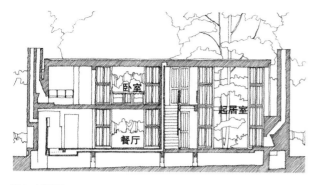

图 3 剖面图

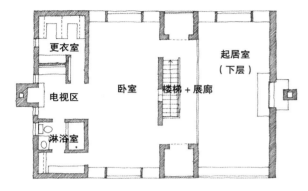

图 4 上层平面图

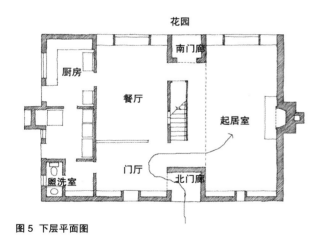

图 5 下层平面图

平行墙体；内嵌式墙体；过渡，层级，中心 |
Parallel walls; inhabited walls; transition,
hierarchy, heart

埃西里科住宅的平面被三面平行的"墙体"
（walls）分成了两个区域（参见建筑的简化平面图，
图 6），其中的两面"墙体"中"内嵌式"（inhabited）
了服务空间。这些墙体之间的空间容纳了主要的被
服务的起居空间。较厚的内嵌式墙体中容纳了楼下
的盥洗室、锅炉室和厨房（图 5）以及楼上的淋浴间
和更衣室（图 4）。所有的湿区（wet areas）——盥
洗室、厨房和淋浴间——集成在一起，从而简化了
服务系统和给排水系统。

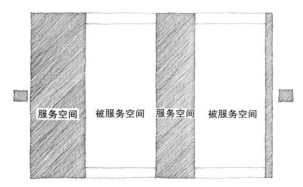

图 6 简化平面图——平行墙面

较薄的内嵌式墙体容纳了楼梯和两个带入口的
内凹门廊：通向公共街道（位于北侧，在平面图底端）
以及去往花园（位于住宅南侧，在平面图的顶端）。
在住宅的正面——面对公共街道的立面——入口位
于门廊一侧，并将人引入门厅。这种组织方式营造
了一个从外部空间进入内部起居室过程中的层级过
渡序列（图 5）。在另一个门廊处，出入口则从展廊
下部将人直接引入花园。在上层（图 4），这些门廊
变成了小巧的"朱丽叶阳台"（Juliet balconies），两
个阳台都是通过展廊到达的。

第三面平行墙体是一面平整、垂直的矩形墙体，
只在中心有一个单扇窗。尽管简单，但这面墙（最
为基本的建筑元素）上建造有起居室里的壁炉——
起居室作为这一住宅的中心——这面墙就是平面布
局的高潮（住宅的空间层级）。住宅的其余部分都
面向这面墙以及墙上的壁炉和窗户。

康的这个理念的形成，被认为是受到了苏格兰城堡
的影响——如邓弗里斯（Dumfries）附近的康隆根城
堡（Comlongon Castle，图 1）——大厅（"被服务"
空间）周围厚重的墙体内部容纳了附属的壁龛和房
间（"服务"空间）。这个理念首次是 1955 年在特
伦顿浴室（Trenton Bath House，图 2）项目中呈现。

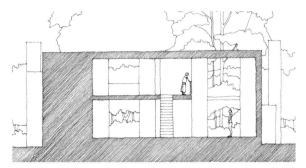

图 7　简化剖面图

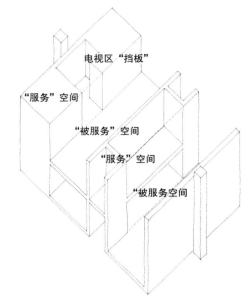

电视区"挡板"

"服务"空间

"被服务"空间

"服务"空间

"被服务空间"

图 8　简化轴测图

这幢住宅被夹在两个烟囱之间。简化剖面图（图7）展示了三个主要"被服务"空间的整体关系，它们之间的关系由设有开口（可渗透的）、容纳了楼梯和展廊的内嵌式墙体来调节。带有壁炉的看电视空间，就像传统建筑中卧室边的炉边空间（图8）。

主要"被服务"空间（起居室、厨房、卧室）的四周（部分是玻璃墙）也是内嵌式墙体，但没有那么深，是将木头和玻璃嵌入混凝土墙体内构成。墙上有窗户，但也有足够的深度容纳壁橱和书架。底层北立面（公共立面）上用窄条窗来保护住宅的私密性。朝向花园的南立面就开敞得多。所有立面均装有木制百叶，在百叶的开合变化中变得更加丰富多样。

理想几何 | Ideal geometry

康以几何形组织（建构）空间的权威准则在由五个十字形交叠的正方形组成的特伦顿浴室的平面中清晰可见（图2）。特伦顿浴室有四个尖顶（分别

位于十字形的四翼；图中以虚线示意），这种布置方式将理想几何与建造几何结合在一起。几年后，当他为玛格丽特·埃西里科（Margaret Esherick）设计住宅时，他对理想几何的运用已发展得更为复杂。埃西里科住宅外表简单，但在空间组织上却十分精妙，它是基于一个复杂的理想几何矩阵进行设计的（图9）。这个几何矩阵把控着住宅每个部分之间的位置和关系。它是基于正方形、√2比例矩形和黄金分割矩形等几何形。

住宅的外墙形成一个√2比例矩形（图10）。

起居室烟囱的外延边界似乎受控于一个黄金分割矩形（图11），这个矩形是由厨房山墙面的外界

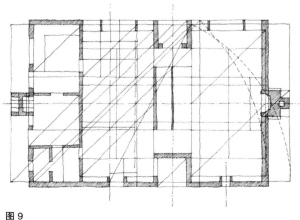

图 9

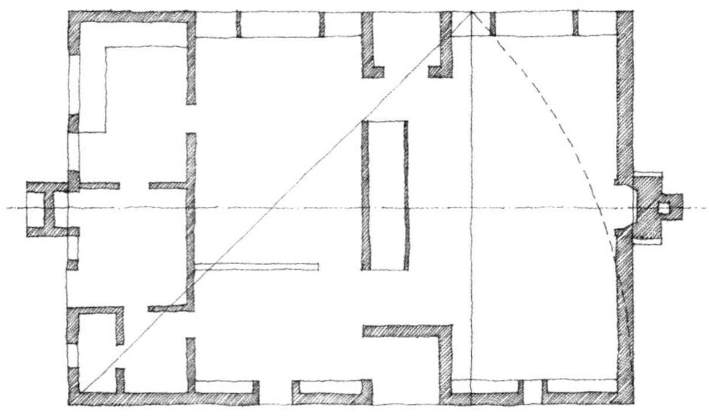

图 10　√2比例矩形

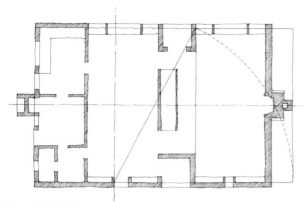

图 11 黄金分割矩形

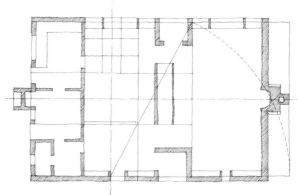

图 12 三等分

面和两道长向墙的内界面界定的。构成这个黄金分割矩形的正方形的一边决定了较薄的内嵌式墙体（容纳了门廊、楼梯和展廊）靠起居室一侧的位置。如果将这个正方形在两个方向均三等分（图 12），会发现这些线决定了许多构件的位置，例如：楼梯的第一个踏步、较厚内嵌式墙体的内界面、门厅与餐厅之间的隔墙以及各个窗户的竖框和竖梃。其他构件的定位似乎是由中线或是这些正方形进一步的三等分线确定的。

更复杂的是，住宅平面中似乎还包含着另一套由不同大小正方形构成的矩阵（图 13）。其中小正方形与大正方形之间的比例关系或许是 $\sqrt{2}$。较薄的内嵌式墙体有一个小正方形那么厚，两个主要起居区域每个都有两个小正方形那么宽。这些小正方形也决定了门廊的大小，尽管两个门廊分别确定的是内界面与外界面，除此之外还决定了楼梯最高一个踏步的位置。

如果将这些不同的几何形重叠在一起：正方形、$\sqrt{2}$ 比例矩形以及黄金分割矩形，就会得到一个复杂的"翻花绳"（cat's cradle）般的网络，决定着住宅各个构件的位置（图 9）。

正是这个不同几何形的复杂重叠，构成了一个如吉尔·德勒兹（Gilles Deleuze）和菲利克斯·加塔利（Félix Guattari）所说的建筑"迭奏曲"（the refrain）——即为了驱散内心的恐惧而低声哼唱（参阅以下引文框）。

埃西里科住宅的几何形式既不简单明了，也非迎刃可解。这个住宅或许看起来拥有"一个冷静而稳固的核心"，但其错杂的几何形又暗示着"混沌的力量"并未完全被"遏制阻挡"；它处在"随时分崩离析"的危险当中。

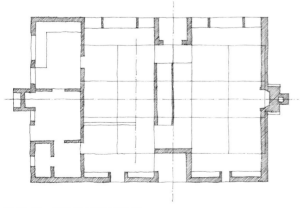

图 13 另一层的正方形网格体系

一个在黑暗之中的孩子，被恐惧攫住，以低声地歌唱来安慰自己……迷路了，他尽可能地躲藏起来，或尽可能哼着小曲来辨认方向。这首小曲就像是一个发挥稳定和平静作用的中心的雏形，这个中心位于混沌的心脏……它从混沌跃向秩序的开端，同样，在每个瞬间，它都面临着崩溃解体的危险。现在，我们安居于自身之所。然而，安居之所并非预先存在：必须围绕着不稳定和不确定的中心勾勒出一个圆，组建起一个被限定的空间……混沌的力量被尽可能地维持于外部，而内在的空间则维护着那些生发力量，从而实现一项任务，完成一项工作。

——吉尔·德勒兹和菲利克斯·加塔利著，姜宇辉译，"1837年：迭奏曲"（1837: Of the Refrain），引自《千高原：资本主义与精神分裂》（*A Thousand Plateaus: Capitalism and Schizophrenia*），第441页，上海：上海书店出版社，2010年

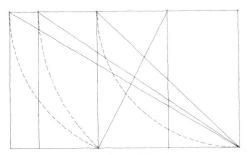

图 14 正方形、√2比例矩形、黄金分割矩形……

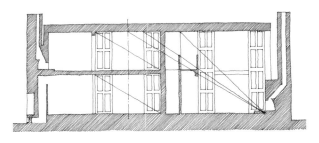

图 15 ……从起居室内的壁炉发散……

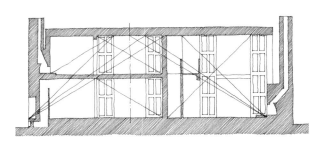

图 16 ……从另一套烟囱外的假壁炉发散。

理想几何也决定了这幢住宅的剖面设计。从同一视角能够绘制出三种图形——正方形、√2比例矩形和黄金分割矩形——以此作为这座住宅构成的基础（图14）。在埃西里科住宅中，所有这些图形的绘制都可以从其焦点——起居室中的壁炉开始（图15）。正方形决定了楼梯的边界和门廊的中线。√2比例矩形决定了餐厅和卧室的窗户中一条竖梃的位置。黄金分割矩形决定了那些窗户的中线位置。除此之外，餐厅和卧室的剖面形状也都是黄金分割矩形。

如果将这三个结构形状翻转，会发现类似的焦点是另一个"壁炉"，即住宅另一端的烟囱外部凹进的一个假壁炉（图16）。由此，几何形不再仅仅是一种住宅建筑形式的组织原则，而且也是这幢建筑诗性中的一个要素。这幢住宅的形式是始于两个壁炉。其中一个是实际存在的，住户可以使用。另一个则令人回想起过去，像是一幢废弃住宅的遗迹。

结语：关于埃西里科住宅的诗意的评论丨
Conclusion: a comment on the poetics of the Esherick House

埃西里科住宅的设计是一个将几何形状作为空间组织和尺度控制原则的设计实践。事实上，某些源于(一真一假)两个壁炉的几何形赋予设计以深意；也加强了这幢住宅作为一个家的居所的符号特征。

这一对烟囱（一如既往地）是这一属性的外在表现——是家的象征（标志）。它们在埃西里科住宅中的布置方式令人想起某些美国殖民式住宅(settler houses)的山墙（图17）。甚至有这种情况：某些无人居住的殖民式住宅坍塌或拆除后，只留下了壁炉。这些壁炉和残存的烟囱幽灵般地提醒着，它们曾经温暖过那些家庭。它们如纪念碑般矗立着。

在埃西里科住宅起居室的壁炉上方有一个窗户（这幢住宅最著名的特征之一）。就是这扇窗切透了这面墙体，而住宅的其余部分都朝向这面墙。这个设计是为了从起居室和展廊望向烟囱时，有一个朝向窗外的视野，能够一瞥远方的树木。这扇窗还框起一幅图景，犹如墙上的一幅抽象艺术作品，照在烟囱表面的阳光在昼夜此消彼长之间光影变幻。

这扇窗也让人联想起日本建筑中用建筑洞口去框景一棵树（在微风中沙沙作响或是随着季节变换色彩）或是一部分景观。（参阅《解析建筑》第四版，茶室案例解析，2014年，第298~308页以及斯维勒·费恩（Sverre Fehn）的布斯克别墅（Villa Busk），详见本书后续解析，第187~196页。）

在埃西里科住宅中，这扇窗框起一幅抽象画面，以此来表达一种神圣氛围。正如教堂中圣堂的拱门

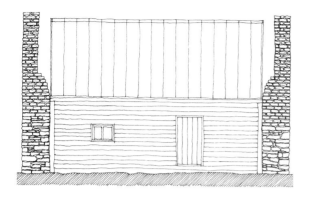

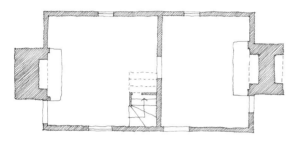

图 17 两端设有烟囱的殖民式住宅

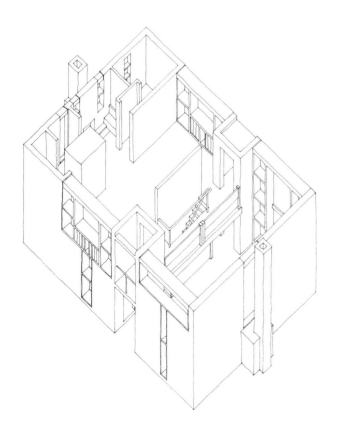

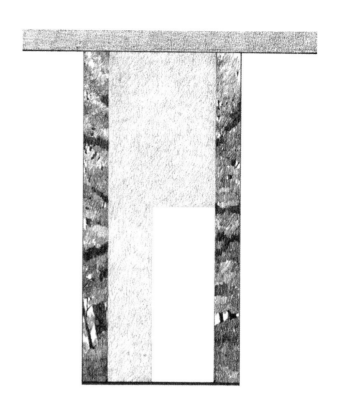

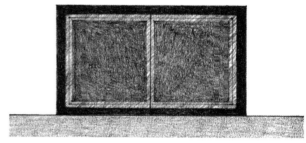

图 18 透过起居室端墙上壁炉上方的窗户看到烟囱的视角。

在埃西里科住宅设计中，路易斯·康成功运用了某些充满诗性的抽象几何构成。住宅的诗性暗指向美国殖民历史时期的景观设计，并将壁炉作为家庭的精神焦点和社交中心。但康通过现代的混凝土和平屋顶来表达这一切，并不带有浪漫主义情感。他将现代与对过去的暗示混合在一起。

引领人们的视线进入另一世界一般，这扇窗也将人们的视线引入远方，或者说带到另一个或许栖居着往昔魂灵的国度。壁炉、窗与烟囱的组合赋予起居室（住宅的整体内部空间）某种礼拜堂般的氛围……一间献给家庭生活和美国特征的礼拜堂。（礼拜堂的神圣能否与日常生活的杂乱和谐相处则是另一个问题了。）

罗伯特·文丘里的母亲住宅（mother's house）——瓦娜·文丘里之家（the Vanna Venturi House）——就在费城栗子山上与埃西里科住宅不远的地方。这两幢住宅是在同一时期建造的，即1959—1963年间。山姆·罗德尔（Sam Rodell）在华盛顿州立大学的硕士论文（2008年提交）中认为，是文丘里提出了埃西里科住宅中独立式端部烟囱的理念。这幢住宅的确有一些在康的其他作品中罕见的诗性隐喻（关联）。他的其他建筑的诗性往往以更抽象的方式表现出来。或许外部的假壁炉也是文丘里的主意。

文丘里的母亲住宅可参阅《解析建筑》（第四版，2014年，第284~288页）中的案例解析。

参考文献：

David B.Brownlee and David G.De Long – *Louis I. Kahn: In the Realm of Architecture*，Thames & Hudson, London, 1991.

Urs Büttiker, translated by David Bean – *Louis I. Kahn: Light and Space*, Whitney Library of Design, New York, 1994, pp.90-95.

Klaus-Peter Gast – *Louis I. Kahn: The Idea of Order*, Birkhäuser, Basel,1998, pp. 44-51.

Klaus-Peter Gast – *Louis I. Kahn: Complete Works*, Deutsche Verlags-Anstalt, Munich, 2001, pp. 96-101.

Louis Kahn – 'Order in Architecture', in *Perspecta 4*, 1957, pp 58-65.

Alessandra Latour, editor – *Louis I. Kahn: Writings, Lectures, Interviews*, Rizzoli, New York,1991.

Robert McCarter – *Louis I. Kahn*, Phaidon, New York, 2005.

Sam Rodell – *The Influence of Robert Venturi on Louis I. Kahn*, Masters dissertation, Washington State University, 2008, available at:

spokane.wsu.edu/academics/design/documents/S_Rodell_09858138.pdf.pdf

Heinz Ronner, Sharad Jhaveri and Alessandro Vasella – *Louis I. Kahn: Complete Work 1935-1974*, Institute for the History and Theory of Architecture, Swiss Federal Institute of Technology, Zurich, 1977, pp.133-135.

Joseph Rykwert – *Louis Kahn*, Harry N. Abrams, New York, 2001, pp. 50-57.

Richard Saul Wurman, editor – *What Will Be Has Always Been: The Words of Louis I. Kahn*, Access Press and Rizzoli, New York,1986.

波尔多住宅

MAISON À BORDEAUX

波尔多住宅
MAISON À BORDEAUX

一幢为坐轮椅的业主设计的住宅

雷姆·库哈斯（Rem Koolhaas）设计，1998 年

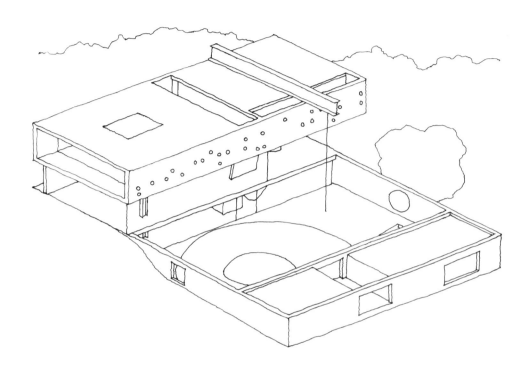

这幢住宅矗立在波尔多东南郊一座树木茂盛的小山顶上，拥有俯瞰全城和加伦河谷（the river Garonne）的视野。它是为一位遭遇车祸不幸而不得不借助轮椅生活的业主而设计的。因此住宅中设置了一个液压平台，能够帮助业主在住宅的不同楼层之间移动，同时也足够大，可以作为轮椅业主的工作空间。这个平台倚靠在一个高高的书架旁上下移动。

分层法 | Stratification

或许外表看起来并不太像，但由于与山顶场地的契合，波尔多住宅的布置的确像一个中世纪城堡。住宅中有一个城堡外庭般的入口庭院，其中容纳着为客人和管家设置的次卧室。为业主及家人设计的三层复合住宅则沿着庭院的西南侧布置。

城堡中的层级——分层——是其建筑中很重要的一部分。由于防御需求，城堡外庭的墙把庭院与外部世界隔绝开来。主体建筑建造在坚固的岩体上，地下洞穴中则设置地牢。主要起居空间通常位于底层上面的一层。城垛拥有跨越地面景观的广阔视野，以便及时发现靠近的敌人。城墙上的圆洞是为弓箭手射杀敌人准备的。

雷姆·库哈斯的设计与城堡具有相似之处，但并不完全相同。他遵循的基本原则是去质疑并颠覆传统或显而易见的事物；反对标准化。这是一种公认的发觉新奇的途径。

> 每天早晨，他们的督管者……用"废话"来教导他们——那些毫无意义、莫名其妙的笑话和口号在人群中散布着种种不确定性。
>
> ——雷姆·库哈斯著，《癫狂的纽约》（*Delirious New York*，1978 年），莫纳切利出版社（Monacelli Press），纽约，1994 年，第 46 页

在这张图中（图1），住宅的三层被拆解开了。尽管已经简化了（上层中的一些内部分隔被去掉了），但可以看出每一层的空间特质都不尽相同。这种差异可以与中世纪城堡的分层体系进行对比（图2、图3）。

最底层，即住宅的庭院，被嵌入山坡中去。从洞穴和岩体中挖凿出的地牢的本质都在于它们不必遵循决定建造结构的几何构成原则。它们的空间形态更加自由。波尔多住宅的底层也是这样（也可参阅该层平面图，第110页图12）。这里有：一个洞穴或是酒窖；一个储藏室；一个山洞般洞室中的弧形楼梯以及一部旋转楼梯（类似于城堡塔楼中的楼梯）。看起来就像这些空间是从山坡上挖凿出来的一样。与之相连的是一间盥洗室和一间技术用房，在前面，洗衣房、厨房和一间为孩子们设置的多媒体室

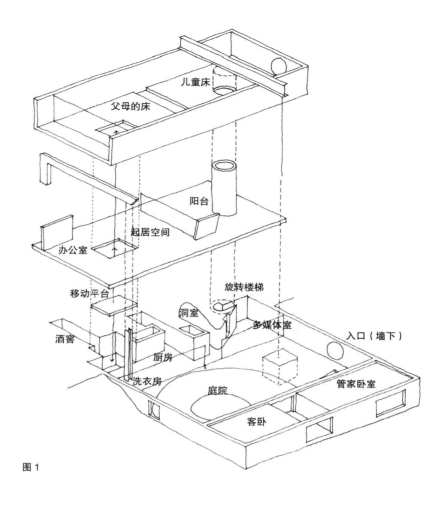

图1

通过一面玻璃墙（部分透明，部分磨砂）与庭院分隔开来。主入口设置在平面最窄的位置。门扇则是一个电动金属板，由庭院边一个被照亮的大操纵杆操控。

可移动平台能（使用轮椅）通往所有楼层。只有在平台位于最底层时才能进入酒窖。控制移动平台的人，也控制着通向酒窖的通路。

上面两层的布置是将城堡空间的布局进行了反

转。在城堡中（图3）有厚重墙体和小窗户的大厅支撑着一个开敞的屋顶平台，从这里，城堡周围的景观都尽收眼底。而在波尔多住宅中，则是住宅的第一层（即中间层）朝向四周开敞。如在城堡中一样，这一层是家庭的主要起居空间，但四周只有玻璃幕和用来遮阳的窗帘，从而拥有朝向森林开放的视野，也能穿过河谷欣赏波尔多的美景。

库哈斯充分利用了山体的斜坡；起居层位于庭

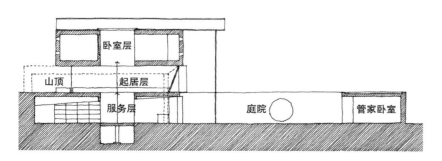

图2

图3

图 4

院之上，却与长满绿草的山顶相连。这一层对外部风景开放，又刚好被上层的房间遮蔽保护着。这种设置令人想起勒·柯布西耶提出的"新建筑五点"（Five Points Towards a New Architecture, 1926 年）。勒·柯布西耶认为，建筑不需占据地面空间；利用柱子将底层架空（pilotis，底层架空柱），可以在底层形成连续流动的空间（图 4）。他也支持应当设置屋顶花园。

库哈斯在波尔多住宅中并没有设计屋顶花园。顶层上设置的是卧室。对比中世纪城堡，这便是有厚重的（混凝土）墙体和小窗户（"射击孔"）的那一层。在下页的平面图中将会看到，这一层分为两个部分，一半是儿童房，另一半是父母房。移动平台通往父母的房间，儿童房一侧则是通过圆柱形楼梯间中的旋转楼梯到达。两部分之间隔着一道凹槽——将两代人分开。父母房拥有一个朝向阳面的阳台。

顶层的居住空间容纳在一个看起来似乎浮在开敞的中间层之上的混凝土盒子里。在其西端有一个大圆板——在圆心处固定——与庭院围墙上一个类似的圆板相呼应。第一个圆盘是由一个手柄控制的；另一个则自由转动。上面的圆板形成了朝向波尔多的视野；下面的一个，像是中国园林中的"月亮门"，框住了外面摇曳的树影。

过渡，层级，中心 | Transition, hierarchy, heart

剖面图（图 2）展示了住宅的不同楼层。进入庭院的入口是看不到的。大门没有穿过院墙，而是在院墙的下面（图 5、图 6），车道也很陡。这个大门标志着外部世界与住宅领域内的空间之间的界限。内部的一切都是精确的、几何的——由思维决定并设计出来；而外面的一切则是不规则而自然的。在这方面，住宅类似于 18 世纪的新古典主义住宅。

在《门道》（*Doorway*, Routledge, 2007 年，第 98 页）一书中，我分析过一幢 18 世纪的新古典主义住宅，位于苏格兰，由威廉·亚当（William Adam）设计，叫做"褐宅"（the House of Dun，图 7、图 8）。在这种住宅中很常见的手法，是通过控制走近建筑的路径来影响参观者观察居住者生活世界的视角。尽管褐宅面向南面——阳光和主路的方向——通向主入口的路径却引导人们绕向北面。这样，参观者会在阴影中进入建筑的主入口，再走上主要的起居层——主楼层（the piano nobile）——然后穿过住宅到达能够俯瞰阳光下花园的阳光大厅；这样会给人留下如此印象：户主和他家人的生活比外面平凡的世界更阳光、更美好。

在波尔多住宅中也有类似的处理。走上陡峭的车道进入庭院后，你就到达了这个三层居住建筑的北侧。如在新古典主义住宅中一样，佣人的活动空间——厨房、储藏室、酒窖等——均设置在底层。进入住宅后，你就爬到了开敞的中间层——主楼层——走入了阳光和美景之中。又如在新古典主义住宅中一样，这就像是你受邀进入了户主更美好的生活之中。建筑正是以这种方式操控着我们观察世

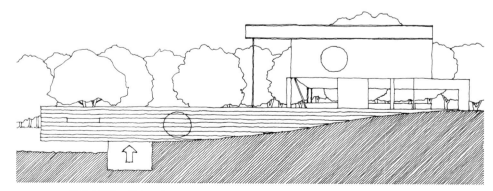

图 5

位于庭院墙下的入口大门

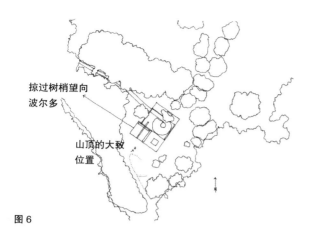

图 6

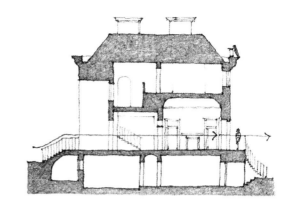

图 7 褐宅剖面图

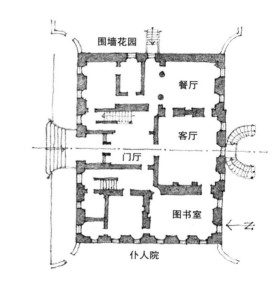

图 8 褐宅平面图

界的视角。建筑师正是通过建筑来控制人与周边环境之间的关系，来设定人的体验，触发不同的情感回馈，并改变人们理解世界的方式。

空间与结构 | Space and structure

我已经提到过，波尔多住宅的设计受到了勒·柯布西耶底层架空理念的影响。在范斯沃斯住宅的解析中，我也探讨过密斯·凡·德·罗想要使他的地板和屋顶板悬浮起来，看不到支撑结构。在波尔多住宅中，雷姆·库哈斯几乎做到了。如果他是在效法勒·柯布西耶的架空设想的话，他已经做到了，并且没有底层架空柱支撑。

有一部关于波尔多住宅的电影——《库哈斯的住宅生活》（*Koolhaas houselife*，伊拉·贝卡（Ila Bêka）和路易丝·勒莫因（Louise Lemoine），2008年）——观众跟随女管家处理日常琐事。电影中有一幕——"就要坠下去了"——表达了她对上层的混凝土盒子是如何支撑起来的困惑。库哈斯，与结构工程师塞西尔·巴尔蒙德（Cecil Balmond）合作，运用建筑技巧使这个混凝土盒子看起来像是没有支撑结构一般。它看起来像是被牵着——防止像气球一样飘走——通过一根杆件，一端与屋顶巨大的工字钢梁连接，另一端则锚入庭院的地面。

这个建造方式在这张图（图 9）中完美呈现。混凝土盒子实际上支撑在三个点上：旋转楼梯的圆柱形楼梯间以及支撑在从下层厨房区升起的钢柱上的一个"L"形构件上。圆柱形楼梯间支撑着跨过屋顶的巨大工字梁，于是这个混凝土盒子就像是悬挂在上面一样。固定杆件用处不大；似乎只是为了防止

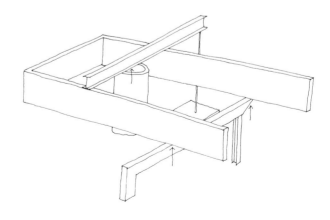

图 9 波尔多住宅的结构设计让沉重的上层空间看起来像是没有可见的支撑构件一般。

盒子晃动，使它更加稳定。这种建造手法以各种方式使这个建筑像是没有支撑构件一般。在开敞的中间层，圆柱形楼梯间表面挂有高度抛光的不锈钢饰面板，镜面般的表面反射着周围环境的景观，以此削减了其作为结构柱的存在感。"L"形的构件则延伸至山顶的草地上，因此看起来像是与住宅主体相互独立的部分。住宅中唯一清晰可见的结构构件是从下面两层升起的柱子，它在主起居层中看起来像是移动平台旁的书架的一部分。所有这些构件共同作用，使这幢住宅看起来像没有任何支撑结构一样。

调节性元素：时间与易变性 |
Modifying elements: time and mutability

探究这幢建筑需要不少时间。这是一幢随时间变化着的建筑；它随着时间与季节而变化。这是许多建筑都具有的特征。但波尔多住宅也是一幢能够发生更彻底变化的建筑。如果你仔细观察各种发表出来的照片，就能发现这种变化；有时一面墙在这个位置，有时却在另一边；挂在屋顶上的灯也可能位于不同的位置；建筑的某个部分发生了变化。

住宅的许多部分都是可移动的，从而能够在不同的场景和条件下进行不同的设置。除了已经提到过的圆板以及在三层之间移动的平台之外，住宅中首要的移动构件是玻璃墙、窗帘和主起居层的阳光。这些构件利用镶嵌在屋顶和地板中的轨道，遮蔽风雨和阳光。例如：南墙的大部分可以滑动到开敞的阳台位置以遮挡东南风；而另一小部分实墙则能向另一侧滑动到住宅地板以外的轨道上，从而将办公空间向山顶的草地敞开；长长的窗帘也可以滑动到不同的位置，在一天中不同的时间为不同的区域遮挡法国南部炽烈的阳光。

住宅的这种可变性意味着它可以在不同的环境中以不同的方式利用，以应对季节的多变。在部分公开发表的平面图中能够看到，住宅西端的阳台被称为"夏日餐厅"（summer dining room），而厨房上层的室内空间则被称作"冬日餐厅"（winter dining room）。

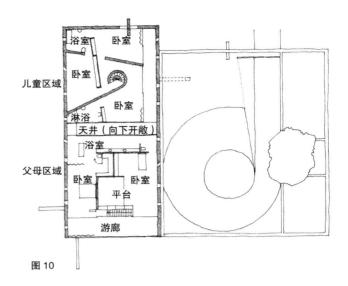

图 10

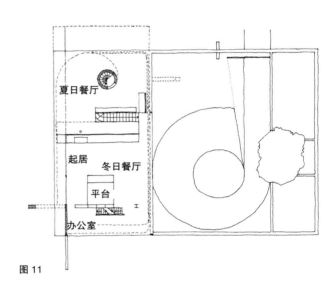

图 11

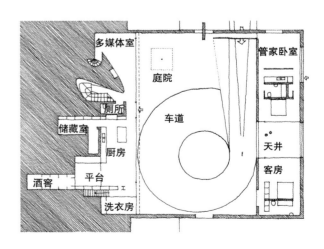

图 12

理想几何 | Ideal geometry

对页所示是建筑的三张平面图（图12——庭院层；图11——开敞的中间层，起居空间；图10——顶层，卧室层）。在底层能够看到车道从墙下进入庭院，盘旋而上至前门。大门前还有一座桥跨越门口，类似于城堡的城墙走道，引向管家卧室的门。也能看到酒窖、储藏室、楼梯和多媒体室"自由""开凿出"般的形态。还能看到移动平台如何控制着通向酒窖的路径。庭园中正方形虚线内的小圆点是"支撑"跨过屋顶的巨大工字梁的杆件。

在中间层，能够注意到结构的削减以及活动窗帘和墙体的轨道（虚线）。能看到大片的南墙如何滑过开敞的西向阳台将"夏日餐厅"遮蔽在内以及小片的实墙如何滑到一边，将办公区域向阳光下的山坡敞开。沿移动平台布置的书架与"L"形的结构和钢柱（平面上呈工字形）对齐。

平台升至顶层的父母房的开敞空间，这里与儿童房区域之间被一道"裂缝"隔开——在图中标记为"天井"（对下部空间开敞，图10）。儿童房区域由斜墙分隔，通过中心位置附近类似中世纪城堡的旋转楼梯到达。儿童房区域中有一条长长的天井，仿佛是"箭"可以射穿的"孔洞"。父母房部分则拥有朝向阳面的开敞游廊。

瞥一眼平面图就能知道，它们的组织遵循着某种潜在的几何原则。

庭院是一个黄金分割矩形，而开敞的中间层则是一个双正方形（图13）。我们已经在前述解析——勒·柯布西耶的小木屋——中见到过这种组合方式（第91~92页）。这是模度理论的核心几何关系（图14）。雷姆·库哈斯常常表达他对勒·柯布西耶的敬意。

然而库哈斯并没有将模度理论中的人体尺度概念（如勒·柯布西耶所做的那样）渗透到设计当中；他将这种比例关系用在了超人体尺度上，像是对神的敬意。

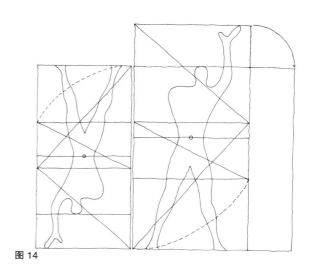

图14

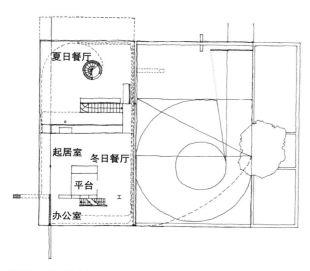

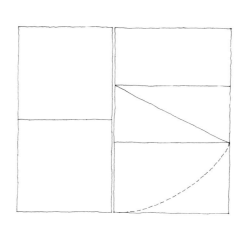

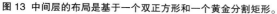

图13 中间层的布局是基于一个双正方形和一个黄金分割矩形。

图 14 （重复）

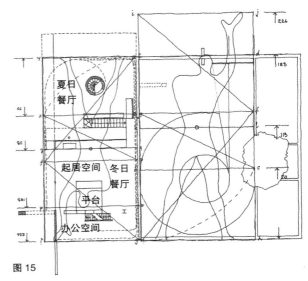

图 15

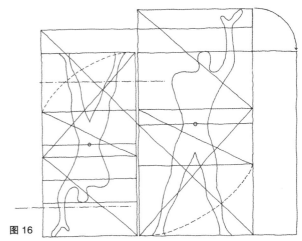

图 16

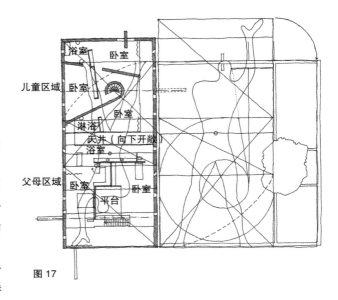

图 17

以下分析仅仅是基于一种预想……但如果我们将模度的几何框架——限定柯布西耶比例人的黄金分割矩形和双正方形——加载到波尔多住宅的中间层上（图 15），就会发现这幢建筑中很多重要的部分都与之吻合。尤其是如果我们将图形翻转置于起居空间处的双正方形中的话。在庭园中，车道的曲线几近吻合了将原始正方形拿走一半留下的黄金分割矩形。"脐线"似乎确定了由"洞穴"向上的楼梯以及顶层父母房与儿童房之间"裂缝"的位置。"向上伸出的手"如果转过 90°，它的尺寸则决定了管家卧室和客房的宽度。

在双正方形中，起居空间和阳台（在"冬日"和"夏日"餐厅之间）之间玻璃墙的支架置于中线上。"模度人"的头部，极为关键地位于移动平台的位置。甚至向上伸出的手看起来也像是要将办公室的活动墙体向外推开。

以双正方形和黄金分割矩形相结合的底图（图 16）为基础构建一个正方形得到了上层的挑出部分（图 17）。而横跨屋顶的"L"形结构和大工字梁的位置似乎是由模度系统中重要线条的中线决定的。有人猜测设计中的其他主要元素也是由库哈斯基于勒·柯布西耶的比例系统的超人体系统框架中的潜在几何形所决定的。

结语：关于"偏执批评法"的说明 I Conclusion: a note on the 'paranoid critical method'

如果你在谷歌搜索"最搞笑的笑话"会直接链接到维基百科上一篇关于赫特福德大学（University of Hertfordshire）理查德·魏斯曼（Richard Wiseman）2002年一项研究的文章。被评为最搞笑的笑话是这样的：

"两个密西西比的猎人到丛林中打猎，其中的一个摔倒了。他似乎停止了呼吸，还翻着白眼。另一个人就摸出他的手机打急救电话。他喘着粗气对接线员说：'我的朋友死了！我该怎么办？'接线员平静地说：'别着急，我会帮助你。首先，请确定他已经死了。'听筒中一阵沉默后，传来一声枪响。这个人的声音再次出现，他说：'好了，现在怎么办？'"

笑话理论揭示了关键效应的发生依赖于出乎意料及制造矛盾点；它颠覆了你的期待，笑出来是因为你觉得原本应该看穿这一切，尽管你也意识到了故事中的冲突很明显。甚至冷笑话也遵循这个规则。回应"小鸡为什么过马路？"问题的妙答"为了到另一边去"也是这样，因为你正期盼着一个更机智、更有趣的回答，而你笑了则是因为这太显而易见了。

为了反击密斯·凡·德·罗的"少即是多"（Less is more），罗伯特·文丘里1966年写道"少就是乏味"（Less is bore）。建筑师也可以像笑话作者那样，通过讽刺与对立引发共鸣，而不是去试图找到解决方案，用这种方式来打破期待、挑战或是反对传统。

如宗教一样，幽默具有不确定性，无法使一切都符合逻辑解释。与宗教不同，幽默赞美、玩弄并拓展这种不确定性、不协调性、复杂性与矛盾性。

许多建筑都没有幽默感。在过去的大约两个世纪中大部分的建筑文献探讨的都是如何确定设计的"正确"方法，消除奇思妙想，找到简单、直接、恰当的方式来设计建筑。在19世纪，由于与其他文化的大量交流，欧洲建筑师开始尝试用不同时代、世界其他地区的手法设计建筑——古希腊式、中世纪哥特式、中国式、前工业时代风土式，等等——约翰·拉斯金（John Ruskin）等评论家认为，在这些各式各样的风格背后，必定存在着一个"真正的"建筑。为了探求"真正的"建筑的圣杯（holy grail），建筑师们带着这个特殊使命，开始担忧他们

自己的文化、自己国家中正确的建筑形式，可用的材料，甚至是气候。对建筑"真理"的探求导致了"现代主义"建筑的兴起，在这个思潮中，（过去的以及从其他文化中借鉴的）各种风格都被拒之门外，以此来支持一种无装饰元素的建筑风格——勒·柯布西耶在他1923年出版的《走向新建筑》一书中批判这是一种虚假的装饰，将它们描述为"一个谎言"（a lie）。

弗兰克·劳埃德·赖特1910年的一篇文章可能影响了如密斯·凡·德·罗等欧洲建筑师，在这篇文章中赖特写道：

"任何关于建筑艺术严谨研究的真正基础都仍存在于那些本土的结构；更多在于四处可见的卑微建筑之中……这是许多根植于本土的民族建筑结构的特性。是天然的。尽管常常被忽视，它们却真正具有与环境和人类的心灵生活（heart-life）紧密相连的优点。功能总是被真实地构建出来，始终如一地展现着自然情感。"

赖特（1910年），1960年，第85页

赖特提出了诸如"真理""自然""心灵生活"以及"极简"的概念。相反，雷姆·库哈斯则倡导幻想的、人造的、困惑的、充满惊喜的、复杂的，甚至富有幽默感的建筑；他认为这些更符合时代精神，也是对辨别真理（尤其是建筑中）的无用功的唯一回应。库哈斯在他的文章中更倾向于引用萨尔瓦多·达利（Salvador Dali）的名言而非赖特的：

"我相信当思想偏执而激进时，这一刻即将到来，将混乱系统化，从而帮助我们去怀疑这真实的世界。"

达利（1930年），引自库哈斯（1978年），
1994年，第235页

这篇文章总结了"偏执批评方法"如何应用于世界（图18，见下页）。达利曾是超现实主义运动绘画领域的成员。他的作品探索了梦境的奇妙，将互不相容的元素和扭曲的人形组成怪诞的形状。这种艺术形式试图削弱时间的确定性，这种确定性是基于逐渐接受（依赖）科学权威。

库哈斯的态度与罗伯特·文丘里在1966年出版的《建筑的复杂性和矛盾性》（*Complexity and Contradiction in Architecture*）一书不谋而合。这本书

质疑了"现代"设计态度的基本规则。包含他对密斯·凡·德·罗的反击——"少就是乏味",也展现了文丘里的信条:

> "我喜欢建筑中的复杂性与矛盾性。我既不喜欢不合格建筑的不协调性和恣意妄为,也不喜欢写实派和表现主义可贵的杂乱无章。相反,我谈及建筑的复杂性与矛盾性,是基于现代体验的丰富与含混,包括对艺术内在的体验。在除建筑外的每一个领域,复杂性与矛盾性都已得到公认,从库尔特·哥德尔(Kurt Gödel)在数学中对终极矛盾(ultimate inconsistency)的证明,到托马斯·斯特尔那斯·艾略特(Thomas Stearns Eliot)对'困难'诗的分析以及约瑟夫·阿伯斯(Joseph Albers)对绘画的矛盾特质的阐释。"
>
> 文丘里,1966 年,第 22 页

雷姆·库哈斯的波尔多住宅是一个"复杂而矛盾"的建筑,因其内在对推翻期许的渴望、"播种不确定性"以及对任何科学(或伪科学)行动(包括设计)公式对确定性与可预见性断言的漠视。这幢住宅获得了这种颠覆性的特征,是通过人工营造建筑所产生的易变性、魔术快手般的变化及其对世界的虚假暗示来实现的。鉴于对建筑"真理"的探求会缩小建筑视野的范围——将建筑拉进它们的限制,直至似乎变得平庸——"复杂性与矛盾性"的理念(或是"偏执批评方法")消解了这些限制,舍弃理性与正统,让一切变得可能;在创造建筑的过程中,通过惊喜与迷惑将人融入其中。

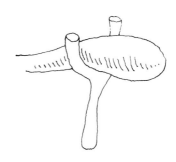

图18 达利的"偏执批评方法的工作原理示意图:软弱、无法证实的臆测滋生于偏执思维过程的刻意模仿,被笛卡尔理性主义的'拐杖'所支撑(所批评)。"

库哈斯(1978 年),1994 年,第 236 页

参考文献:

Ila Bêka and Louise Lemoîne–*Koolhaas houselife* (film and book),Bêkafilms and Les Pneumatiques,Bordeaux,2008.

Salvador Dali–*La Femme Visible*(1930),quoted in Koolhaas(1978),p.235.

Robert Gargiani, translated by Piccolo–*Rem Koolhaas/OMA:The Construction of Merveilles*, EPFL Press distributed by Routledge,Abingdon,2008.

Rem Koolhaas–*Delirious New York* (1978), Monacelli Press, New York,1994.

Le Corbusier, translated by Etchells–*Towards a New Architecture* (1923), John Rodker, London,1927.

Le Corbusier – 'Five Points Towards a New Architecture' (1926), translated in Ulrich Conrads–*Programmes and Manifestoes on 20th-Century Architecture*, Lund Humphries, London,1970.

Robert Venturi–*Complexity and Contradiction in Architecture*, Museum of Modern Art, New York,1966.

Frank Lloyd Wright–from *Ausgeführte Bauten und Entwürfe* (1910), reprinted as 'The Sovereignty of the Individual' in Kaufmann and Raeburn, editors–*Frank Lioyd Wright: Writings and Buildings*, Meridian, New York,1960,pp.84-106.

但丁纪念堂

DANTEUM

但丁纪念堂
DANTEUM

纪念但丁·阿利基耶里（Dante Alighieri）的未建成作品，为墨索里尼统治下的罗马所设计

朱塞佩·特拉尼（Giuseppe Terrani）设计，1938年

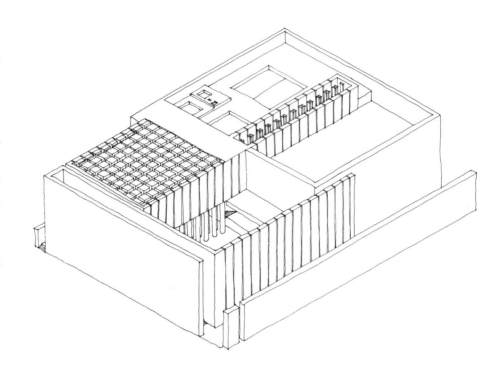

但丁纪念堂是将理想几何叠加于形式与空间之上的一次尝试。尽管它是建造在罗马帝国广场大道（Via dei Fori Imperiali）的古罗马废墟之间，与大斗兽场（Colosseum）相距不远的一块特定基址上，却是一个存在于特别而奇特的抽象数学世界（参阅《解析建筑》第四版第158页引自约翰·迪伊（John Dee）的引文）中的建筑作品，若是它建造起来，也会如此。

但丁纪念堂是朱塞佩·特拉尼受本尼托·墨索里尼（Benito Amilcare Andrea Mussolini）——20世纪30年代意大利法西斯独裁者——的委托而设计的，用来纪念意大利历史上最伟大的诗人但丁·阿利基耶里——《神曲》（*Commedia*）的作者。《神曲》的英文名为"*The Divine Comedy*"，约写作于公元1300年。这篇长诗以叙事者的口吻描绘了其由地狱到天堂各层的游历——地狱（Inferno）、炼狱（Purgatorio）和天堂（Paradiso）——部分旅程是由罗马诗人维吉尔（Virgil）的灵魂引领。特拉尼的设计是对这些地狱与天堂层级的抽象表现。

除底层（没有包含在流线序列之内）的图书馆之外，但丁纪念堂没有其他称得上"功能性"的空间。这幢建筑更像是一个纪念性的装置艺术，引领参观者穿过一系列空间，这些空间对应于但丁长诗中的章节。曾经有人建议在空间中用独立的雕塑或是墙上的浮雕代表那些饱受折磨的灵魂。穿过建筑路径的高潮部分叫做"帝国"（Impero，位于建筑的顶层，一个空间的尽头），这里有一幅帝国鹰徽图。墨索里尼想让这座建筑成为一个政治宣言，不仅用来纪念但丁，也是一座意大利和法西斯主义的纪念堂。特拉尼在但丁纪念堂中将帝国部分设计在一个尽头（或许意味深长），他死于二战期间的1943年，而1939年爆发的这场战争终止了这座建筑的施建。

> 我走过我们人生的一半旅程，
> 却又步入一片幽暗的森林，
> 这是因为我迷失了正确的路径。
>
> —— 但丁著，《神曲》前三行，1300年（引自黄文捷译本）

理想几何与基本元素 I
Ideal geometry and basic elements

在但丁纪念堂设计中，特拉尼只采用了有限的几种基本建筑元素：墙体、柱子、平台、屋顶。也有楼梯和天窗，但只有一个门道（且不是在主入口处），而且或许是为了重现地狱，建筑中没有设计窗户。部分墙体上开凿了间距规则的竖向裂缝，看上去仿佛正处在由墙化为柱子的进程中；又或许是反过来，柱子正在化为墙体。（或许这些也是饱受折磨的灵魂。）所有一切都直角正交排列；这是一个陷入几何形的冥界。

但丁纪念堂的几何组织方式是多重而复杂的（图4~图9）。但丁纪念堂的复杂几何关系使整个建筑仿佛都紧紧限制（囚禁）在一个不容置疑的数学矩阵中。或许对特拉尼来说，这就是地狱。

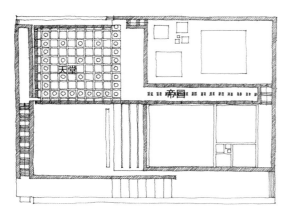

图1 顶层

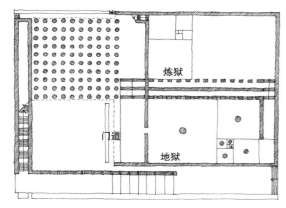

图2 中间层

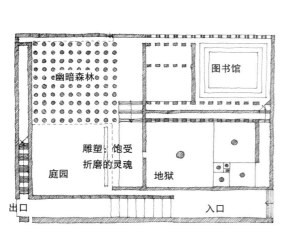

图3 入口层

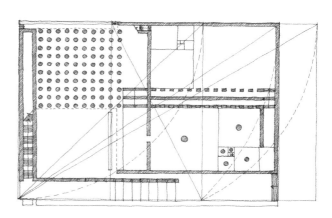

图4 但丁纪念堂的平面是基于一个√2矩形；其中包含了一个入口空间，这个空间与罗马帝国广场大道之间以一堵高墙隔开。

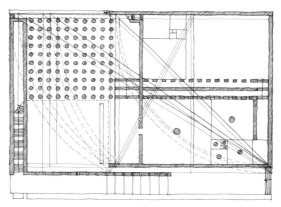

图5 建筑主体是基于一系列不同尺寸相互重叠的黄金分割矩形。

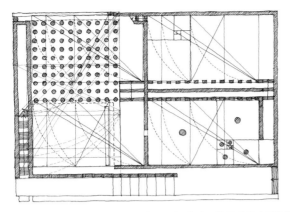

图6 但丁纪念堂中的附属空间也存在比例关系，其尺寸的确是依据一系列让人眼花缭乱的排列在一起的小黄金分割矩形……

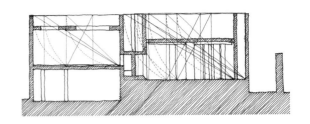

图9 剖面的设计也符合黄金分割和√2矩形比例关系。

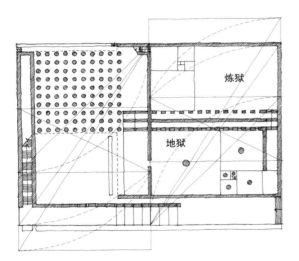

图7 ……和√2矩形。依据传统的黄金分割矩形示意图，地狱和炼狱空间被不同的地面和屋顶面清晰地分割成不同的部分（图8）。在"地狱"中，每个黄金分割矩形所依托的正方形的几何中心，都有一根圆柱。在"炼狱"中则有正方形的露天开敞空间（以上平面图中没有表示出来，但在第116页的轴测图中能够看到）也遵循同样的黄金分割几何关系。

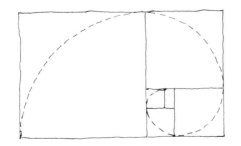

图8

托马斯·舒马赫（Thomas Schumacher）的专题论文《但丁纪念堂》（*The Danteum*）中收录了一些特拉尼关于这个项目的个人观点（参阅第121页），他在这篇文章中对特拉尼设计中隐含的几何形提出了一点略有不同的解释。不过，他也看到正方形和黄金分割矩形是这幢建筑形态组成中的基本几何基础。

但丁纪念堂的数学结构是对但丁长诗中数学结构的反映。舒马赫注意到：

> "《神曲》分为三篇，每篇有33章，加上开篇在'地狱篇'前附加的一章，总数共100章。每一章都是由三行诗组成；第一行诗与第三行诗押韵，第二行诗与下一段三行诗的开头押韵，形成一种交叠，这种交叠的主题在但丁纪念堂设计中也体现出来。"
>
> 舒马赫，1993年，第91页

穿过但丁纪念堂的路径 |
The path through the Danteum

特拉尼的这幢建筑，是在建筑上等价于"编制"（programme）音乐，亦即用音乐讲述一个故事。但丁纪念堂的各个部分与《神曲》的篇章相关联。参观者在墨索里尼统治时期罗马城的旅程，将从帝国广场大道（当时叫"帝国大道"（Via dell Impero））开始，但丁纪念堂就藏在一堵高墙的后面。

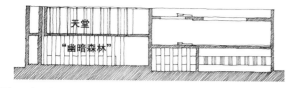

图 10 剖面图

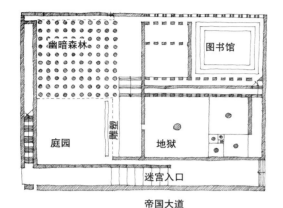

图 11 入口层平面

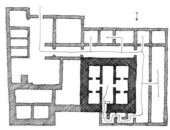

图 12a 亡灵庇护所

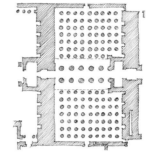

图 12b 多柱式大厅

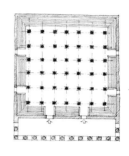

图 12c 泰勒斯台里昂神庙
（Telesterion）

去往但丁纪念堂的参观者会首先摆脱公共领域来到高墙后面，他们会发现自己穿过一条简单而狭窄的露天走廊，即迷宫入口，进入宽敞明亮的庭院（图 17a）之中。在那里迎接他们的是柱基上那些饱受折磨的灵魂雕塑。入口流线的设计是为了将来访者从城市的现实世界引入另一个领域，了无生气却充满建筑诗意，被复杂而执拗的几何形掌控着。进入的过程会引发一种恐惧与紊乱的感觉——界阈冲击（threshold shock）。

根据但丁长诗设计的旅程要到下一个阶段，来访者走过庭园进入 100 根圆柱荫蔽下的大厅才正式开始——这个大厅代表着但丁在长诗的开篇发现自己身处的"幽暗森林"（dark wood，参阅第 116 页引文）以及长诗的 100 个诗章。特拉尼的建筑，虽因缺少装饰而显得现代，实则充满了对古代建筑的借鉴。迷宫入口或许是借鉴了希腊西部的亡灵庇护所（Necromanteion，图 12a，参阅《解析建筑》第四版，第 179 页）。圆柱大厅的光线穿过上层天堂部分地板上的窄缝（图 10），将这些窄缝分隔成正方形，每个分别由代表"诗章"的圆柱支撑。这里形成的光影，类似于透过浓密树叶洒下的阳光，只是呈几何形状。参观者可以从圆柱大厅下行到达图书馆，在这里可以查阅但丁各种版本的作品，或是跟随诗篇的路径，走上楼梯到达饱受折磨的灵魂雕塑背后

的一个平台。在这里会发现建筑中唯一的门道——特拉尼以此来代表通往地狱的大门，门上写着但丁的诗句："Lasciate ogni speranza, voi che entrate"（"入此门者，弃绝希望"）。带着对未知的恐惧，参观者穿过门道进入地狱部分（图 17b），这是一个幽暗的空间，内部的柱子按照黄金分割比例排列着。这些独立的柱子使人联想起古埃及和克里特岛的地宫中发现的那些石柱（参阅《解析建筑》第四版，案例研究 2，克诺索斯皇家别墅（Royal Villa, Knossos），图 12d）。套用一种永恒的解读，将柱子看作是祖先的化身，地狱部分中的柱子或许也可以被解读为那些永世锁在地狱中的灵魂，就像《圣经》故事中的罗得之妻（Lot's wife），她由于违背了不得转身去看索多玛（Sodom）和蛾摩拉（Gomorrah）毁灭的禁令而变成了一棵盐柱。

图 12d 克诺索斯皇家别墅

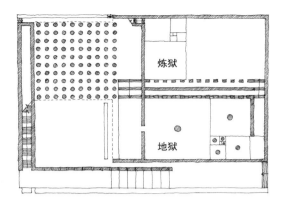

图 13 中间层

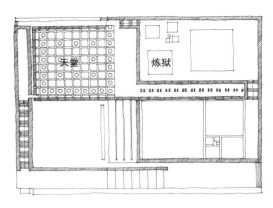

图 14 顶层

逃离地狱的路并不清晰。一整面墙上凿着一模一样的洞口，有几段踏步可上行。除了最后一个，其他所有洞口都面向空白墙面。最后一个洞口在角落里，引向更多的台阶，从这里通往另一个特质完全不同的空间。炼狱（图 17c）中的阳光从屋顶上正方形的洞口倾泻而下，构架出天穹，投射下方形的阴影，这片阴影随着时间的推移缓缓移过墙面和地板，就像万神庙（Pantheon）穹顶上的圆洞射下的光束那样。这个空间也是按照黄金分割比例构建的，不过这里各个矩形的螺旋排列与地狱部分是反向的，地面也不像地狱那里逐级下沉，而是逐渐抬高，形成一个几何形的"小山"——隐约象征着被救赎的可能。

炼狱的出口也在角落。引向了更多的台阶——穿过但丁纪念堂的总体流线螺旋形上升（图 16）直

至天堂（图 17d）。这是一个由玻璃界定的空间。柱子和它们支撑着的屋顶都是玻璃的，再一次将空间划分成正方形。这里是为了营造一个超凡缥缈的天国空间。光线在玻璃柱上反射和折射，将人们幻化成闪烁发光的精灵。

经过天堂部分之后，参观者可以行至（或仅仅是看一眼）帝国部分的尽端（图 17e）去瞻仰帝国鹰徽图。也可以就此折回天堂部分，从这里穿过一个小洞口，这个洞口将参观者引向一部两面高墙间的长楼梯，从这里能够离开这幢建筑，重新回到罗马帝国大道上，视线穿过古罗马广场遗址、帕拉丁山（Palatine Hill）上的松树和恺撒的宫室、道路前方的斗兽场（图 15），让人不禁追忆起古罗马曾经的荣光。墨索里尼就是要让这幢建筑成为一篇政治宣言。

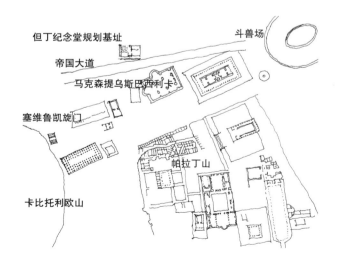

图 15 古罗马

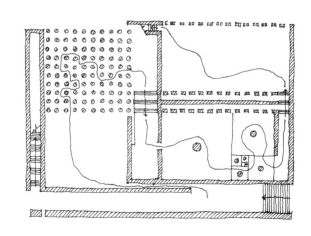

图 16 螺旋形流线

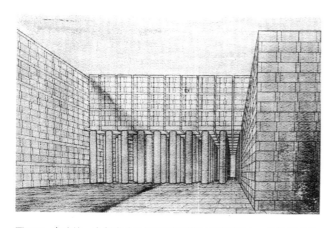

图 17a 庭院的一个版本（没有饱受折磨的灵魂雕塑），显示了"幽暗 森林"柱阵支撑着天堂部分。

图 17b 地狱部分的几何关系是依据黄金分割比例（参阅第 118 页）。通往炼狱的出口位于远处的左边转角，在柱子的后面。

图 17c 炼狱部分，也是根据黄金分割比例构建的，向天空开敞。通往天堂的出口在远处的右边转角位置。

图 17d 天堂中的玻璃柱阵。帝国部分位于远处的右边转角。

图 17e 帝国部分的尽端，有帝国鹰徽图。

结语：关于场所识别的一点说明 |
Conclusion: a note on identification of place

所有建筑中的界定要素都在于能够通过它来识别场所。用功能和实用目的来设想场所是最容易的：生火的场所；烹饪的场所；睡觉的场所；一个由墙体、门和屋顶界定的庇护所，阻挡了敌人和恶劣天气的侵扰；踢足球、打板球或是下象棋的场所，等等。但是像巴塞罗那德国馆一样，但丁纪念堂没有任何实用功能（除了底层的图书馆之外）。两幢建筑都表明，建筑可以超越实用功能，仍营造一个场所（即仍能够成为一幢建筑而非雕塑）；而这个场所的特质是由一些微妙的元素，如错动、移位、抽象、光、几何形……所决定——创造出奇妙的"另一个"世界（与没有建筑的荒芜世界有所不同）。或许这与诗的意图有关，营造一种氛围或情绪，构建某种圣地，唤起进入这另一个世界的人的情感共鸣。

在但丁纪念堂案例中，场所的营造（识别与组织）包含了叙事及引起体验者的情感共鸣。在这一点上，这两个案例（但丁纪念堂与德国馆——译注）是相互关联的。但丁纪念堂是基于一个众所周知的故事所营造的场所，唤起人的各种情感：恐惧、未知、沮丧……困惑、崇高、热望……启蒙、惊奇、乐趣……（对当时政治当权者的）尊重（或是讽刺）……最终（与但丁的地狱层级中的居民不同）带着已悄然改变的观念，逃回平凡的日常生活中。

但丁纪念堂是基于但丁几百年前撰写的长诗，并将其抽象为建筑语言。它将长诗般的"建筑"（智慧结构）转译成可建造的空间形态。但在这个过程中，建筑师朱塞佩·特拉尼也暗示，建筑师可以书写他们自己的"诗篇"——叙述故事，引出哲理等——用建筑（建造的以及空间的）形式而非语言来"讲述"。

参考文献：

Giorgio Ciucci – *Giuseppe Terragni: Opera Completa*, Electa, Milan, 1996.

Peter Eisenman – *The Formal Basis of Modern Architecture*, Lars Müller, Baden, 2006.

Peter Eisenman – *Giuseppe Terragni: Transformations, Decompositions,Critiques*, The Monacelli Press, New York, 2003.

Thomas L. Schumacher – *Surface & Symbol: Giuseppe Terragni and the Architecture of Italian Rationalism*, Princeton Architectural Press, New York, 1991.

Thomas L. Schumacher – *The Danteum*, Triangle Architectural Publishing, London and Princeton Architectural Press, New York,1993.

Bruno Zevi, translated by Beltrandi – *Giuseppe Terragni* (1968), Triangle Architectural Publishing, London, 1989.

流水别墅

FALLINGWATER

流水别墅
FALLINGWATER
悬在宾夕法尼亚州乡村一瀑布之上的住宅
弗兰克·劳埃德·赖特设计，1933—1936 年

有这样一则传言，据说当弗兰克·劳埃德·赖特受埃德加·考夫曼（Edgar Kaufmann）的委托设计流水别墅时，在九个月的时间里他什么都没有画（参阅罗伯特·麦卡特（Robert McCarter）的文章，2002 年）。后来他邀请业主去参观他新设计的度假别墅，在考夫曼驱车前往的两个小时里，赖特完成了流水别墅的设计草图，而最终建成的别墅与这套图纸几乎分毫不差。如果这是真的，就证明赖特对于这个建筑应当如何构建已经有了清晰的建筑理念，而他在业主驱车前往的这段时间中所做的事，就是通过草图表达了这个理念，草图是场地与度假别墅草案之间的媒介。

赖特的建筑理念（用语言来表达）就是在瀑布旁为岩石上的壁炉选定一个位置，并使住宅——由地层岩石般的水平矩形平面构成——从这个壁炉和悬挑于水流之上的悬臂中生长出来。这个理念呈现在赖特绘图板的草图纸上，成为场地条件与居住场所需求之间相互协调考量的基础。

建筑师所做的事情就是这样：提出一个理念，在设计草图所包含的要求与设计条件、实体环境及其他方面之间进行调和。理念本身不会自动地从草图上或基地中油然而生，而是建筑师针对某一方、二者双方发挥他们的想象力所得或是对两者均不做出回应。有些建筑很高效是因为它们似乎与基地毫无关联。有些建筑服从于基地条件。在某些情况下，在基地既有要素和特质与新建建筑项目之间形成某种和谐的关系（参阅《解析建筑》第四版"神庙与村舍"一章，第117~132页）。

我们的设计始于大地……大地已然具备某种形态。为什么不在创作之始就接受它？为什么不能接受自然的馈赠用以创作？……是向阳的空地还是背阴的山坡，是高地还是洼地，是贫瘠还是葱郁，是三角形还是正方形？场地是否具有某种特征，有没有树木、岩石、溪流或是某种可见的态势？它是否存在一些或是几点缺陷或是特别的优点？在所有案例中，场地特质无不是建筑物追求建筑之道的开始。

——弗兰克·劳埃德·赖特著，《建筑的未来》（*The Future of Architecture*，1953 年初版），1970 年，第321~322页

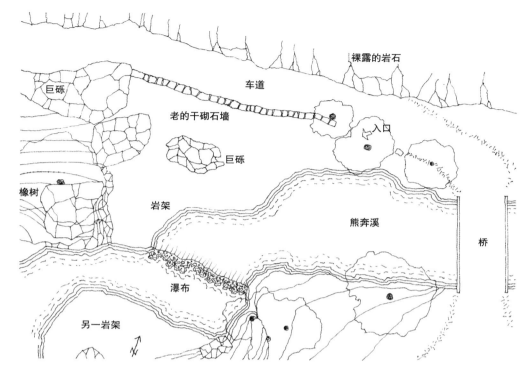

图1 基地

场所识别；就地取材 | Identification of place; using things that are there

在建筑设计中，基址的选择是第一步。有时，当你漫步乡间，会不经意间来到某些地方——森林中的一块空地、溪边的一块岩架、峭壁中一块面向大海的凹壁——像是邀请你留下来，哪怕只是片刻。乡村的大部分地方——小路、荒野、水岸会使你一直前行，而这些驻留点则会让你停下来。这种感受或许是因为它们形成了一种保护感与围合感，成为一处庇护所；也或许是因为它们在阳光下，明亮而温暖；又或许是它们提供了一个欣赏景色的视野。识别这样的场所并与之形成紧密联系是建筑设计的一种基本手法。通过这种认知来识别场所，是建筑生成概念的萌芽。

对弗兰克·劳埃德·赖特来说，流水别墅建造的基地(图1)应该就是这样一个场所。在某种意义上，你可以将它理解为一个只有意识可以触及的场所，它本身就是一个建筑。建筑作为场所的标识，并不必须有建筑物(参阅《解析建筑》第四版，第32~34页)。小桥、流水、瀑布、树木和岩石……这个基地会令人联想到日本园林。赖特的整个职业生涯都

对日本建筑和园林设计颇有兴趣，并深受其影响(参阅凯文·诺特(Kevin Nute)的文章，1993年)。

位于宾夕法尼亚州西南部森林中的这个场所，具有某些关键元素：首先，有一块几乎水平的板状岩石(图1中标记为"岩架")；溪水从这块岩板上流过——熊奔溪(Bear Run)——并从岩脊跌落，形成瀑布。溪水从一座小桥下流过，小桥则延伸到一条旧车道上；车道沿着一段裸露的岩石延伸，它与岩架之间是一面粗糙的干砌石墙。岩架上和岩架西侧有巨大的砾石。阳光照射着这片被河谷山坡上树木环绕的空地。一块砾石像圣坛一般，矗立在岩架重心点附近的位置上。哨兵一样伫立着的两棵树，标识出了从车道走上岩架的入口。河对岸有另一块岩架——在这里可以欣赏瀑布，而流水别墅的基地则成为它的背景。这块基地不仅像一个日本园林，也是一个剧场，拥有舞台——岩架，时刻准备上演一场演出。

赖特的建筑演出就从那块"圣坛"砾石上的一堆篝火开始，将它做成一个壁炉(图2)。这是一颗种子的萌芽，住宅的其余部分就在这个特定的场所生长开来。砾石为住宅的中心和烟囱提供了地基，烟囱既是支撑结构，也是别墅中心的象征符号。围

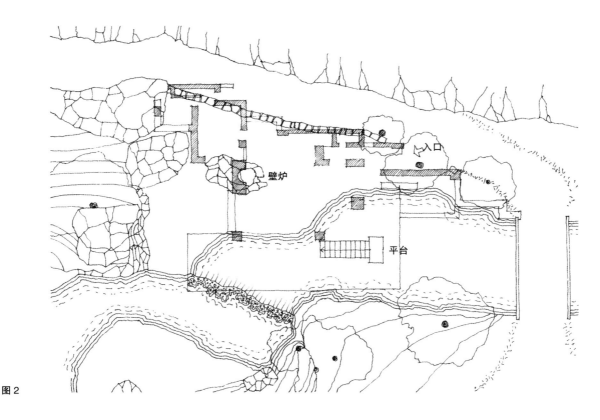

壁炉　入口　平台

图2

绕这个壁炉，赖特构建了一个自然岩架的人工版本——在自然地貌上加建了一个地层——悬挑于溪流之上的混凝土板。这些板为住宅的居住空间和室外露台提供了一个水平面。一部悬挑楼梯从主居住层向下伸到一个小平台上，这个小平台刚好位于水面之上。赖特保留了那两棵哨兵般的树木；住宅的入口就在两棵树之间。基地背后那面粗糙的干砌石墙被一系列平行的碎片墙所替代。最后一段碎片墙，随着车道的斜坡上升，最终延伸到一块砾石上。通过这些方式，别墅与基地紧密结合在一起。

几何；神庙与村舍 I
Geometry; temples and cottages

　　与赖特通常的设计方案类似，流水别墅的平面组织由一个规则的网格系统所控制，在这个案例中定为 5 英尺 ×5 英尺（1.52 米 ×1.52 米）。赖特将网格平行于小桥方向，大约是北偏西 15°（图3）。作为项目的一部分，原来的木桥被重建为 15 英尺（4.57 米）宽。

　　网格系统在数学和地理学上的控制力十分强大，

因为可以在上面标记出点，并赋予其在 x 和 y 轴上的坐标，即能够用数字定义一个精确的位置（参阅《解析建筑》第四版，第 159 页）。网格是一种理解空间并整合无序的手段。

　　在建筑中，网格系统具有更强大的力量。网格可以帮助建筑师确定元素的位置和元素之间的关系。网格自身的规则性使设计构图更为完整（或许可以类比音乐中通过节拍来获得节奏的完整性）。在这样一块位于熊奔溪旁的基地上，网格系统在不规则的（自然）地貌上附加了一个正交、抽象的图层，这个图层具有典型的人类（智慧）特征。它为建筑师度量（measure）了这个世界。网格开启了一段过程，将一个不同类型的建筑，加载到已存在于场地天然布局中的某个理念之上。也加载了一个几何形，能够同时协调建造几何和基于简单与特定比例关系的正方形、矩形等理想几何。如果建筑师手中的标尺与比例尺就像魔术师手中的魔杖（因为二者都是释放能量的工具），那么网格系统就是标尺的首席代理；它能帮助建筑师施放魔法。

　　将网格应用于平面布局，有很多甚至是无数种方式。当北美平原的大片土地被用来进行房地产开

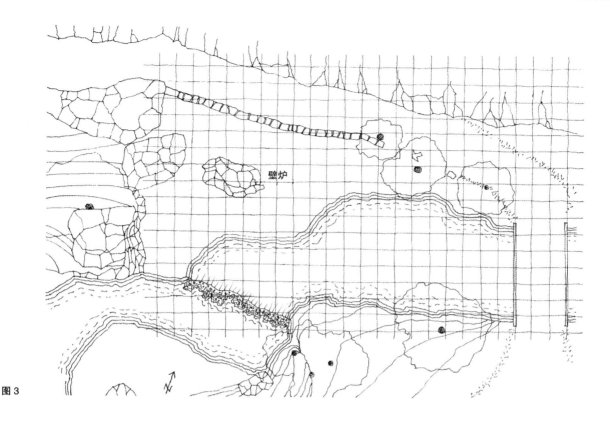

壁炉

图3

发时，它们只被划分成简单的矩形（直到地球曲率打破了这种简单的划分原则）。当希腊建筑师和城市规划师希波丹姆（Hippodamus）规划米勒图斯（Miletus，图4，位于今土耳其西海岸）时，在不规则的海岬地貌上应用了一个规则的网格系统，最终笔直的小路在丘陵地上下穿行。类似的情况也发生在纽约曼哈顿。然而在流水别墅中赖特玩了个不同的游戏。这里的网格体系仅仅像一个幽灵般存在。赖特选择性地使用它，以赋予设计某种规则。从下页（图5）可以看到，砾石上的壁炉占据了两格宽，但根据已出版的图纸可以看出，其深度上并没有占满一整格。有些墙体是这一面正对在网格线上，另一些则是另一面正对网格线；更有一些则是中线正对网格线。入口序列占据了一个两格宽的区域，而带有三步下行台阶的建筑前门则是一格宽。这一层露台的宽度是由网格线决定的，只有最西端似乎是落在了半格的位置。下至水面平台的楼梯是一格宽。厨房是三格宽，其门道中心正对在一条网格线上。

在这个案例中，赖特对网格系统利用的另一个方面在于，尽管网格建立起一种规则，但他允许这个规则与自然地貌相互影响（而非忽视地貌）。因此，

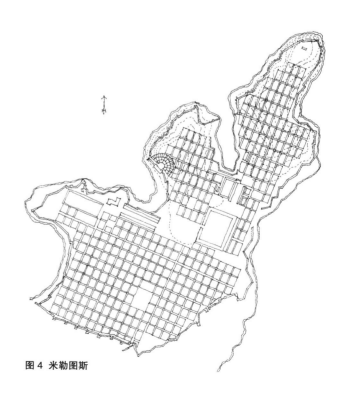

图4 米勒图斯

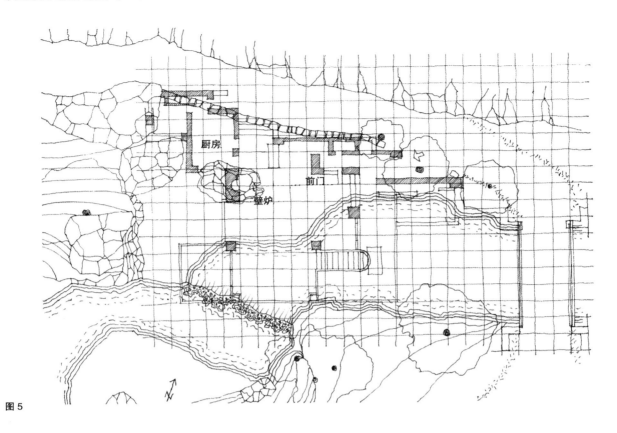

图 5

网格是从"圣坛"砾石画起，而且刚好可以容纳壁炉和它的烟囱。别墅沿车道的墙体相互错落，在遵从正交网格的同时，也与旧干砌石墙的走向相联系。外墙正交错落的走向将别墅与小桥联系在一起，将自然的河岸形态进行了人工塑造。悬挑的露台伸向瀑布的最边沿。台阶则直接下行至溪流的中心。理性和规则与自然特征相互作用。建筑师在回应场地机遇的同时也建立起秩序。在最终的设计平面中，人造的墙体和自然特征形成了一种复杂的和谐（图7）；没有哪一方更强势。人——别墅的居住者——在这个微妙的框架内外生活、活动，构建了自己的生活几何。

流水别墅的南立面（图8）显示，这幢住宅还有另一套韵律——结构韵律。一些扶壁隐藏在最底层楼板之下的阴影中，支撑着惊人尺度的悬挑（图6）。这些扶壁之间间隔两格半，即12英尺6英寸（约3.81米——译注）。其中一条中心线位于壁炉下方（图7），将"圣坛"砾石作为烟囱的结构支撑；相邻的一条线位于开放的起居空间下方，与嵌入墙体的餐桌对应；第三条线支撑着下至水面的楼梯的顶部；第四条线则与入口旁的墙体对应。这个结构韵律，继续

与音乐类比的话，就像与5英尺（约1.5米）见方的空间网格一唱一和。最终形成理想几何与自然地貌复杂交融的理念。在帕拉迪奥的圆厅别墅（参阅《解析建筑》第四版，2014年，第164~165页）中，除朝向外，建筑的理想几何与环境之间是完全独立的。在恩斯特·吉姆森（Ernest Gimson）石井舍（Stoneywell Cottage）（《解析建筑》第四版，2014年，第76页）

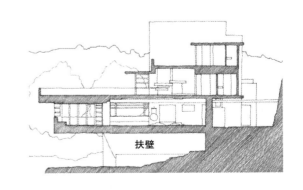

图 6 剖面图

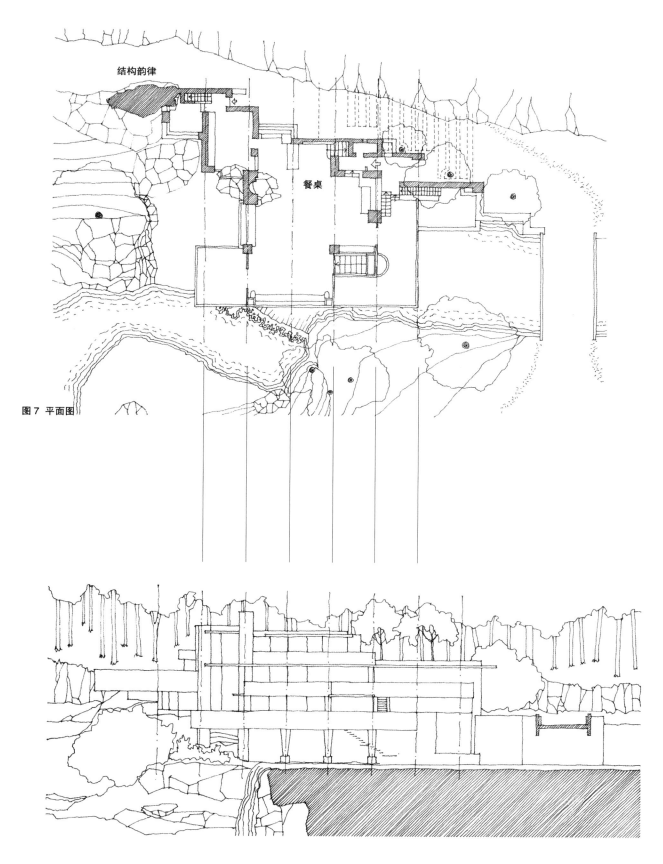

图 7 平面图

图 8 立面图

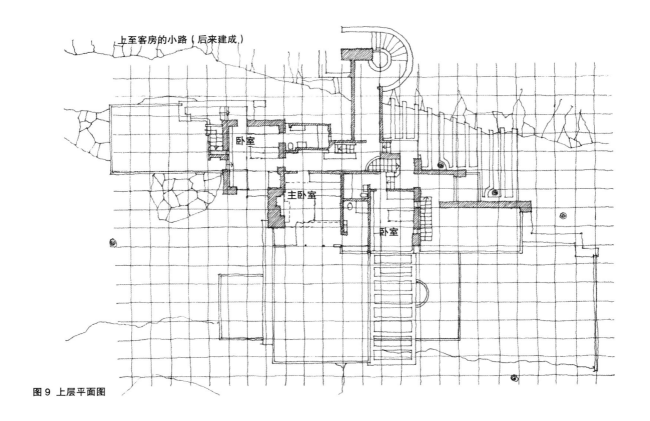

上至客房的小路（后来建成）

卧室

主卧室

卧室

图 9 上层平面图

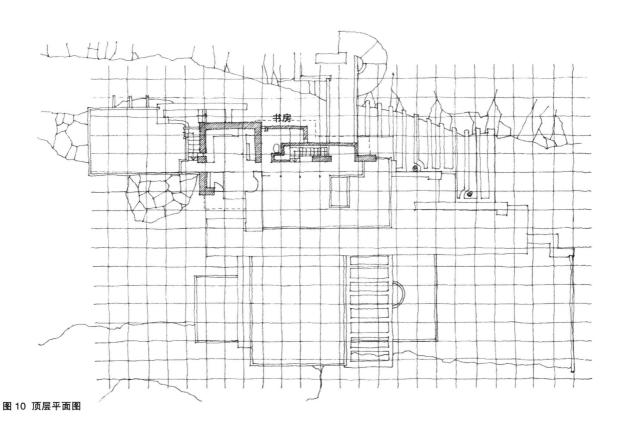

书房

图 10 顶层平面图

设计中，建筑的形态受到了周边环境的强烈影响，尽管在不规则的地貌和建筑的建造几何之间也存在相互作用。这两个建筑对待环境的不同态度，是"神庙"类型和"农舍"类型的代表。而在流水别墅中，这种差异很难区分；它可以说是既"神庙"又"农舍"的，又可以说是既非"神庙"又非"农舍"的。

5英尺（约1.5米）见方的网格系统也约束着上层平面（图9和图10）。各层平面完全不同。赖特在遵循网格规则的同时，按照某些规则对各层平面进行了彻底改动。例如：烟囱垂直穿过了每一层楼板，成为每层的基准点和参照点；紧挨着烟囱，是一座容纳了起居层的厨房、中间层的一间卧室和顶层书房的"塔楼"；每一层的房间都朝南向阳开敞；每一层都有室外露台；每一层都有错落的相互平行的碎片墙将房间与车道隔开。不同的是，遵照了这些法则之外，住宅的形态每一层都各不相同，像是地质岩层的人造规则几何版本。

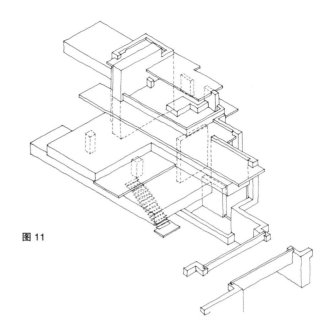

图11

影响 | Influences

如果将流水别墅的构成简化为构成它的各个平面（图11），很容易看出它与20世纪20年代新造型主义（Neoplastic）所表达的理念之间的关系，例如，特奥·凡·杜斯堡的空间研究（参阅第36页）或格里特·里特维德在荷兰乌得勒支（Utrecht）设计的施罗德住宅（Schröder House，图12）。流水别墅没有杜斯堡的研究那么抽象。它与世界之间有更紧密的联系。南向的各个面强调了水平方向的岩层和人的活动；它们向着阳光敞开。流水别墅相比施罗德住宅也是更彻底的三维体量；施罗德住宅中的各个面更像是贴在一个盒子外面的鳞片，而赖特设计中这些平面则在建筑中延展，有垂直方向的，有水平方向的，也向外一直延伸到周围的景观当中。新造型主义流派受到赖特1911年在柏林出版的一本作品集的影响（可在犹他大学（University of Utah）的马里奥特图书馆（Marriot Library）网站查阅——lib.utah.edu/portal/site/marriottlibrary/），这本作品集包括了赖特设计的如华德·威利茨住宅（Ward Willits House，图13）等草原式住宅（Prairie Houses）作品，因此可以认为，赖特自己早期的建筑理念在欧洲得到发展后，又反过来影响了他的流水别墅设计。流水别墅显然是从华德·威利茨住宅等发展而来，只

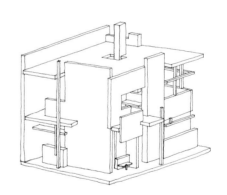

图12 里特维德的施罗德住宅，1924年

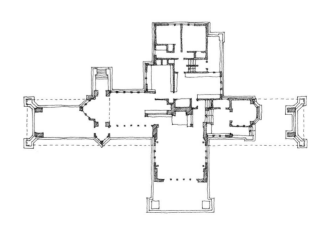

图13 华德·威利茨住宅，1901年

图 13 （重复）

图 14 一个带有中心烟囱的威尔士农舍

不过后来的这些住宅更复杂，与场地的联系也更紧密。中心壁炉的构思有着诗意的内涵——强调了"家"的概念。它也指向传统建筑，或许甚至是威尔士的传统建筑（图 14），赖特称这里是其先祖的所在地。

但或许流水别墅中最重要的影响因素是赖特受到的日本建筑的影响。如凯文·诺特指出（诺特，1993 年），日本建筑影响了赖特的整个建筑生涯；赖特从 1916 年至 1922 年一直生活在东京。正是在

日本，他学到了灰空间（in-between space）的理念（在本书对密斯·凡·德·罗的范斯沃斯住宅解析中有所讨论，第 69 页），并通过草原式住宅和流水别墅的露台和挑出的屋檐表现出来。赖特在日本看到了规则的人造结构与景观中不规则的自然形态之间的微妙互动。如前文所述，这一点在流水别墅与其场地之间的关系中显著地体现出来，被作为起居空间中壁炉的"圣坛"砾石，其不规则的顶部正位于场

图 15

图 16

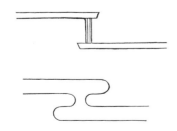

图 17 "薄雾架"（Thin mist shelves）（与传统日本绘画中描绘雾气的样式相似）

图 18

茶室亭，立面图

茶室亭，剖面图

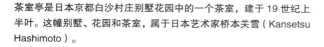

总平面图（茶室亭位于右侧，与湖对岸一个稍大的茶室相联系）

茶室亭是日本京都白沙村庄别墅花园中的一个茶室，建于 19 世纪上半叶。这幢别墅、花园和茶室，属于日本艺术家桥本关雪（Kansetsu Hashimoto）。

茶室亭看起来并不像流水别墅；但它与这幢位于几千英里以外宾夕法尼亚州、悬挑于熊奔溪之上的别墅在建筑理念方面有很多共同点。无论弗兰克·劳埃德·赖特住在日本时是否看过这个特别的茶室，在流水别墅的选址和设计中，都能看到他应用了一些相同的设计理念：

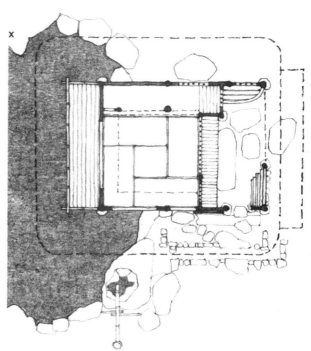

茶室亭，平面图

· 建筑位于水面上方（跨在陆地和湖面之间）
· 有一座小桥通向建筑
· 建筑被设计为一个能够欣赏周边美景的场所
· 可以从不同的视点欣赏这幢建筑，包括桥和岩架（X）
· 建筑设计依托了一个几何网格系统
· 建筑与不规则的（自然）元素相结合

［茶室亭是《解析建筑》第四版最后的案例研究 12，2014 年，第 298~308 页］

地中间，穿透了地板，就像是从水面上露出的岛屿。这种手法令人想起日本的枯山水园林以及在规则的日式房间中引入粗糙的曲树干的做法（图15，引自爱德华·西尔维斯特·莫尔斯，1886年）。日本设计师也会把玩那些水平面的组合，如所谓的"薄霞棚"（'usu kasumi dana'或'thin mist shelves'（薄雾架））和园林中的小桥（图17、图18，也引自莫尔斯）。流水别墅是一座从熊奔溪伸出的桥，但没有到达对岸。或许赖特也曾把它想象成狭窄山谷中清晨的一抹薄雾。无疑他曾尽力去敏锐地感知人类的审美感受与才能以及人类与自然的关系，这一点在日本建筑中有着鲜明的体现（图16以及上页的茶室亭）。

传统日本建筑和园林设计师致力于创造一种令人愉悦的构成方式，无论是透过建筑的矩形洞口还是站在特定的视点，都能欣赏美景。在流水别墅中，赖特为了创造一条下至熊奔溪另一侧岩架的道路，特意将台阶截断。这幢别墅的经典照片就是从这个视点拍摄的(参阅本案例解析标题页图片，第123页)。就像是赖特站在后面欣赏着环境中自己的作品，也为他人提供了一个以这种方式欣赏这幢建筑的机会。

结语 | Conclusion

巴塞罗那德国馆和范斯沃斯住宅对周边环境的敏感度都比许多文献中描述的要高得多。但尽管如此，它们看起来也与周边环境相疏离，独自待在它们自己的抽象"泡泡"当中——在世界中，却又与之隔绝。而流水别墅尽管形态看起来是抽象的，但它与周边自然环境之间有着更加融洽的关系。从壁炉下穿透并融合于地面上棱角分明的砾石、自岩架奔涌而下的瀑布的咆哮，将它的"泡泡"戳破了。

这种与自然的交融或许是源自赖特在日本时习得的一种理念。这一理念他并不是总有机会应用在设计中。这种特质在所有作品中都没有像在这幢别墅中这般强烈地表现出来，流水别墅被广泛认为是他最好的作品。

这个理念在"神庙与村舍"一章（《解析建筑》第四版，2014年，第117~132页）进行了明确的讨论，它不是将意识与自然看作统治地位的争夺者（竞争者），而是看作合作者，每个要素都在推动着整体的发展，每个要素都与其他推动者相互合作，以取得最大的优势。

流水别墅或许不像某些伟大的日本茶室那样，与它们所在的园林间共存共生，经历几百年的时光，日趋成熟，它既不敏锐与精妙，也没有带来不断增长的感动。但弄清楚它们对赖特的影响，能够更深刻地理解他所追求的目标。而这种观点——共存共生与不断发展，涉及意识与自然——仍是一种崇高而无法企及的热望。

参考文献：

There is a computer-generated video of Fallingwater at: http://www.youtube.com/watch?v=9CVKU3ErrGM

William J.R. Curtis – 'The Architectural System of Frank Lloyd Wright', in *Modern Architecture Since 1900*, Phaidon, Oxford, 1987.

Grant Hildebrand – *The Wright Space: Pattern and Meaning in Frank Lloyd Wright's Houses*, University of Washington Press, Seattle, 1991.

Donald Hoffmann – *Frank Lloyd Wright: Architecture and Nature*, Dover, New York, 1986.

Donald Hoffmann – *Frank Lloyd Wright's Fallingwater: the House and its History* (1978), Dover, New York, 1993.

Donald Hoffmann – *Understanding Frank Lloyd Wright's Architecture*, Dover, New York, 1995.

Edgar Kaufmann and Ben Raeburn – *Frank Lloyd Wright: Writings and Buildings*, Meridian, New York, 1960.

Edgar Kaufmann – *Fallingwater*, Abbeville Press, New York, 1986.

Robert McCarter – *Fallingwater: Frank Lloyd Wright*, Phaidon (Architecture in Detail Series), London, 2002.

Edward S. Morse – *Japanese Homes and Their Surroundings* (1886), Dover, New York, 1961.

Kevin Nute – *Frank Lloyd Wright and Japan*, Routledge, London, 1993.

Frank Lloyd Wright – *An Autobiography* (The Frank Lloyd Wright Foundation, 1932, 1943, 1977), Quartet Books, London, 1977.

Frank Lloyd Wright – *The Future of Architecture* (1953), Meridian, New York, 1970.

Bruno Zevi – *The Modern Language of Architecture*, University of Washington Press, Seattle, 1978.

萨伏伊别墅

VILLA SAVOYE

萨伏伊别墅
VILLA SAVOYE
一栋位于法国巴黎郊区普瓦西（Poissy）的别墅
勒·柯布西耶设计，1929 年

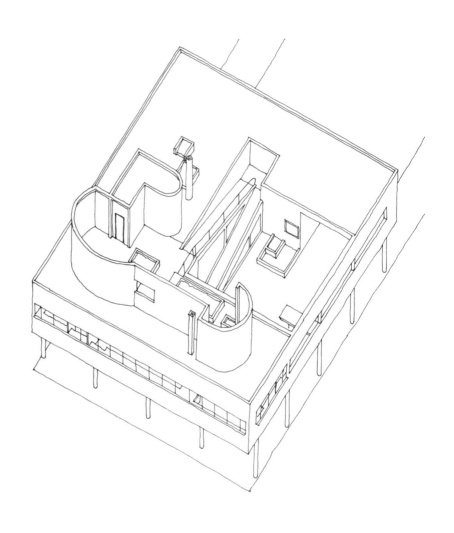

下面这段引文是在流水别墅案例解析的开篇引文中被省略掉的一段（第 124 页），在这段文字中，弗兰克·劳埃德·赖特没有特指勒·柯布西耶的萨伏伊别墅，而是指向美国的"殖民式"住宅（American 'Colonial' house）。赖特想要探索一种根植于美国土壤中的美国建筑，与强加于此的殖民力量相抗衡。这是一个关于独立与身份的宣言。不仅如此，这还说明，赖特想给他的主要对手一记重击，这位对手便是拥有"20 世纪最伟大的建筑师"头衔的建筑师——勒·柯布西耶。他设计的萨伏伊别墅，与流水别墅同其地形之间紧密的关系完全相反，孑然独立于从地面升起的、被称为"架空柱"的柱子之上。

两位建筑师对于大地的不同态度——以赖特的流水别墅和勒·柯布西耶的萨伏伊别墅为例——恰好突出了建筑的困惑：建筑应当是人类强加给世界，还是应当去回应世界给予我们的一切？这个困惑并不需要一个确定的答案。建筑就是从这两种态度中创造出来的。我在《解析建筑》（第四版，2014 年，第 177~132 页）的"神庙与村舍"一章中对这个议题进行了讨论。

萨伏伊别墅中也有壁炉；但它完全不像流水别墅中建在自然岩石上的壁炉那样作为主要的核心元素。正相反，它是一个小砖盒子，盖子是混凝土的，

那幢住宅看起来就像讨厌大地一样，带着极度的自负试图高傲地将自然排斥在外，依赖于一种在人们习惯的价值观中被称为"古典"（classical）的疏离以及可与之结合在一起的各种理念。

——弗兰克·劳埃德·赖特著，《建筑的未来》（1953），1970 年，第 322 页

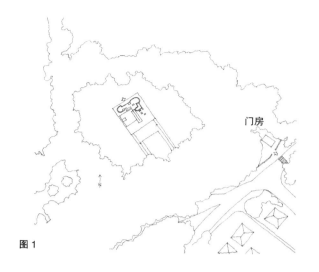

门房

图 1

图 2 雅典卫城，雅典（按照勒·柯布西耶的草图重绘）

带有一个管子样的烟道。像这样的差异——与大地疏离还是融合，炉膛的重要性——表明、象征，或是可以解释为是对我们与世界之间关系的不同观点。建筑是具有哲学内涵的。它会提出关于如何赋予世界以意义以及如何与世界建立联系之类的命题。有时，这些命题是无意中植入建筑之中的，如在大多数传统建筑中那样，它们就是一如既往地那样建造起来了。有时建筑师会意识到哲学维度和设计中的潜在层面，从而将这一命题设计为一个政治或社会议题。我们或许通常认为哲学是用语言来表达的；建筑师（无论是否受过专业训练或是具有执业资质）却是利用空间和实体，通过构建生活空间将这一切表达出来。

对于弗兰克·劳埃德·赖特的流水别墅来说，建筑的挑战在于对既有岩石和瀑布进行探索，找到一种与环境之间的共生关系。对勒·柯布西耶的萨伏伊别墅来说则在于超越，将建筑从地面上升起，创造一个独立的空间。

场所识别 | Identification of place

如今，萨伏伊别墅伫立在一块独立于周围环境的场地上，场地周围被树木环绕，这些树木也隔断了它与附近建筑物之间的联系（图 1）。当初建造时，这幢住宅是在一座平缓的小山顶的开阔草地上，从周围都能看到它。

1911 年，即萨伏伊别墅建造前 18 年，柯布西耶穿过欧洲东部到达土耳其，之后经过希腊和意大利回到法国。这次旅行对于柯布来说，就像是 18、19

世纪富有英国绅士的"大旅行"（Grand Tour）。伟大的建筑——伊斯坦布尔的圣索菲亚大教堂（Hagia Sophia）、雅典的帕提农神庙（Parthenon）、罗马的万神庙（Pantheon）、庞贝古城的遗迹……给他留下了深刻印象，也给他的设计带来灵感。他在自己的一系列笔记本上记录下看到的景象（参阅勒·柯布西耶，1987 年，2002 年）。尽管萨伏伊别墅的环境既不引人注目，也谈不上棱角分明，而且它的外观完全源自它所处的时代，但似乎可以清晰地看到，柯布西耶的这个设计受到了他对希腊神庙的理解与诠释的影响。

在柯布西耶游历希腊的草图本上，有一张雅典卫城（Acropolis）的草图，展示了帕提农神庙（主神庙）和山门（Propylaea），不大的胜利女神庙（Nike Apteros）如哨兵一般伫立在通往神圣空间围地（temenos/sacred enclosure）的山门入口旁。上图是我复制的柯布西耶的草图（图 2）。重新绘制这张图时，感觉到似乎他想要记录下来的是：规则几何形的建筑与不规则的棱角分明的岩石和低矮植物之间的对比；大理石神庙明亮的白色与天空的蔚蓝色的对比、光影在它们的几何体量内部与体量之间的跃动以及一个超越凡世之上的世界的庄严——神灵与伟人的世界。

在《走向新建筑》（Vers une architecture，1923 年，英译本 Towards a New Architecture，1927 年）一书中，柯布西耶在"建筑：纯粹的精神创造"（Architecture: Pure Creation of the Mind）一章中对帕提农神庙进行了描述。关于这座神庙的多立克柱式（Doric order）他写道：

图 3 （按照勒·柯布西耶的草图重绘）

图 5

　　"我们必须清晰地认识到，多立克建筑并不像水仙花一样长在地上，而是一个纯粹的精神创造。"

　　在同一章节，他列入了草图本上的另一张草图（我重新绘制为图 3）。图中显示，远处的大海衬托着雅典卫城上帕提农神庙的轮廓。这张图并不在于要记录一个特定的场景，更多的是记录一个理念的实现。如上文中关于多立克柱式的引文所述，建筑是一个媒介，人类的思想能够从这里挣脱并超越自然条件——上升到神祇的领域。这张图用神庙作为人类智慧的代表，高耸于一个未成形的世界之上。

　　萨伏伊别墅就像一个伫立于自己的神圣围地中的神庙。甚至拥有自己的"小胜利神庙"——柯布西耶布置在场地入口边的门房（参阅图 1）。在他1910—1929 年的《柯布西耶作品全集》第一卷中有一张草图（重绘为图 4）展示了柯布西耶脑海中这幢住宅的样子。图片说明写着"这幢别墅被成熟的林带环绕"（'La villa est entourée d'une ceinture de futaies'）。尽管萨伏伊别墅并没有受益于如帕提农神庙般壮观的环境，但可以看到柯布西耶对设计的设想和对环境中希腊神庙的记忆之间有着清晰的联系。别墅立于一座小山上，是一个置于不规则自然环境中、被阳光照亮的纯粹几何体。它在柱顶上构建了一个"世界之上的场所"。

　　这幢别墅不是希腊神庙的复制品，而是对其理念的重新诠释，令人追忆起希腊神庙。这个建筑定义出来的不仅是一个居住的空间，也是一个属于人类智慧的场所，从周围的世界中分离出来，并探索着世界。

分层法 | Stratification

　　像雅典卫城的帕提农神庙一样，萨伏伊别墅也是一个有层级的建筑。"卫城"的意思是"高处的城市"，是在普通平凡城市之上的圣地。神庙建筑中也有层级划分（图 5）。神庙的上层结构被一个平台，即台基，从地面上抬起；这是祭祀的层级。台基上立着的柱子支撑着檐部，梁横跨在柱子之间。檐部的上部被三陇板（被认为是代表了古代木质神庙中的梁头）分成一块块刻有深浮雕的嵌板（metopes）。帕提农神庙的嵌板上描绘了阿庇泰人（lapiths）与半人马族（centaurs，即英雄与半人半马的怪物）之间的战争，也是文明与野蛮之间的战争。帕提农神庙的内墙上也有一圈刻满浮雕的饰带（现收藏于伦敦大英博物馆），描绘了公元前 5 世纪在一场与波斯人的战争中死去的士兵。这些刻有阿庇泰人与士兵的檐部代表了属于英雄的层级。在神庙的端头位于饰带之上的是三角形山花。山花中是刻着希腊诸神的雕塑，也代表了神庙所有层级中最高的一层。

图 4 （按照勒·柯布西耶的草图重绘）

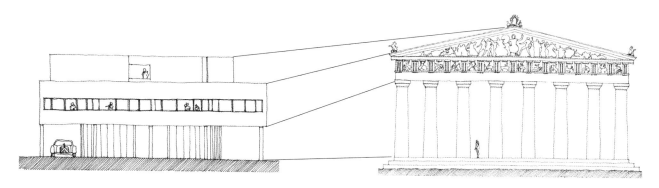

图6　萨伏伊别墅的分层法或许可以与帕提农神庙相比较。居住者位于等同于檐部的位置，即英雄的层级。升至屋顶上的日光浴室时，他们渴望成为神祇。

　　萨伏伊别墅的分层法具有一定的可比性（图6）。它没有柱础，柱子从碎石铺筑的地面上升起来。这一层是车库和入口。支撑在柱子之上，像檐部一样的，是容纳着主要生活空间的盒子。水平的长窗就像神庙上的一排嵌板，这是"英雄"（居住者）的层级。上层是屋顶花园／日光浴室，相当于神庙上的三角形山花。这一层是居住者最接近天空和太阳的地方；也是在这一层他们变得像"神"一样。

　　柯布西耶绘制了住宅的剖面草图（我重绘了他的草图，见图7）。他展示了住宅的4个楼层：日光浴室、居住层、属于汽车的架空层以及位于地下的第四个楼层，即地下室或洞穴。中间他画了一条曲线，代表从地下室到屋顶花园的旋转楼梯。他还画了一部从底层到二层的坡道。如果认同这个观点，即萨伏伊别墅像希腊神庙一样，是一个属于不同存在状态的层级系统的话，那么这个剖面图就要包括洞穴层。这幢住宅或许可以解释为是代表了人类从黑暗到光明，从原始社会到现代文明，借用弗雷德里希·尼采（Friedrich Nietzsche）在《查拉图斯特拉如是说》（*Thus Spake Zarathustra*，1883—1885年）书中的一个短语——"动物到超人"的上升过程。

　　当然柯布西耶作为建筑师，不仅是在历史中探索建筑作为智慧和超越自然界的产物其中所蕴含的理念，也在探索建筑可为不同的存在状态所建立起的垂直层级。安德烈·帕拉迪奥在他的圆厅别墅中也有相同的表达（图8），与萨伏伊别墅相似，圆厅别墅也位于一个小山顶上（位于意大利北部维琴察（Vicenza）城外）俯瞰着四周的乡村。这幢别墅的底层是仆人（底层阶级）活动的地方。主楼层是属于那些认为自己是上层阶级、更加高贵的人们。而穹顶则代表了上面的天堂——神的领域。

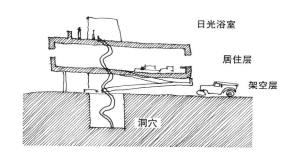

图7　这张萨伏伊别墅的剖面草图也是一张人类从"动物到超人"晋升过程的图解。（按照勒·柯布西耶的草图重绘）

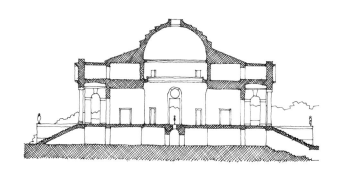

图8　萨伏伊别墅的剖面也可以与帕拉迪奥的圆厅别墅相比较。圆厅别墅也有三个层级：底层社会层级、属于"英雄"的贵族层级（意大利语为'piano nobile'）以及顶部属于神祇的层级。

图 9

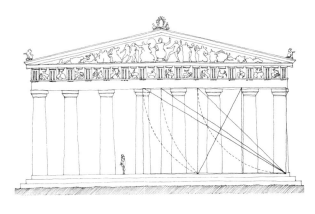

图 10

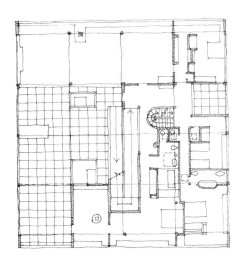

图 14 中间层

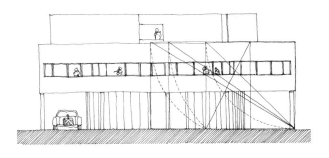

图 11

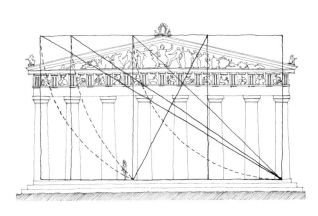

图 12

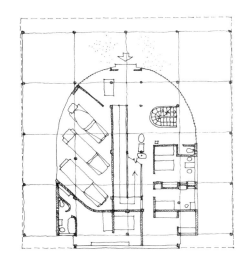

图 15 地面层

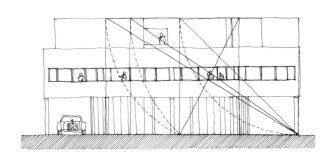

图 13

理想几何（"基准线"）|
Ideal geometry ('regulating lines')

柯布西耶在《走向新建筑》中用一整个章节来阐述他所谓的"基准线"（1927年，第65~83页）。显然，柯布并不排斥源自新古典主义设计的、认为建筑构图应当受几何控制的理念。萨伏伊别墅的构图中充满了"基准线"和对历史先例的暗示（而非模仿）。

有趣的是，萨伏伊别墅的入口立面与帕提农神庙的立面几乎完全吻合（图9）。二者都基于两个相邻的√2矩形。在帕提农神庙中，一个高度相同的黄金分割矩形确定了中间两根柱子的位置（图10）。而在萨伏伊别墅中，门道所在墙面的边缘也是用同样的方法确定的（图11）。正如帕提农神庙台基以上的总高度与两侧最边缘柱子的中心线之间构成了一个黄金分割矩形（图12）一样，萨伏伊别墅的总高度似乎也是由5根柱子中的4根的宽度确定的黄金分割矩形所决定的（图13）。

平面图（图14和图15）清晰地按照4×4的正方形柱网来组织，尽管如在《解析建筑》（第四版，第185页）一书中所示，由于某些实际原因，平面中心的柱子偏离了网格的约束，环绕在了坡道周围。中间层的南北向长度略微长一点。挑出的部分由一个√2矩形所确定（图17）。底层坡道的起点则似乎是由建筑两端之间的√2矩形之内的正方形所确定（图18）。而中间层庭园的尺寸以及屋顶上各种幕墙的位置，似乎也是由一个√2矩形和一个黄金分割矩形所决定（图16）。这个简单的分析无法详尽论述萨伏伊别墅的平面组织中柯布西耶依据理想几何所用的各种方法。理想几何在建筑中的运用从某个方面来看被认为是代表了人类智慧的卓越潜能。

调节性元素：光和时间 |
Modifying elements: light and time

对柯布西耶来说，建筑中两个最重要的调节性元素是光与时间。他曾对这两种元素在他1911年游历过的古代建筑中的重要作用大加赞赏。对于庞贝古城（Pompeii）建筑中的光他曾写道：

"庞贝城的人不在墙上开洞；他们崇拜墙，热爱光线。光线在几面反光的墙之间特别强。古

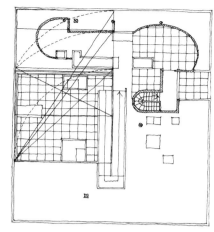

图16 屋顶：日光浴室

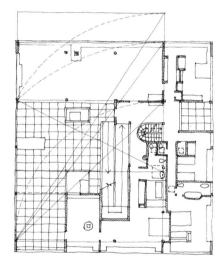

图17 中间层：居住层

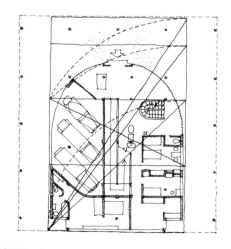

图18 地面层：入口和佣人房

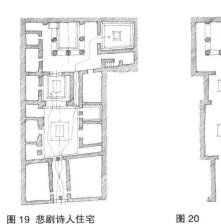

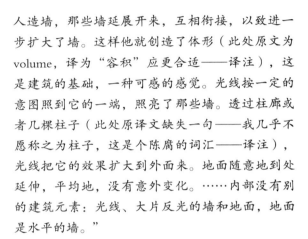

图 19 悲剧诗人住宅　　　　图 20

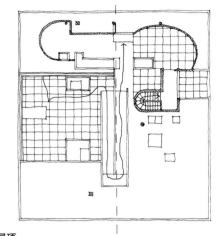

图 21 屋顶

人造墙，那些墙延展开来，互相衔接，以致进一步扩大了墙。这样他就创造了体形（此处原文为volume，译为"容积"应更合适——译注），这是建筑的基础，一种可感的感觉。光线按一定的意图照到它的一端，照亮了那些墙。透过柱廊或者几棵柱子（此处原译文缺失一句——我几乎不愿称之为柱子，这是个陈腐的词汇——译注），光线把它的效果扩大到外面来。地面随意地到处延伸，平均地，没有意外变化。……内部没有别的建筑元素：光线、大片反光的墙和地面，地面是水平的墙。"

勒·柯布西耶（1923 年），1927 年，陈志华译

他认为轴线是时间的延伸而并非意味着视觉构图的平衡方式：

"轴线可能是人间最早的现象（此处原文为manifestation，译为"表现形式"应更合适——译注），这是人类一切行为的方式。刚刚会走的孩子也倾向于按轴线走。在人生的狂风暴雨中挣扎的人也顺着一条轴线。轴线是建筑中的秩序维持者。建立秩序，这就是着手做一件作品。建筑建立在一些轴线上。"

勒·柯布西耶（1923 年），1927 年，陈志华译

他再一次以庞贝的悲剧诗人住宅（House of the Tragic Poet，图 19）为例，关于这幢住宅的平面他写道：

"这里的轴线不是纯理论的、枯燥无味的东西；它把主要的、清楚的、互相区别的物体（此处原文为 volume，译为"体量"应更合适——译注）联系起来。"

勒·柯布西耶（1923 年），1927 年，陈志华译

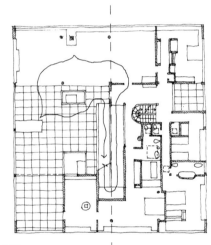

图 22 中间层

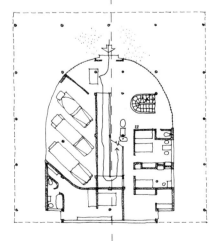

图 23 地面层

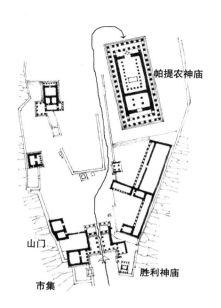

图 24　　市集

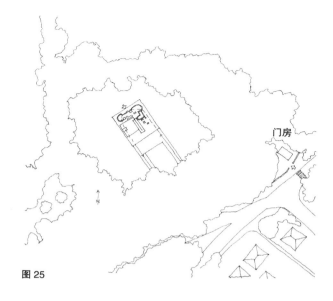

门房

图 25

如果悲剧诗人住宅严格按照一条笔直的轴线建造，那么它的主要空间或许会如图 20 中那样布置。而在实际中却要复杂与精妙得多。柯布西耶认为它的丰富性源自它将轴线与人的活动结合在一起，而不是不加思考地遵循几何规则。在图 19 中，与主要空间之间关系松散的轴线沿着一系列可能穿过建筑的路线展开。

萨伏伊别墅与悲剧诗人住宅相同，尽管活动的轴线是从底层到屋顶，而非从前到后。像庞贝城的住宅一样，萨伏伊别墅也有一条轴线，围绕着这条轴线，一条路径——建筑漫步（architectural promenade）——迂回展开（图 21~图 23）。像庞贝城的住宅一样，这条路径有始有终。像庞贝城的住宅一样，轴线周围的路径有各种不同的可能。在萨伏伊别墅中，平面中心的坡道代表主要轴线。路径总是会回到这里。

柯布西耶认为建筑包含了时间的体验，这一认知也源自他对雅典卫城中帕提农神庙的敬仰。在古代雅典，这些建筑的布局是沿着队列前进的路径展

开的，队伍穿过山脚下的市集，沿着一条斜坡路上到山门，再穿过山门进入神圣围地，经过帕提农神庙（主神庙）到达位于远端的神庙入口（图 24）。萨伏伊别墅的布局，即使不是如此壮观，也是相似的（图 25）。当你穿过大门，一间门房立在一旁，像雅典卫城的小胜利神庙一样。树木的树干像矗立的柱子，代替了山门。小路引你进入萨伏伊别墅的"神圣围地"——一片被林带环绕的草地。经过草地，从"神庙"——住宅本身——的下面穿过，到达远端的入口。

柯布西耶设计了萨伏伊别墅，以此来表达他也是一个热爱阳光的庞贝人。他描述了另一幢庞贝的住宅，诺采住宅（Casa del Noce）：

"又一次，小小的门厅使你忘记了街道。你来到小天井，中央四棵柱子（四个圆柱体）一下子冲进屋顶的阴影里，这是力量的感觉和巨大财富（此处原文为 potent methods，译为"强有力的方法"应更合适——译注）的证明；正前方，透过柱廊，是花园的光亮。柱廊从左到右宽宽地展开，形成一个大空间。"

勒·柯布西耶（1923 年），1927 年，陈志华译

悲剧诗人住宅中也有类似的情形（图 26）。住宅将你从街道引入一条狭窄通道的阴影里。然后进入被阳光照亮的中庭。远处，透过列柱走廊，能看到在建筑的另一端是同样被阳光照亮的鱼塘（一个小水池）。

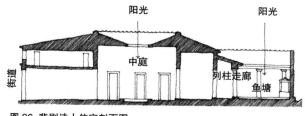

图 26 悲剧诗人住宅剖面图

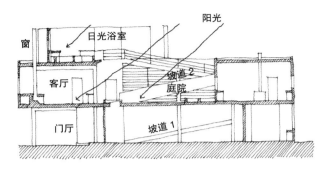

图 27

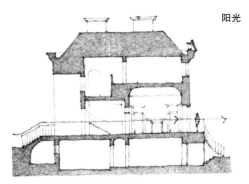

图 28

萨伏伊别墅（图 27）引你穿过它的阴影进入低矮的门厅。坡道（图 27 中坡道 1）带你走上二层。当你沿着光滑的墙面上到左手边的二层庭院时，路径逐渐明亮起来。你到达了一个平台，旋转楼梯从这里展开，可以向下回到底层，也可以上到屋顶（日光浴室）。当你穿过门道进入大厅，就进入了阳光的领域；阳光透过巨大的玻璃推拉门照射进来。穿过玻璃门是一个庭院，有固定的桌子和自己的窗，窗户穿透了上层围墙（在本案例解析标题图片的透视图中可见）。这个位于二层的庭院，是一个没有屋顶的起居室。它向着天空，最重要的是向着阳光敞开。

路径从庭院继续延续，走上坡道（图 27 中坡道 2）到达屋顶的日光浴室，这里有围墙，因此你可以如出生时那般赤裸，将自己完全投入阳光（生命与健康的缔造者）之中。

坡道的尽头是另一个固定的混凝土桌，也配有自己的窗户（仅在标题透视图中可见），大约位于萨伏伊别墅前门上方。柯布似乎是将这幢建筑看作一段音乐，将"听众"带回开始的地方，却带来了不同的体验。这扇窗，在一个"室外"和另一个"室外"之间，似乎令人费解。这是参考了柯布在双亲住宅（Villa Le Lac，位于蒙特勒（Montreux）附近莱芒湖畔（Lac Léman），是 6 年前他为父母设计的一栋小住宅，图 29）庭院中采用的一个相似的手法，将一个固定的桌子和一扇窗组合在一起。双亲住宅中，窗和桌子使庭院具有了起居室的特征，像住宅中任何室内房间一样。透过这扇窗能看到湖对岸迷人的远山景色。在巴黎西郊，柯布西耶并没有如此动人的风景，但萨伏伊别墅屋顶上的窗却具有类似的作用：它使日光浴室像一个室内房间一样（露天但对建筑来说是内部空间），也能从这里看到景色。

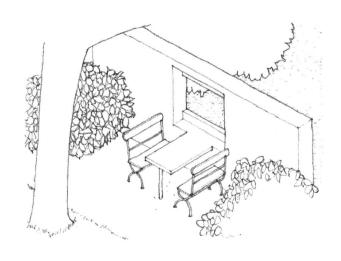

图 29 双亲住宅花园的窗户，柯布利用它使得花园像起居室一样，并能从这里看到莱芒湖对岸的远山。

[对双亲住宅的解析请用 iPad 在 iBookstore 中查阅同名电子书。]

垂直穿过萨伏伊别墅的路径可与前文提到的 18 世纪乡村住宅（参阅库哈斯的波尔多住宅解析，第 109 页）相比较，来访者从外部被引入阴影，再进入阳光中，从而对主人的居所留下美好的印象（图 28）。在柯布西耶的项目中，这种设计——用建筑布局引人完成一段体验的旅程——通常被称为"建筑漫步"。几年后，特拉尼在但丁纪念堂（参阅第 120 页）的设计中也使用了这种手法，并加入了一些叙事隐喻。但如雅典卫城和庞贝的罗马住宅（Roman house）中所示，这个特别的设计手法并非源自 20 世纪。时间一直是建筑中的元素之一：至少始于埃及人建造通往金字塔的仪仗甬道之时；古代不列颠人将巨石排列起来标记季节的更迭。

结语：理念的作用 I
Conclusion: the role of ideas

认为建筑运动的重要特征是拒绝用已有的方法解决问题，这一点是存在争议的，柯布西耶正是这一运动的重要代表——它通常被称为"现代主义"（Modernism）。柯布西耶在《走向新建筑》（1927 年，第 179 页）一书中阐释了自己的观点，将他认为建筑设计应当如何发展，与当时一所法国著名的建筑学校（即巴黎美术学院，the Écoles des Beaux Arts）中正在发生的一切做了比较：

"设计一个平面，就是明确和固定某些想法。这就是先要有些想法。这就是把这些想法整理得有秩序，使它们成为可以理解的，可以实现的和可以传播的。所以必须表现出一个明确的意图，但事先得有想法，这才能使一个意图表现出来。一个平面几乎可以说是一个浓缩物，就像一张某种资料的分析表。它如此之浓缩，以致像一块晶体，像一幅几何图形，在这样的形式下，它包含着大量的想法和一个起带动作用的意图。在一所伟大的公共机构里，即巴黎美术学院里，人们学习良好的平面的原理，随后几年，人们确立了教条、秘方、诀窍。一个起始有用的教学方法已经变成了危险的实践。"（陈志华译）

在这些叙述中，现代主义是一个负面的、矛盾的运动。它反对已有的支持自由的方法。而正是这种自由赋予了建筑师产生新理念的挑战。

萨伏伊别墅是这一自由的象征。它如此不像一

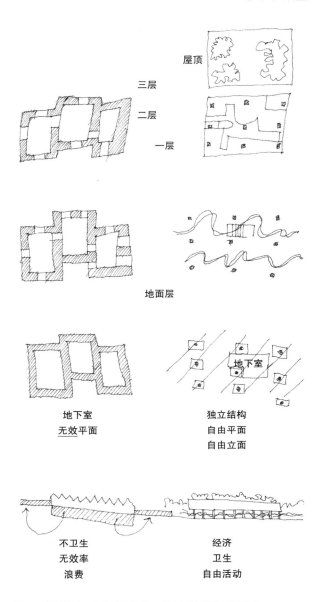

图 30　"新建筑五点"（按照勒·柯布西耶的草图重绘）

幢"住宅"。在他的《精确性》（Précisions，第 136 页）一书中，柯布西耶写道：

"来访者在住宅中漫步，想知道它的一切是如何运转，发现想要理解他所看所感的来由是如此困难；他发现一切都与通常所认为的'住宅'无关。他感觉到他并不属于这里，像个异类。但我并不认为他觉得这样便是无趣的。"

这幢别墅也体现了柯布西耶对理念的表达能力。但他并不是在真空中设计。他不是坐在一张白纸前，

想着"我必须找到一个原创的理念"。在现代主义的挑战精神中，他吸收已有的理念并将它们重新诠释，有时会发生奇妙的融合，有时则是完全颠覆。

出版于 1926 年的"新建筑五点"就是佐证。柯布西耶绘制了各种草图来表达这个观点，即新建筑能够产生于对这些元素的应用：①架空柱；②屋顶花园；③自由平面；④自由立面；⑤水平长窗。几年后建成的萨伏伊别墅整体上就遵循了这些原则，尽管无论它的平面还是立面都不能真正称得上"自由"。

柯布西耶的"新建筑五点"被看作是对传统设计的反击。我将这些草图中的一张重绘于前一页（图 30）。新的设计方法被认为更加"经济、卫生并且能够自由活动"，而非"不卫生、无效率并且浪费"，但这是通过颠覆已有的设计方法实现的。传统住宅有支撑在坚固基础之上的结实的地面层：柯布将地面层丢掉了。传统住宅屋顶上没有花园：柯布在屋顶上种了树。传统住宅有小小的或是垂直的窗户：柯布要求使用水平长窗。传统住宅有有序的立面和划分成房间的平面：柯布认为要有自由立面和自由平面。最终的理念相当引人注目（或许是因为它们很新奇）。

柯布西耶认为"新建筑五点"的每一条提议都能让建筑变得更好。用来种植和娱乐的地面并没有减少，而且还多了一倍；视野更加开阔，室内采光变得更好；功能布局也得到了优化……但对建筑师来说，比"新建筑五点"更有吸引力的是，建筑可以（也应该）一次又一次地再创造，此后，正统应被咒逐。这一观点的魅力，正是为什么现在的书是现在这般模样的原因之一。

参考文献：

Geoffrey H. Baker – *Le Corbusier: an Analysis of Form*, Van Nostrand Reinhold, London, 1984.

Le Corbusier – 'Five Points Towards a New Architecture' (1926), translated in Ulrich Conrads – *Programmes and Manifestoes on 20th-Century Architecture*, Lund Humphries, London, 1970.

Le Corbusier – *Oeuvre Complète 1910-1929*, Les Éditions d'Architecture, Zürich, 1964.

Le Corbusier – *Oeuvre Complète 1929-1934*, Les Éditions d'Architecture, Zürich, 1964.

Le Corbusier, translated by Aujame – *Precisions on the Present State of Architecture and Urbanism* (1930), MIT Press, Cambridge, MA, 1991.

Le Corbusier, translated by Etchells – *Towards a New Architecture* (1923), John Rodker, London, 1927.

Le Corbusier, edited by Gresleri, translated by Munson and Shore– *Voyage d'Orient: Carnets*, Electa, Milan, 1987 (in Italian), 2002 (in English).

William J.R. Curtis – *Le Corbusier: Ideas and Forms*, Phaidon, London,1986.

Sarah Menin and Flora Samuel – *Nature and Space: Aalto and Le Corbusier*, Routledge, London, 2003.

Guillemette Morel-Journel – *Le Corbusier's Villa Savoye*, Éditions du Patrimoine, Paris, 2000.

Flora Samuel – *Le Corbusier in Detail*, Architectural Press, Oxford, 2007.

Simon Unwin – *Villa Le Lac*（ebook）, iBookstore, 2012.

肯普西客房

KEMPSEY GUEST STUDIO

肯普西客房
KEMPSEY GUEST STUDIO
位于澳大利亚新南威尔士州的一栋改建小屋
格伦·马库特设计，1992 年

20 世纪 70 年代，澳大利亚本土建筑师格伦·马库特（Glenn Murcutt）在新南威尔士州（New South Wales）肯普西小镇（Kempsey）附近一片开阔的郊野中设计了一栋住宅。这个住宅原是为玛丽·肖特（Marie Short）女士设计的。20 世纪 80 年代，他获得了这幢住宅，并对其进行了扩建。20 世纪 90 年代，他将主体房屋南侧的一间传统小棚屋改造成了客房。这个小房子就是肯普西（或马库特）客房。

位于北半球的读者请记住，在南半球，正午的阳光是从北边照过来的。

就地取材 | Using things that are there

利用既有物的一个结果是，某些与环境相关的基本要素已经确定，或需要对它们加以处理、利用、调整及对比分析。建筑师与已有元素之间可以进行一场创造性的"对话"。

在肯普西客房中，既有物是一个小小的、矩形的、用传统方法建造的小棚屋。棚屋——一个简单的矩形小屋——是建筑中最基本组合元素（combined elements）（参阅《解析建筑》第四版，第 43 页）的整合，由最少的元素，地板、墙、屋顶和门（或许还有一个窗户）组成。它简单而有力。它将空间限定在一个结构之中，与天空和其他地方区分开来，从而定义了一个场所。即使一个极小的棚屋也能够营造一个人类世界，处于周围的自然环境之中并与之相关联（或是相分离）。它在自然的不规则之中加载上自己的几何性，并将这种几何性投射到外部世界中去。棚屋是神庙的本源。

这个棚屋被改造为肯普西客房之前的样子，我没有找到太多资料，但显然它是出于实用目的建造的那种房子，就地取材，也没有那些所谓"建筑范儿"

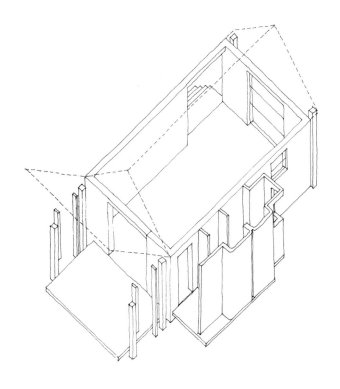

（architectural pretensions）的东西——即没有装饰，没有理想几何比例，也没有复杂的诗性构思。仅仅是一个用来遮风避雨、保障安全……用来存放农具、化肥或农产品的棚屋。无疑它就是用尽可能直截了当的方式，获得所需的强度和实用功能。

全世界的建筑曾经都是用这种方式和这种态度建造起来的。由于它们可用的材料、所面临的气候挑战以及继承自前人的当地（或前人迁徙来之前所在的地方）结构技术和建造细节的不同，建筑通常会展现出清晰可辨的地域特征。棚屋没有复杂的空间；但在住宅中，地域特征通常还包括使用方式和空间组织，这是由于文化环境、家庭习惯、实际需求……及风俗、追求和信仰等不同造成的。毕竟，建筑不仅是关于建造材料的形式，也与容纳的生活息息相关。

建造几何 | Geometry of making

由于这些传统地域建筑的建造者没有什么"建筑范儿"的概念，观念也比较保守，因此这些建筑通常都尽可能地遵从建造几何。它们的建造过程更关心如何使用，而非供人观赏，尤其是建造一个简陋的小棚屋。这种直率的努力和对材料的使用有它的吸引力。它有一种特质，这种特质有时被称为是建筑中的"真实"（truth），尽管在建筑中"真实"是个难以把握的概念（参阅第 113~114 页）。

肯普西这间棚屋无疑是一个欧洲移民建造的——一个农民。旁边的这些图是另一个小住宅的剖面图（图 1）和平面图（图 2），这个小住宅也是一个欧洲移民建造的，位于澳大利亚东南内陆。它的构造与改造前的肯普西棚屋类似，尽管后者没有游廊，也没有壁炉和烟囱。

这个小房子展示了建造几何如何约束建筑构造。它是矩形的，因为这是最简单、最直白的建造方式。它的边互相平行，屋顶从一边横跨到另一边。地板和墙体是矩形的，因为木板本身就是细长的矩形。屋顶的结构是大约间距 2 英尺（610 毫米）平行排列的椽子支撑着与椽子方向相垂直的板条，上面固定着矩形的瓦楞金属板。唯一一处几何形代替了建造方式发挥作用的是屋顶的三角形山墙，它的几何形是由排除屋顶雨水的愿望（需求）所决定的。这个小住宅的生命就是诞生于（不夸张地说）这个由建造几何约束着的几何形结构框架中的。

与之相似，肯普西客房也是始于受建造几何约束的框架，尽管还要更简单一些。弗朗索瓦·弗洛莫诺（Françoise Fromonot）一本关于马库特作品的书中曾提到他"封闭两端"（closed off its ends）的处理（弗洛莫诺，1995 年，第 148 页），因此棚屋原本的平面可能也是类似这样两端完全开敞的（图 3），也有可能在转角处有折回的墙体，从而在两端形成宽敞的入口（图 4）。将平面分为三部分的虚线示意出支撑屋顶的简易三角形桁架的位置；这些桁架由柱子支撑着。墙体是由竖向的木板组成的。

在改造中，棚屋的木地板被从地面抬高，支撑在短柱上。我不知道棚屋原本有没有木地板。有与没有，它的特质和用途会大不一样。如果没有地板，它会更像是用于停放轮式农用设备的，方便拖拉机进出。如果有地板，则可能是用来剪羊毛的，这里能

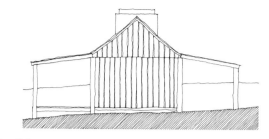

图 1 端部立面图

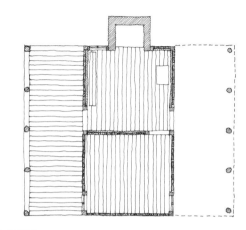

图 2 平面图

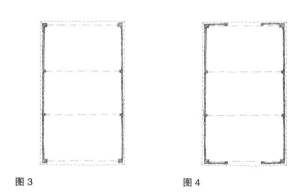

图 3　　　　　　　　　　图 4

够隔绝灰尘并遮阳，还能将羊毛储存在这里。地板要由短柱支撑起来，一方面是为了在潮湿的天气避免雨水侵蚀，更重要的是要减少白蚁的损坏。马库特本人提到过，当他第一次看到这间棚屋时，它已被改造成"一间乡下农民工的住房和拖拉机棚……圣诞节的时候，它是当地跳舞的礼堂。有些地板是在 20 世纪 30 到 40 年代之间支起来的。"（贝克和库柏，2002 年，第 144 页）。

六向加中心；过渡，层级，中心 | Six-direc-tions-plus-centre; transition, hierarchy, heart

棚屋位于主屋南侧（图5）一棵特别大的树下，被一丛松散的树木环绕，这棵大树或许是专门为给它遮阳栽种的。棚屋大体上是南北向的。这个朝向让它成了一个指南针，矩形平面的每一边都朝向一个主要方向——东、南、西、北（图6）。每个方向由于太阳的移动和周围环境中元素的不同，都具有自己的特质和潜能。马库特在翻新棚屋时，对这些差异做了回应，并加以利用（图6）。

向北，他将棚屋延伸出一个游廊，在这里可以晒太阳也可以乘凉。这个游廊营造了一个在全世界建筑中都能看到的特别空间（场所）——灰空间（in-between space），这里既非室内又非室外，既"在家里"又同时"融入世界"。它让棚屋像一个古希腊建筑中的中央大厅（参阅《解析建筑》第四版，第89页以及本书前文对范斯沃斯住宅的解析）。在肯普西客房设计中，游廊也是朝向远处的主屋，主屋稍稍从地面抬高，而且面向西边傍晚的阳光。这类空间，如带有游廊的传统移民住宅展示中所示，与澳大利亚的环境与气候需求十分契合（第149页）。

向南，棚屋上开了一个大大的窗户，朝向阳光照耀着的开阔风景。

向东，在靠南侧最私密的角落，马库特开了一个朝向日出的宽阔门道。这里屋顶微微出挑，几级踏步走下地面。这里是吃早餐的地方。

棚屋的西面朝向其他建筑和大片的树荫。马库特在这一侧（在一定程度上令人想起康的"被服务"与"服务"空间，参阅第98页）附加了一个耳房，容纳了淋浴、厕所和洗手盆。由于有了耳房，使棚屋的主体空间保持了自由开敞的状态。煤气罐和热水器也在这个服务性耳房中。为了区分入口与游廊的不同功能，他将耳房的一部分做成小门廊，由此可经由一个角落中的入口进入主空间。这是建筑中最受保护的角落。马库特让使用轮椅的人也能无障碍地进入客房，因此是由一条顺着路线方向的坡道通向这个门廊的。总的来说，这条路径是穿过树丛，经由露台旁的坡道将你缓缓引上升起的棚屋的地面，门廊拉着你走进来，门口的门槛营造了一个从开敞的户外进入私密室内之间的过渡序列。

棚屋平面在图8中展示了更多细节。耳房被分

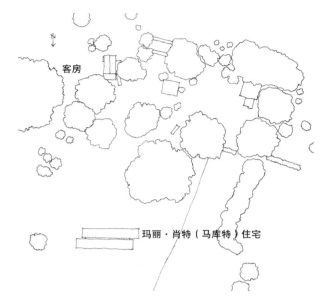

图5 总平面图（北向下）

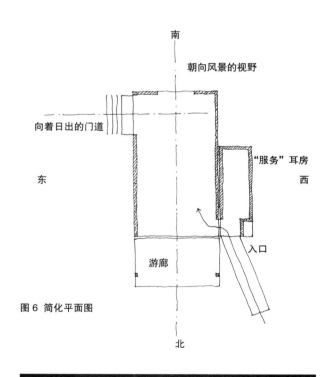

图6 简化平面图

> 我还学到了关于简约空间的美以及包容、安全、眺望、庇护与物质性。
>
> ——格伦·马库特，引自海格·贝克（Haig Beck）和杰基·库柏（Jackie Cooper）著，《格伦·马库特：一次独特的建筑实践》（*Glenn Murcutt: A Singular Architectural Practice*），2002年，第14页

成了四个区域，每个区域都有自己的功能：门廊、洗衣房与衣帽间、厕所与洗手盆以及淋浴。耳房的其他部分将淋浴间与主空间隔开，淋浴间有一扇大的角窗，窗台高度恰好在腰部以上，或许是对外开敞的。耳房的平面形状是不规则的，像是从主体建筑外部的空间中挖出来的一样，像个洞穴。这个不规则的平面罩在（隐蔽在）一个简单的矩形瓦楞钢板屋顶下面，这片屋顶向着远离主体建筑的方向向上倾斜（图7），两片屋顶之间有排水沟。

在内部，建筑布局是由屋顶结构决定的；图8中虚线所示的两榀桁架，将空间分为三个部分：入口区；壁炉前方的起居区，壁炉位于西墙的正中位置；以及用餐（早餐）区，与朝东的宽阔门道相连。烹饪设备和工作台像家具一样沿着西墙布置，水槽上方有一扇窗。可以重新排布的两张床靠着东墙。从平面图中可以看出，游廊是附加出的第四个区域，与室内的三个区域尺寸相同。游廊也遮蔽在一片向

建筑主体方向倾斜的矩形瓦楞钢板屋顶下面。室内中央区域是冬季整个小屋的核心，而游廊则是夏天的核心。游廊装有防虫网。坡屋顶遮挡着夏季正午的烈日，而在冬季太阳高度角比较低的时候阳光能照射进来。

调节性元素 | Modifying elements

在澳洲东南部，夏季非常炎热；而冬天的夜晚又很寒冷。马库特的客房设计没有空调设备，但有火炉供冬天取暖。澳洲土著人没有建造很多房屋。有些部落用木棍和从树上剥下的大片树皮建造了睡觉用的栖身所，有时被称为"避蚊屋"（mosquito huts）。这些小构筑物体现了在澳洲炎热的气候中棚

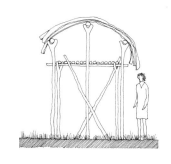

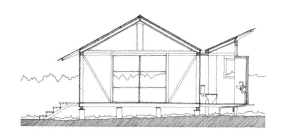

图7 剖面图

屋的基本设计原则。平台将睡觉的空间从地面抬升到半空，来躲避蛇和其他动物。屋顶用来遮阳，但两端开口以便通风。1942年，建筑师让·普鲁韦（Jean Prouvé）在他的热带住宅设计中遵循了同样的原则（图9），尽管他采用的是钢结构，让热空气在屋内聚集，并从屋顶的通风口排出。他也设计了为墙体遮阳的游廊。

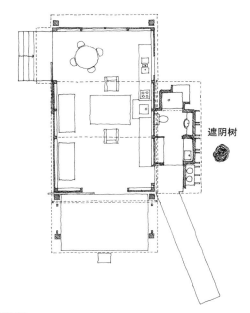

遮阴树

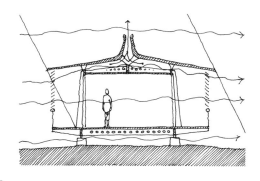

图8 平面图

图9

151

马库特在他的客房设计中也遵循了相似的原则（图10）。尽管这幢建筑在必要的时候可以封闭起来保暖，在夏季南面的窗户和通往游廊的门可以充分打开，以保证自由通风。客房被短柱或树桩支撑起来，使空气也可以从下面流通。游廊的屋顶和北面光滑的山墙经过布置，可以遮挡夏季正午的烈日；而在冬季，太阳高度角比较低，阳光的暖意又可以直抵室内深处（图11）。

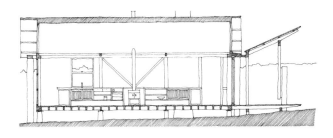

图10

结语：眺望与庇护 |
Conclusion: prospect and refuge

在第150页的简短引文中，马库特提到了"眺望"和"庇护"两个概念。这些概念与杰伊·阿普尔顿的一本书有关，这本书名为《景观体验》（*The Experience of Landscape*），本书初版于20世纪70年代。简单地说，阿普尔顿认为，当我们欣赏一个位于视野开阔（眺望）的大地上受保护的庇护所时，我们对景观的审美评价从根本上讲是受到感知有利因素（胜过可能存在的威胁）的影响，即便不是受到感知的控制，也会受到感知的影响。

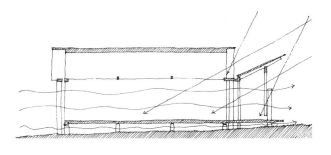

图11

眺望与庇护对建筑来说是基本概念。即使是一个小棚屋也能构建一个中心，一个广阔世界中的家，一个让你知道自己在哪儿的坐标系。当在海滩上度过一天时，我们用沙滩帐篷构建中心。永久性的中心要用更坚固的方式建造，但它们仍会改变露天景观的普遍性，因为它构建了某个特别的地方——一个场所（place）。场所具有精神上的情感力量，也会带来身体上的舒适感。我们被场所吸引，我们占有场所。我们享受它们提供的庇护与安全感，我们也享受坐在它们的门口，靠在那儿，但必要时也可以躲起来，审视着周围世界的景象。构建一个场所是建筑最根本的力量。

除了提供一个带有各种各样景观的庇护所——每个都与环境的四个基本要素（阳光、视野、阴影、路径）带来的不同机遇有关——马库特还让他的设计充满了对气候的感知。他提供了遮阳和通风的可能，来改善夏季的酷热，也为冬季寒冷的夜晚准备了庇护与围合。他证明了建筑的表皮可以回应广泛变化的条件，成为控制环境舒适度的工具。在这个案例中，他是通过人的能动性来实现的。他也展示了与这个作用相关联并能够提升建筑美感的特质。

参考文献：

Jay Appleton – *The Experience of Landscape* (1975), Hull University Press, Hull, 1986.

Haig Beck and Jackie Cooper – *Glenn Murcutt: A Singular Architectural Practice*, Images Publishing Group, Mulgrave, 2002.

Philip Drew – *Leaves of Iron: Glenn Murcutt, Pioneer of an Australian Architectural Form*, The Law Book Company, New South Wales, 1985.

Françise Fromonot, translated by Anning – *Glenn Murcutt: Buildings and Projects*, Whitney Library of Design, New York, 1995, pp. 62-65(Marie Short House) and pp. 148-151 (Kempsey Guest Studio).

一号公寓，海滨牧场

CONDOMINIUM ONE, THE SEA RANCH

一号公寓，海滨牧场
CONDOMINIUM ONE, THE SEA RANCH
一个位于加利福尼亚北部海岸由 10 个居住单元组成的定居点
摩尔、林登、特恩布尔、惠特克设计，1965 年

在我的绘画上，一号公寓的环境看起来是环绕在绿树之中，非常舒适宁静。海滨牧场是太平洋沿岸一块延伸出来的陆地，位于旧金山以北大约 100 英里处。那里地势崎岖，奔涌的海浪拍击着岸边的礁石，经受着凛冽的西北风的洗礼。画面右侧的树木是一片丝柏"篱墙"的一部分，是沿着那段海岸线绵延的树墙中的一段，用以削弱强劲的海风。20 世纪 60 年代中期，一号公寓是在这片场地中最早兴建的一系列建筑物中的第一个。它的建筑师是查尔斯·摩尔（Charles Moore）、唐林·林登（Donlyn Lyndon）、威廉·特恩布尔（William Turnbull）和理查德·惠特克（Richard Whitaker）（MLTW）。与他们合作的是景观设计师劳伦斯·哈普林（Lawrence Halprin），他是受海洋地产公司（Oceanic Properties）委托任总体规划师。这个开发项目的总体目标是为周末和度假提供居所。最初是想要沿着海岸建造一系列像一号公寓一

样的公寓，周围点缀着三五成群的独栋住宅，都采用相似的建筑语言。继一号公寓不久以后，另一位建筑师约瑟夫·埃西里科（Joseph Esherick）建造了一系列样板住宅——被称为"树篱屋"（Hedgerow Houses），因为它们依偎在树篱旁躲避狂风。这一开发理念曾被奉为圭臬，并由一设计委员会监督，但后来它开始瓦解，而今这一区域已不再会有早期规划中预期的那种整体性开发。有时一号公寓会因其作为这类开发的始作俑者而备受指责。但它的价

值在 2005 年受到认可，被列入美国国家史迹名录（National Register of Historic Places）。它的经典形象是人类面对严酷自然环境时创造的一个小堡垒。一号公寓的布局令人想起一组农场建筑，甚至是一个小小的传统渔村，建在陆地边缘，越过大海眺望着西面遥远的地平线。它强大的诗性令人想起终于踏上太平洋沿岸的先驱者们的信念，想起陆地与大海永恒的联系，想起亨利·戴维·梭罗和他对独立与个性的理念，想起约翰·斯坦贝克（John Steinbeck）

和他在 20 世纪初叶在美国西部农业社区的工作（或失业）生涯中的那段英雄故事……它还令人想起简单但充满快乐的生活方式，想起能够拥有并享受一个周末度假屋的财力，想起逃离 20 世纪 50 年代乏味沉闷氛围的渴望和二战后几十年伴随着嬉皮士一代兴起的审美自由。在他们 1974 年出版的《住家场所》（ The Place of Houses ）一书中，建筑师们认为"公寓建筑是建立社区的最早尝试"（第 34 页）。

场所识别 1 | Identification of place 1

一号公寓与一组农场建筑或一个传统小渔村的相似性，与其说是一种模仿或是形式上的影响，更不如说是一种对实用与简朴的普遍关注。建筑师公布的目标是为了通过一种直接简洁的方式定义一个场所，拒绝挥霍或炫耀，与周围环境和谐共存。

在《解析建筑》书中有一个关键的章节叫做"建筑用以识别场所"（ Architecture as Identification of Place，第四版，2014 年，第 25~34 页）。影响了这一章节背后思考的一本书就是前文提到的查尔斯·摩尔、杰拉德·亚伦（ Gerald Allen ）和唐林·林登所著的《住家场所》。这本书从多方面提到，建筑的本质目的/存在的意义（ raison d'être ）是建立一个（或多个）场所。这是几千年前建筑的起点，一直以来的建筑也都始于此：人们需要/渴望一个安全舒适的场所用来睡觉、点燃篝火、烹饪吃饭、举行仪式，等等。一号公寓也是在这种理念下建造的。这是一种农场建筑和传统渔村所共有的思考方式——建筑在建造时优先考虑的是实用性而不是去展示聪明才智或美学的精妙。场所识别是先验的（ priori ），是生活的一部分。如果我们不能从场所识别的角度持续了解周围的环境，就不能草率地处理景观。

劳伦斯·哈普林是海滨牧场开发商委任的总体规划师，他的设计理念似乎与关于人与周围的世界如何发生关联的思考方式相一致。在一张图中，哈普林展示了我们诠释与表达自我和自身的活动，并将其投射到周围世界中的方式，这张图令人想起杰伊·阿普尔顿在他的《景观体验》（1975 年）一书中提出的观点。尽管这张图绘制于 1980 年，哈普林还是将其收入自己的《海滨牧场……构思日记》（ The Sea Ranch…Diary of an Idea，2002 年，第 7 页）一书中。图中勾勒了海滨牧场的礁石海岸，并注释出了它独

> 建筑的最初目的是划定领地（ territorial ）……建筑师布置了一些触发知觉的物体，使得观察者以此创造出一个"场所"的意象。建筑师将它们一一列出。他选择适宜的温度范围，搭建各种装置来维护它，控制光的强度和方向，区分各种活动方式，组织人类活动并将建筑序列整理出一个清晰的模式。通过将所有这些因素集中在一个可控的图景中，他构建了一种可能，使人们知道自己——在空间上、时间上以及在事物的秩序上——在哪里。他给予人们某些东西，让他们可以置身其中。
>
> ——唐林·林登，1965 年，第 31 页

有的特征。

阿普尔顿认为我们将体验到的风景环境诠释为远景（ prospect ）和庇护所（ refuge ）。它们是有关生存的不同侧面。如果我们能从庇护所看到远方，就会更有安全感，比如在森林的庇护下看到一片天空，或是从木屋中看到大海。如果有陌生人，或是潜在敌人接近的话，就能占有优势。

哈普林的海滨牧场海岸草图所表现的特质，与这种有关庇护所与视野的理念相关。这些特质暗示着人与环境之间存在着积极的关联。例如……哈普林的草图描绘了从悬崖俯瞰海面上两块巨大的岩石——城堡岩（ Castle Rock ）和狮子岩（ Lion Rock ）。后者，即两块岩石中更高的那块，哈普林注释了"统御的场所——而且是保护的场所；部族的首领……瞭望塔；国王"。城堡岩的两个尖被他标注为"权力的场所"（ Places of Power ），而两者之间的凹处则被描述为"同伴关系的场所"。城堡岩后面的空间，他标记着"神秘、危险、后退"。海中小一些的岩石分别被哈普林标记为"将物产奉献给大海的场所"和"群体启蒙场所——仪式和庆典"。他将一个小水池看作是"自我净化的场所，净身池——洗礼"，而穿过岩石的穴道则是"举行诞生礼的场所"。悬崖上面是一个"绝壁上的见证空间"；一条陡峭的通向水边一棵树的小路是"列队下行"；而在那棵树下，人们会"结束队列前行；进入全新的模式"。

155

对景观的这种解读，包含对那些特征内在特质的认知以及它们如何与人类活动和居所相关联。建筑师确定一号公寓选址时，使用的也是同一种方法。整个布局依照同样的场所感来布置，像是海岬上的小堡垒（图1）。它矗立在坡地上，是峭壁顶上的庇护所，向着从黎明到黄昏太阳的轨迹，一整天阳光普照，具有越过棱角分明的岩石向广阔大海眺望的视野。它的背后被上升的地势所保护，地势沿海岸公路的内陆一侧升起。但一号公寓并不是一个军事堡垒，因此它牺牲了一些朝向北侧海边高地眺望远方的视野，代之以避风所，被现有的树篱保护着。建筑所在之处，海岸公路向陆地边缘靠近，这样就更容易进入。一条服务通道从主路沿着斜坡缓缓而下，穿过丝柏树林。这条路径避免使服务通道在这块地域上太过显眼。（哈普林对于整体开发的一条原则就是要尽可能避免破坏土地及其地貌。）这些树木也形成了一道门或是一条隧道，穿过它可以到达公寓。而这道"门"营造了一种抵达的感觉，让这间周末居所脱离从旧金山驱车而至的一百英里路程，远离世俗纷扰。你出现在峭壁边沿的另一个世界，眼前是你的梦幻城堡。一号公寓中有着童话般的元素。

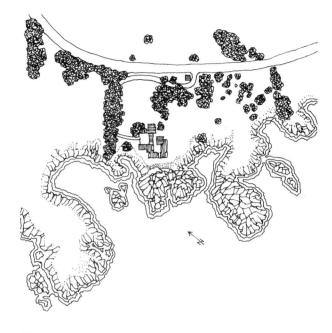

图1

场所识别 2 | Identification of place 2

场所识别在所有尺度都会发挥作用。它不仅涉及为建筑选择一个合适的基址，利用既有的场所，还包括介入环境，添加新元素，对基址进行修饰，达到预期目标。这就涉及了建筑物。

一号公寓的选址不仅与悬崖边缘和现有的树篱相关，还因为这块基址虽然有些陡峭，但相比周边要平缓一些。尽管如此，它还是紧邻着一个小山丘。坡地的复杂变化影响着项目的进一步布局。北侧不太陡的坡地适合机动车通行。从小山丘下到悬崖边缘较陡的坡地使项目后部的居住单元拥有能够越过近处临海居住单元的视野。

从下页图中（图2）的等高线能够了解地势的变化。左上方是北向。大海与落日在图的下方。项目布局围绕两个庭院展开，一个用来停车，另一个供人使用。停车的庭院在北侧不太陡的位置，没有朝向大海的景观。十个居住单元（只有一个除外）主要围绕南侧庭院布置，顺应层层跌落的地势。根据建筑师们的说法，这个布局最初是用方糖确定的。南向的庭院有一个避风的日光浴平台，但其他地方的地面顺应陡峭的地势。请注意观察汽车庭院和居住庭院等高线的区别。汽车庭院的后墙作为挡土墙，使地面更平整从而适于停车。

所有的居住单元都受到阳光照射，而且拥有朝向大海或沿着海岸的视野。1号单元和10号单元在场地的顶部，视野越过较低的居住单元（图4）。10号单元旁有一座塔楼，使它的形象更像童话里的城堡。所有单元都有良好的视野，但同时隐私也受到保护；它们的布局经过精心安排，因而居住单元之间不会被相互窥视到。

尽管如此，所有的居住单元形成了一个完整的布局。这是一个"整体大于局部之和"的实例。散落在大地上的独立单元无法形成庭院。放在一起，就能创造一个能够全体共享的户外空间。

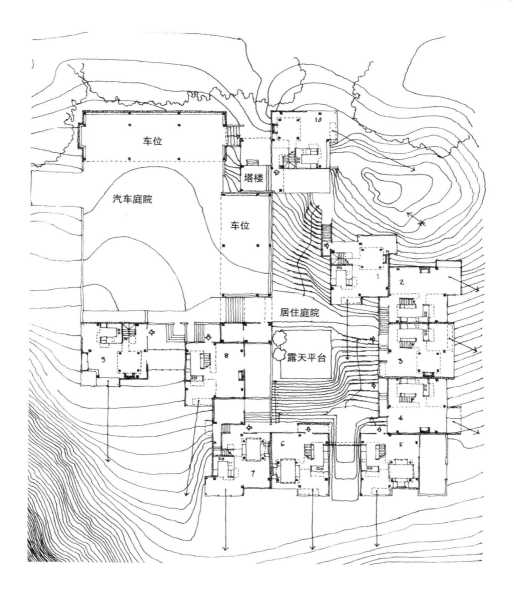

图2 平面图

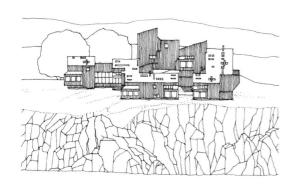

图3 朝向大海的立面

图4 穿过居住庭院的剖面

过渡，层级，中心……内部层次 |
Transition, hierarchy, heart…levels of interior

除了入户小路和人行步道，1 号公寓没有将地面改造工程延伸到围墙之外。自然地面刚好与小小的混凝土基座相接，基座上立着未经润饰的（无修饰的、无漆的）粗糙竖直木质面板。在这个介于人类与自然之间的门槛之内，建筑师创造了场所的层级。

> "有一阵子我们特别关注于营造'内部'的层次，首先在景观中标志一个场所，然后逐渐划分出室外和室内的各个场所，这样，使用者就能连续认知到他所处的位置，从纯自然的、无保护的外部，到被遮蔽、被隔绝、被保护的内部。"
>
> 摩尔、艾伦和林登，1974 年，第 32 页

这些"内部的层次"被一系列限界强调出来。首先是车道穿过篱笆的位置，界定了汽车庭院。三个单元是从这里进入的；在基地顶部的一个单元（10 号单元）则是穿过塔楼的下面进入。其次是一条有阶梯的步道穿过居住庭院。其余的单元从这里进入，每个单元都有自己的门厅或门廊。从居住庭院有一条通往大海的小路，这是一道回归自然的限界。

但"内部的层次"并没有在那里停止。每个单元都是基于一个开放的立方体空间（像一块方糖），朝向屋顶开敞，并向有单坡屋顶和披屋的方向延伸——披屋被建筑师们称为"挂包"（saddlebags）。

这些挂包在大部分案例中被作为有看海视野的阳光房，也创造了介于内部与外部之间的灰空间。每个带着挎包式披屋的立方体空间，就像是一大件内嵌式家具，囊括了一个小小的二层"建筑"，也用竖直的木板（在此处是光滑上漆的）覆盖，容纳了厨房和上层的浴室。在不同的模式中，每个这种内置建筑都有一部附属楼梯，有些案例中是直跑楼梯，有些是转角楼梯。

大部分单元——十个中的七个——中的最后一个元素是一个小"神庙"———一个龛屋（aedicule）——支撑着一个平台，平台上是床。这里也是从楼梯到达的，通过一座小桥通往卧室（图 5）。这个龛屋下面是单元的核心，即壁炉。这是内部的内部，是空间层级的最高潮。有些龛屋有坐席，有些没有。没有龛屋的三个单元（2 号、4 号和 8 号）代之以夹层，也有壁炉和下部的坐席。

元素语汇 | A vocabulary of elements

没有任何两个单元是相同的，但它们又都很相似，采用了同样的语言、同样的元素语汇，在每个案例中用不同的方式组合在一起。下页示意图展示了这些构成方式。

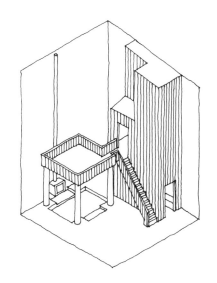

图 5

源自远古时候的龛屋，现在被用作一种建筑表达的虚拟手段。也就是说，它被用来调和两种建筑——严格按照人类尺度建造的建筑与小尺度的建筑，从而建筑可以同时既为人类服务，又能服务于那些想象中比人类小的物种。在一个被特意放大来表达超越人类的神灵的建筑中，龛屋被用来保存人的尺度。或许应该换个角度来说：龛屋被放大到常人的尺度或超越人类，成为英雄的尺度时，就会失去它小而"舒适"（cosiness）的特征，但会保留并肯定它的仪式感。

——约翰·萨默森（John Summerson），"天宫：对哥特式的诠释"（Heavenly Mansions: an Interpretation of Gothic, 1946），出自《天宫及关于建筑学的其他若干论文》（*Heavenly Mansions and other Essays on Architecture*），诺顿出版社（Norton），纽约，1963 年，第 4 页

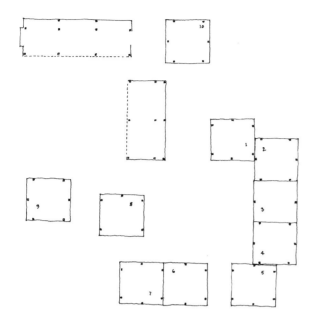

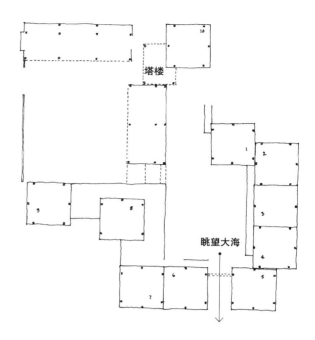

图6 1号公寓的概念发展始于十个"方糖"空间顺应坡地布置。所有立方体都有一个基本的由6根柱子支撑（图7）的木框架（杆）结构，导轨和龙骨支撑着厚厚的面板；这些面板足够厚，不需要中部的横撑。请注意，在有些情况下角柱内移，以便将转角打开；有些柱子则由两个单元共享，如7号单元和6号单元之间以及2号和3号、3号和4号单元之间。立方体的布局似乎没有遵循一个潜在的理想几何规则。它们的形态更多的是受到建造几何的制约，又或许是一种构成感。两个附加的单层停车棚限定了汽车庭院的空间。

图8 附加的部分将这些立方体连接在一起。追随着康的箴言，这些附加部分"服务"（serve）着居住单元的"被服务"（served）空间。附加部分包括走廊、门厅和门廊；还有围墙、台阶和打破了立方体几何形的那座塔楼。通往大海的小路上方有一块木嵌板，形成了一个望向地平线的景框（在上面平面图中示意出来；下面是插图），也强调了限界的感觉。

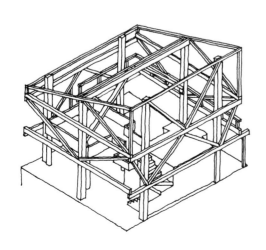

图7

图9

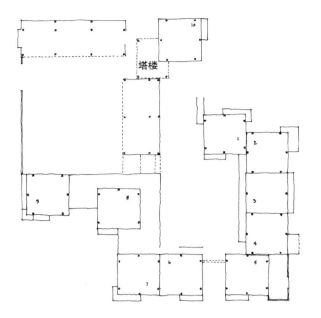

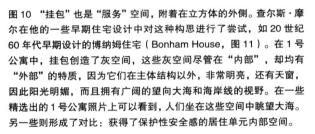

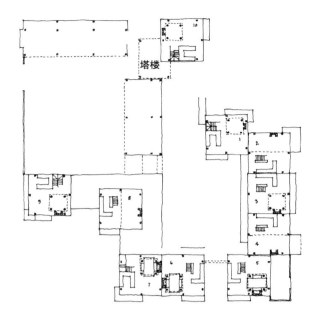

图10 "挂包"也是"服务"空间,附着在立方体的外侧。查尔斯·摩尔在他的一些早期住宅设计中对这种构思进行了尝试,如20世纪60年代早期设计的博纳姆住宅(Bonham House,图11)。在1号公寓中,挂包创造了灰空间,这些灰空间尽管在"内部",却均有"外部"的特质,因为它们在主体结构以外,非常明亮,还有天窗,因此阳光明媚,而且拥有广阔的望向大海和海岸线的视野。在一些精选出的1号公寓照片上可以看到,人们坐在这些空间中眺望大海。另一些则形成了对比:获得了保护性安全感的居住单元内部空间。

图12 具有半室外特质的挂包空间与龛屋——嵌套在内部空间中的内部空间——形成了对比。这也是查尔斯·摩尔在早期实践中尝试过的观点,例如他为自己设计的第一幢自宅(图13)。在这个住宅中,一个龛屋界定了起居空间,另一个界定了浴室。1号公寓中的龛屋全部用来界定壁炉和采暖炉四周的坐席,同时支撑着上方的卧室平台。它们还与内设厨房和厕所的大件内置"家具"相连。所有这些要素组成了一套元素语汇(图14),在各个独立单元中进行不同的布局与排列组合。就像是建筑师创造了一门可以有多种使用方法的小型建筑语言(参阅对页)。

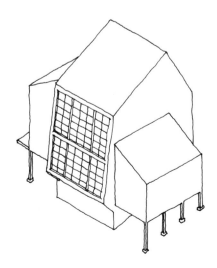

图11 博纳姆住宅

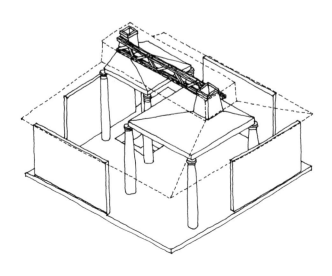

图13 摩尔住宅1号

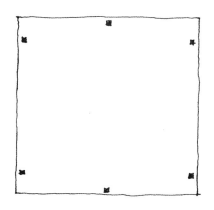

龛屋：在楼下定义了
一个场所；楼上是卧
室平台。

坐席：就座的场所。

厨房，上方是浴室：
穿过其中一边可以形
成一条通道。

容器：居住单元的正方形（立方体）轮廓；
在四周的任意位置都能开洞（门洞、窗口等）；
屋顶上可以开天窗。

壁炉

楼梯

飘窗：能坐着眺望大
海的场所。

这套部件能以不同方式组织起来，使每个居住单元
各不相同，同时又拥有共同的建筑语言。

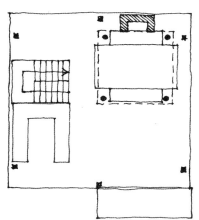

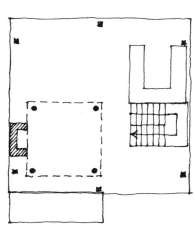

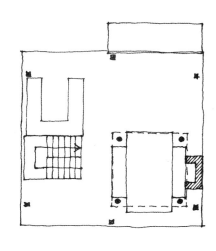

这种方式经常用于世界各地的传统建筑中。所有的住宅都是独特的
（而非相同的），但拥有共同的建筑语汇。

以下的案例是威尔士中部的亚中世纪（sub-medieval）木构住宅。
每个住宅都有相似（但不相同）的平面，由共同的元素语汇组成。

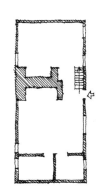

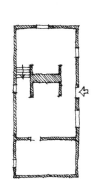

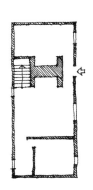

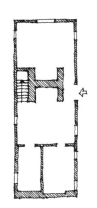

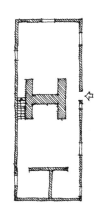

图 14 "构件套装" / 语汇表

结语，及关于梦的注释 |
Conclusion, and a note about the dream

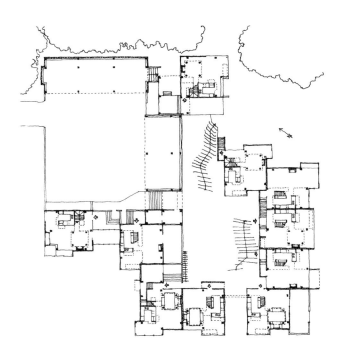

1 号公寓的整体形态从建筑学的角度来说显然是一个"村舍"。总体上呈不规则布局，其间偶有的规则之处——居住单元隐含的正方形"方糖"平面——更多是源自建造几何而非理想几何。这种布局顺应了地形变化，同时满足了人们对物质和情感的需求与渴望，为他们抵挡外部元素，又为他们提供了能与之相关联的家一般的中心。但如果"村舍"是对环境的回应，而"神庙"是一种对管控认定的话，那么这幢建筑也具有某些"神庙"的特征。这并不是一组由于需求而建成的住宅，也并不受制于可用的资源条件。其建筑语言是由建筑师决定，并由设计委员会监督。唯一与之相关联的活动就是休闲。如果它像一个渔村或是一组农场建筑，那它也就不过如此了。它会被指责为一个矫饰、一场梦境、一种幻想、一个童话故事……一个不切实际的幻觉。它也有可能因此而出名。

在关于海滨牧场的各种出版物中，哈普林和建筑师团队 MLTW 对于在 1 号公寓（和埃西里科的树篱屋）中践行的原则和规范没能幸免于市场压力，他们没能让私人别墅散落在景观之中并彼此孤立在独自的基地上而感到惋惜。显然，他们的项目在建筑层面以外还有社交层面的探讨，但还是败给了现实。或许他们宣称的目标"创建一个社区"这一步已经超出了建筑本身力量所能达到的范畴。或许建筑更应该是社区的一种产物（product）而非创造社区的手段（instrument）。这一话题待议。

参考文献：

Jay Appleton – *The Experience of Landscape* (1975), Hull University Press, Hull, 1986.

Kent C. Bloomer and Charles W. Moore with a contribution by Robert J. Yudell – *Body, Memory, and Architecture*, Yale University Press, New Haven, CT, 1977.

Lawrence Halprin – *The Sea Ranch… Diary of an Idea*, Spacemaker Press, Berkeley, CA, 2002.

Donlyn Lyndon, editor John Donat, contributing editor Patrick Morreau – 'Sea Ranch: the Process of Design', in *World Architecture Two*, Studio Vista, London, 1965, pp. 30-39.

Donlyn Lyndon – 'The Sea Ranch: Qualified Vernacular', in *Journal of Architectural Education*, Volume 63, Number 1, October 2009, pp. 81-89.

Donlyn Lyndon and Jim Allinder (with essays by Donald Canty and Lawrence Halprin) – *The Sea Ranch*, Princeton Architectural Press, New York, 2004.

Donlyn Lyndon and Charles Moore – *Chambers for a Memory Palace*, MIT Press, Cambridge, MA., 1994.

Charles Moore, Gerald Allen and Donlyn Lyndon – *The Place of Houses: Three Architects Suggest Ways to Build and Inhabit Houses*, Holt Rinehart and Winston, New York, 1974.

Barry Parker and Raymond Unwin – 'Co-operation in Building', in *The Art of Building a Home*, Longmans, London, 1901, pp. 91-108.

John Summerson – 'Heavenly Mansions: an Interpretation of Gothic' (1946), in *Heavenly Mansions and Other Essays on Architecture*, Norton, New York, 1963, p. 4.

William Turnbull – *Buildings in the Landscape*, William Stout, Richmond, CA, 2000.

E.1027 别墅

VILLA E.1027

E.1027 别墅
VILLA E.1027

一幢位于法国南部海岸马丁岬的建筑师度假别墅
艾琳·格雷（及让·伯多维奇）设计，1926—1929 年

这幢别墅位于法国南部海岸，20 世纪 50 年代早期勒·柯布西耶在它附近建造了小木屋（Cabanon）。如果你不按顺序阅读这些案例解析，就能发现第 89 页图中的小木屋和 E.1027 别墅周边环境之间的空间关系（仅在图中 d 的位置中能看到别墅局部）。艾琳·格雷为她的情人让·伯多维奇（与他合作）设计的别墅，是地中海沿岸这片位于铁路与礁石海岸之间崎岖土地上的第一座建筑。后来这里又建起了餐厅、公寓和小木屋。

有时很难将建筑师所说所写与他们的建筑设计联系起来。而艾琳·格雷与让·伯多维奇为《活着的建筑》（*L'Architecture Vivante*）特刊撰写的关于 E.1027 别墅的《住宅说明》（*Description*）则是个例外，这篇文章发表于别墅竣工的 1929 年。（伯多维奇是这份杂志的编辑。）显然这是对住宅设计方法的展示，因此值得在后面两页进行大篇幅摘录。

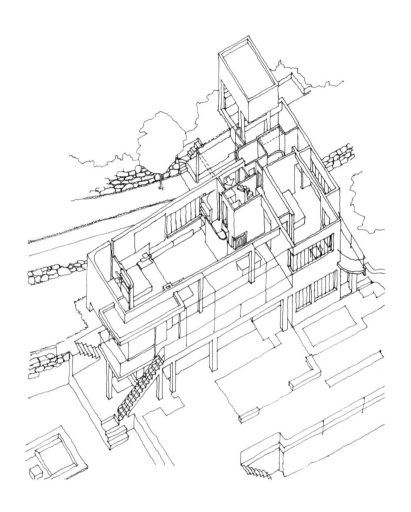

有一套英文经典儿歌小书。对建筑师来说，它们有趣的地方在于其对生活方式详细而充满想象力的展示。然而，对于任何认为碧雅翠丝·波特（Beatrix Potter）故事中的房子与阿尔托和柯布西耶的战后建筑风格之间——点点鼠太太（Mrs. Tittlemouse）的房子和艾哈迈达巴德的绍丹先生（Mr.Shodhan）的住宅之间——存在某种关联的观点，都会令建筑师感到惊讶。在碧雅翠丝·波特的房子内部，日常使用的物品和器具都合宜地摆放着，通常挂在单独的衣钩或

钉子上，而且全都是"简单"空间所需的"装饰"，或实际上可以拿掉……在这里，我们发现基本需求上升到一个诗意的层面：简单的生活就很好。这恰是现代主义建筑运动全部法则的精髓所在。

——艾莉森·史密森（Alison Smithson），《碧雅翠丝·波特的场所》（*Beatrix Potter's Places*），发表于《建筑设计》（*Architectural Design*），第 37 卷，1967 年 12 月，第 573 页

艾琳·格雷和让·伯多维奇，1929 年对 E1027 别墅的"说明"
Eileen Gray and Jean Badovici，'Description' of Villa E.1027（1929）

注重外观的建筑似乎以牺牲室内为代价，吸引了先锋派建筑师，好像一幢建筑的设计应该是为了取悦眼球，而不是为了居住者的幸福。如果阳光下的体量集合像一首抒情诗，内部则应该对人类需求和个人生活需要做出回应，应该保持平静而亲密。理论对生活来说是不够的，并不能满足它的所有需求。有必要使自己摆脱明显失败的方向，并设法在利用现有技术资源和可能性的同时，创造一种与精致的现代生活相协调的室内氛围。建造的结果比建造方式更重要，建造过程应服从于平面，**而不是让平面服从于建造过程**。这不仅是组织美丽线条的问题，最重要的是**构建人们的居所**……为了凸显自己的个性，不惜一切代价地创新，导致削弱了对实用性和舒适性最基本的关注……

内部平面不应该是外表皮的偶然结果；它应该引领一种完整、和谐、有逻辑的生活。它不应该从属于外部体量，相反应该去主导它。它不应该像 18 世纪那样，纯粹是一种习俗，而应像哥特时代一样，成为为人类建造的、符合人体尺度的、各部分间相互平衡的统一整体……

如果我们将住宅看作是有生命的有机体，采用了程式化的"起居室"形式，我们至少应以以下这种方式来规划这个房间，其中的每个居住者，都能偶尔获得完全的独立以及隐私和沉思的氛围。去掉大门，这样适合于一个门窗很少关闭的区域；但另一方面，也在探索一种将室内与室外分隔开的建筑布局。当一个人怕门随时会打开，从而可能引起不合时宜的拜访时，就会避免开洞。出于相同的原因，房间也采用同样的布局。

我们集中关注的四个基本问题如下。

1. 关于窗户的问题，我们创建了三种类型。

2. 经常被忽视，但非常重要的，有关百叶的问题：没有百叶的窗户就像没有**眼睑的眼睛**。否则，所有当前的组合形式都会导致同样的结果：当百叶关闭时会通风不足。我们的方法在阻挡过多阳光的同时，为新鲜空气的自由流通留出了很大空间。

3. 独立房间的问题：每个人，即使是在一个空间很有限的房子里，也必须能够保持自由和独立。他们必须有独立的**感觉**，如果他们想，就可以完全独立。我们通过布置墙体的位置，使门位于视线之外。

4. 关于厨房的问题，它应该容易到达，但又足够隔离，这样不会让味道扩散到起居空间中。我们将厨房与住宅的其他部分隔离开来：唯有在天气特别温和时穿过入口门廊才能到达。

住宅沿海一侧的特质，则不可避免地来自周围的环境，来自在这一环境中使用的材料以及来自大海的视野。

入口。——这是一个很大的有顶空间：有点像中庭；它大而包容，不像那种又小又狭窄的门口，似乎只能勉强打开。前方是一面巨大的白墙，暗示着抵抗，但明确而清晰。右侧是主入口，左侧是服务用房的门。

右侧的门通往主要空间：一面隔墙阻挡了在大门打开时可能从外面望进来的视线。

门左侧嵌入楼梯间墙体的是**挂帽子的壁龛**，它是半透明赛璐珞制成的半圆柱体，用松垮的线绳编成架子，这样就不会落上灰尘。

可以毫不费力地将雨伞随意挂在沿隔墙长边的管状扶手上。入口处桶形柜橱里是一组旋转挂钩的雨伞挂架。在帽子壁龛下面有一个深柜，用来存放为招待客人准备的备用椅子。

大房间。——这幢住宅是为一位热爱工作、喜爱运动又很好客的先生建造的。尽管它很小，但它的布局需要满足屋主款待朋友的需求。只有"露营"的方式能够解决这个特殊难题：人们想都不想就会采用这种方式，或许这会成为一种规范的模式，或未来的方式，但这是对特殊环境的最简单便捷的回应。

为了能招待众多的客人，设计了一个 14 米 ×6.30 米的多功能室，因为这个房间还能用作其他用途，在尽端有一面矮墙，可以从任意角度看到整个天花板，它后面隐藏着一间更衣室，里面有淋浴、亚麻衣柜、橱柜等。

靠墙有一张 2.20 米 ×2 米的长沙发，可以在这里舒服地伸展身体、休息或是交谈——它是一件能变成床的不可或缺的家具。靠垫可以像卫星一样环绕着沙发，靠垫的厚度将沙发扩大了 4 厘米，提供舒适而放松的座位。

更衣室对面的一间凹室里有一张小的长沙发，在头部有一个扁平的储物箱，里面放着枕头、蚊帐、茶壶和书籍。一张双轴的活动桌使人能躺着阅读。一盏安装在两片蓝色玻璃之间的白灯射出沉静的光线。

在小长沙发顶部有一个双扇门，通往有顶的露台，露台足够大，能够挂一张吊床。一扇金属门嵌入墙体，还有一扇有旋转板条的百叶门，能够获得通风，并在第一扇门打开时，让躺在那里的人有种户外的感觉。床脚处的固定玻璃窗上开了一个洞，能在温热的夏夜提供良好的穿堂风。

在小长沙发上方，一条触手可及的细绳能在夜间打开防蚊网。

窗对面的壁炉使人能同时享受火光和自然光。

家具——椅子、屏风和毛绒地毯，温暖的皮革颜色，柔和的金属光泽以及靠垫的深度——共同营造了亲密的氛围。一幅在夜间点亮的海图带来巧妙的信息，令人梦想一段远途航行。甚至地毯的颜色和形状都使人联想起大海尽头的地平线。

从房间内部看过去，入口处的隔墙是由一系列架子组成的，端头是赛璐珞半圆柱的隔断，里面是一摞留声机唱片。这里是音乐角，巧妙布置的隔墙放大了声音。

茶几是由可伸缩的管子制成的，上面盖着一块软木，避免易碎茶杯的碰撞和发出的声音。它包括放水果和蛋糕的盘子，一端狭窄，用来放置即将端出的茶杯。

当窗板折叠靠在柱子上，露台就与大房间连接起来，成为它的空间的延伸。整个栏杆都用一片布代替，能够轻易拆下，让人能在冬日的阳光下暖暖腿。布制遮篷由四个独立的部分组成，来抵御冬季最强的寒风；它能在夏天的烈日下遮阴，也能在冬天挡风的同时暴露在温暖的阳光下。

露台的地面缓缓向室内倾斜，在玻璃门下有一条排水沟用来排除雨水，**露台花园厚厚的长毛地毯**给人一种愉悦的感觉。阳光和阴影自由嬉戏，落下转瞬即逝的图案，微风从遥远的地平线吹进来。在这里，可以根据时间和天气状况，躲避阳光或在阳光下舒展四肢。

当海浪汹涌、天空阴霾时，只要关上南侧的大窗，拉上窗帘，打开北侧的小窗俯瞰花园的柠檬树和老村庄，寻找一条不同的崭新地平线，用大量的绿色取代了一望无际的蓝灰。

餐厅的服务和清洁用空间可以变成酒吧。酒吧的水平表面是有条纹的铝板，用于伺服餐饮，它可以折叠靠在一棵柱子上，另一个餐桌则有可旋转的抽屉。餐桌表面是软木板，来避免摆放盘子时发出声响。桌子由钢管支撑，能够轻松打开或调整。

在桌子一端，覆盖了皮革的杆件和金属桌板构成了放置上菜托盘的地方。夏天，可以将桌子推上露台，或敞开露台的门，将餐厅暴露在室外。

酒吧的屋顶沿对角线分成两部分，一边比另一边高一些，让阳光能照射到酒瓶上。准备饮料的桌子上固定的部分被安装在天花板上的圆形灯具照亮。酒吧还有一个装柠檬的盒子和一个放盘子的盒子。两扇可以关闭的门，能够将服务空间和起居空间完全隔离开。女仆可以从厨房直接进入楼下她自己的房间。

桌子单元。——每个单元都能用作书桌。娱乐时，可以将所有的桌子搬到大房间里，拼接起来——由于桌腿可以调整，插入另一条桌腿中——成为一个大餐桌，轻便又结实。

主卧室内有一间闺房／工作室，带有一个小的私人露台，露台上有一张露天的躺椅。一个用铝和软木制成的梳妆台内隐藏着洗脸架，打开时成为一面屏风；尽管很浅，但它容纳了所有的抽屉和化妆用的瓶瓶罐罐。当朋友占用浴室时，那里有脸盆可供使用，它就在小卧室的旁边。人们可以从这个房间经过一部小室外楼梯直接去往花园；尽管房子很小，但每个房间的独立性都得到了保证。达到了只有在大得多的住宅中才能期待的舒适程度。

房间从早到晚都阳光明媚，而且，由于有百叶窗，房间的光线和通风都能随意调节，就像照相机的快门一样。

床靠在两面墙上，床单是彩色的，这样当没有整理床铺时，就不会注意到床上的杂乱。由于这个房间的布局（通过改变对齐方式），从内部是看不到门的。

在布置成工作室的部分有书桌、金属椅子、文件柜、低悬的磨砂玻璃漫射灯以及一张有躺椅的私人露台。

这个房间里有一个小书架；靠墙放着一张带胶合板床头的床，那儿有两盏壁灯，一盏白色、一盏蓝色，调暗后可用作夜灯；一组可移动的两段式床头柜和夜光表盘；热水壶和暖床器的插座；透明赛璐珞蚊帐沿一条极细的钢绳和拉索展开，消除了普通蚊帐的沉重和不雅。窗下的亚麻衣柜放置在手的高度，这样不用弯腰就可以够到底部。它挂在墙上，这样下面的瓷砖地板就很容易清洁。更衣室里的家具包括一个废物篮、一张凳子、一些架子、一个脸盆、一个首饰盘以及一个铝制梳妆柜——铝是一种美丽的材料，在炎热的气候中能带来宜人的凉爽。

工作室的地砖是灰黑色的，房间则是灰白色的。

浴室尽管很小，但配备了许多有用的设施。百叶窗保证了通风，就像大房间中睡眠的凹室一样，浴缸上方有打开的大窗框。在门的上方利用门占据的1平方米顶部空间设置了顶橱，用来放手提箱。设置了一个踏步，可以很容易便够到它们。

浴室墙壁上的壁橱里有一个放鞋和睡袍的架子（有一组特殊的晾衣架），放内衣和睡衣的大壁橱做了倒角，为房间里的活动提供方便。

浴缸是一个普通的浴缸，覆了一层铝制外壳，使它具有惬意的外观，成为整体基调中一个闪耀的音符。坐浴盆上包了一层泡沫橡胶。厕所的位置靠近起居室和卧室，位于室外入口处天蓬下的一个桶形隔间里；通过屋顶通风。

厨房的布局参考了当地农妇的习惯，她们夏天在室外做饭，冬天和天气不好时就在室内做饭。设置了可折叠的玻璃隔断，使它可以变成露天的厨房。当隔断打开时，厨房不过是院子里一个有铺地的壁龛，里面有储煤仓、柴仓、盥洗台、电冰柜、水软化器、用来放瓶子的镀锌橱柜、折叠桌以及一个烧油的炉灶。室内是另一个冬天用的炉灶。

楼梯。——楼梯的尺寸尽可能小，但是踏步大而深，脚踩上去很舒服。楼梯井比螺旋楼梯大得多，使体量看起来很轻盈，而且通风良好。在螺旋楼梯的周围，有一系列通风、照明的橱柜，从内部和外部都可以打开。光线从上面的玻璃竖井倾泻而下，玻璃竖井能够通往屋顶……

下层。——客房的设计主要考虑了避免冬季寒风的影响。因为床必须避风，因此隔墙切断了所有气流。这个房间包括一间工作室和一间有天花板照明的更衣室。镜子旁有一个附属的小镜子，使人能在剃须时看到脖子后面；镜子上的灯装在镜子中心，使脸部光线更加均匀，没有阴影。抽屉随处可见，有外开的，也有内开的，有旋转的，也有滑动的，用来存放日常用品。客房是独立的，门直接通向花园和房子下面的露台。床是一个普通的长沙发，简单地改装了一个固定头枕，在早餐时使用……

我们试图创造**最小的生活单元**。尽管大幅缩小了空间尺度，但佣人房也足够舒适。虽然空间局限，但能够轻松活动，这个房间可以成为儿童房或佣人房的一个范例，只追求必需的舒适。

锅炉房、储藏室和园丁小屋都是独立的。

露台和花园。——铺装穿过整个花园，一直延伸到**架空**的住宅下面的空间。为了使花园更亲切，暴露在风中的一侧用金属瓦楞波纹板隔出一个储物空间，园丁可以把工具存放在这里。反光的水池会吸引蚊子，因此没有设置；取而代之的是一个日光浴池，里面有用斜面石板铺成的长沙发、一个沙浴池、一张用来放鸡尾酒的镜面桌子以及两边用来聊天的长凳。一部小楼梯可以直接下到海边浴场，这里还可以钓鱼或划船。

因此这幢非常小的住宅，集中在非常小的空间中，其中的一切都用来提高舒适度，使人沉迷于**生活的乐趣**（joie de vivre）。一条线或一个形式在任何一部分都不是为了成就它们自己；每一处都考虑到人，考虑到人的情感和需求。

译自格雷和伯多维奇的原文，1929年，在康斯坦特，2020年，第240~245页。

[责编注] E1027别墅1929年竣工，格雷和伯多维奇的文章撰写于1929年，迄今已近百年。这期间别墅多次易主，现在重新整修开放的建筑样貌与90年前的别墅在实体外观、装饰装修、室内格局、家具陈设等多方面均有一定变化，因此同格雷和伯多维奇当年的描述已不完全一致。

关于格雷和伯多维奇《住宅说明》的评述 | Some comments regarding Gray and Badovici's 'Description'

格雷和伯多维奇撰写《住宅说明》一文时，恰是勒·柯布西耶建造萨伏伊别墅期间，在法文第一版《走向新建筑》出版 6 年后，格雷和伯多维奇开始致力于撰写《住宅说明》一文，以此确定他们所设计的住宅并不在于外观，更多在于要创造一个生活（"栖息"（dwell），意指一种更加深度啮合的居住形式，而不仅仅是生存）与享受（他们的观点包含审美与使用两个方面；是关于如何更好地生活）的场所。显然他们读过柯布西耶的《走向新建筑》，而且深受其影响，却也对其慷慨陈词保持质疑与提炼的态度。他们关于"体块聚集在阳光下的一场表演"的评论，参考了勒·柯布西耶所说的"建筑是一些搭配起来的体块在光线下辉煌、正确和聪明的表演"（l'architecture étant le jeu savant, correct et magnifique des volumes assemblés sous la lumière，勒·柯布西耶，1923 年，第 25 页；陈志华译）。他们认为建筑远不止于此；它是关于通过营造居住空间来"回应人类需求"，包括身体上和情感上的（需求）。勒·柯布西耶或许并不认同这一观点，但格雷和伯多维奇对他所坚持的理论提出了质疑。他们质疑抽象理论，尽管有时这些理论似乎是出于自身原因被提出的，他们更倾向于去设计和建造。他们也斥责那些谋取名利的人（可能也包括柯布西耶）——"不惜一切代价去凸显自我"。

格雷和伯多维奇反对勒·柯布西耶理论中的一个重要方面是他的"基准线"系统（'les tracés régulateurs'，勒·柯布西耶，1923 年，第 49~64 页；英语译作 'Regulating Lines'）。他们将其视作一种对抽象的个人喜好，将焦点偏离了对在世界中生活的直接认知。他们说，建筑"不仅是建构出排列美丽的线条，而最重要的是建构人类的居所（dwellings for people）"；亦即建筑是要容纳生活而不仅是抽象的（理想）几何形。

这种抽象与体验之间的分歧由来已久，至少可以追溯到古希腊哲学家柏拉图和亚里士多德。这一分歧在建筑方面也一直存在。公元前 1 世纪，古罗马建筑师维特鲁威提出"对称"（symmetry）的重要性以及在建筑中对"比例"（proportion）的依赖。

他在《建筑十书》的第三书中写道，"比例是在一切建筑中细部与整体服从一定的模量从而产生均衡的方法"（维特鲁威，1914 年，第 72 页；高履泰译）。15 世纪，莱昂·巴蒂斯塔·阿尔伯蒂在他的《建筑论：阿尔伯蒂建筑十书》（Ten Books on Architecture）中提到"设计的力量与法则，在于以一种正确而精准的方式将线和角组织并连接在一起，形成建筑的立面"（阿尔伯蒂，1755 年，第 1 页）。18 世纪，一些作家诸如法国的让·雅克·卢梭（Jean Jacques Rousseau）及德国的约翰·沃尔夫冈·冯·歌德（Johann Wolfgang von Goethe）（以及后来英国的奥古斯塔斯·韦尔比·普金（Augustus Welby Pugin）及约翰·拉斯金（John Ruskin）等）对古典建筑中的抽象几何提出质疑，推崇更加务实的布局形式以及哥特式和传统地域性建筑。（关于理想几何与存在几何之间的区别概述在《解析建筑》一书中；潜在态度中区别之间的关联性在"神庙"与"村舍"一章中也是显而易见的。）

格雷和伯多维奇评论 18 世纪（古典）建筑是"纯粹的惯例"（pure convention）时，指的就是这一古老而严肃的分歧，他们更多受到哥特建筑的影响，认为它是"一个为人类建造的均质的整体，符合人类的尺度，所有部分之间取得了平衡"。这句话是对 19 世纪晚期艺术家、工匠、哲学家及社会改革家威廉·莫里斯（William Morris）观点的回应，莫里斯是英国工艺美术运动（the Arts and Crafts Movement）的重要代表。工艺美术运动被历史学家认为是现代主义建筑的起源，因为其建筑师是根据实际需求、清晰的结构以及审美体验进行建筑布局，而不是参照古典设计中的抽象法则。但现代主义建筑师（包括勒·柯布西耶，也包括格雷和伯多维奇）令人注目之处在于他们排斥工艺美术运动对过去（乡村农舍、农场建筑……）的暗示，支持线条清晰、外观前卫的建筑，这些建筑更多受到新材料（钢、钢筋混凝土及大片玻璃）的应用及工程技术巨大进步的影响。如我们在本书其他解析中所见，这一对新事物的偏好没有阻碍现代建筑师受传统建筑直接性与实用性的影响。可还记得，密斯·凡·德·罗曾受到非洲传统建筑的影响，教导他的学生要尊重"无名大师"（unknown masters）的"简单而真实的工艺"（simple and true crafts）。格雷和伯多维奇的注解与这一点之间的联系也是显而易见的，E.1027

图 1　由 E.1027 别墅标志与限定的场所在这张图中标记了出来。格雷和伯多维奇清晰地表达出他们的建筑绝不仅仅是外观与比例的法则，更多的是容纳生活。

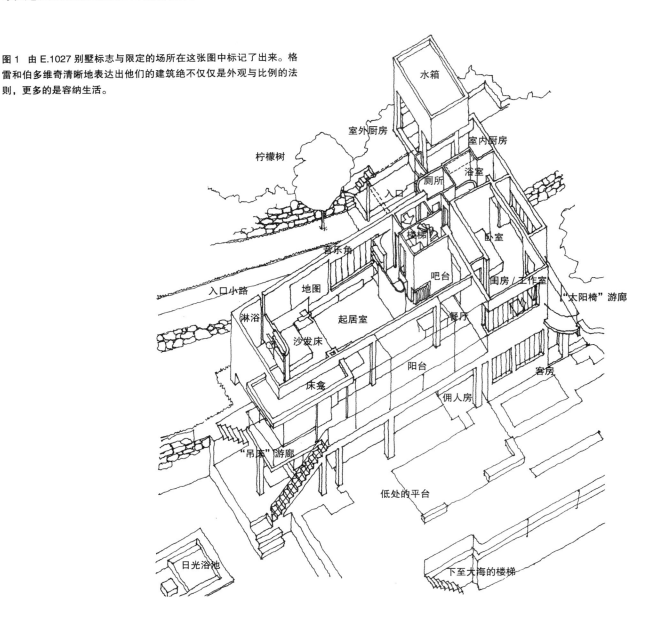

别墅中入口和厨房的布局显然受到了传统乡村建筑和"当地农妇生活习惯"的影响。

　　格雷和伯多维奇在 E.1027 别墅设计中清晰地表达了他们的关注点在于创造所谓"体贴的"（considerate）建筑，即建筑优先考虑居于建筑中的生活乐趣和（身体上及情感上的）舒适性（而非抽象的理论或是建筑师的声誉）。他们暗示满足人们持久渴望追求隐居与内心平静的需要，在夏日找到树影与凉风、寻求与好友共乐的空间、渴望能安定下来不受打扰地工作。他们力图实现艾莉森·史密森 1967 年关于碧雅翠丝·波特所著童书中描绘的对住宅的讨论，即所谓"简单的生活就很好"（参阅

第 164 页引文）。

场所识别 | Identification of place

　　格雷和伯多维奇通过场所来描述他们的住宅（图 1）而非其视觉外观或是雕塑式的体量。如在点点鼠太太的房子中那样，有存放小物件的地方：放手提箱、短裤和睡衣的壁橱，放帽子和雨伞的储物架，留声机唱片筒，甚至是一个专门放柠檬的地方，（因为）没有柠檬，杜松子酒和奎宁水就不完整了。有特定的场所进行特定的活动：不仅有容纳一般功能如睡觉（包括游廊上一个专门挂吊床的地方）、吃饭、

做饭、洗衣……的地方，也有用来在阳光下温暖双腿、日光浴、打盹儿、聊天、读书……的场所。起居室里有一张沙发床（用来在炎热的夏日午后睡午觉）和一个床凳。床头设计了阅读灯，带有能够架一本书或早餐上一杯咖啡的有趣装置。

在别墅中为女仆设计了住处，并清晰地划分服务空间和起居空间，还带有专门存放柠檬的地方，看起来似乎是无可救药的布尔乔亚做派。然而在格雷和伯多维奇生活方式中除鸡尾酒和"蔚蓝海岸别墅"（Riviera villa）以外，在其对 E.1027 别墅的《住宅说明》中记录了关于建筑与生活之间如何找到一种温和（而文雅）的人性化和谐的微妙洞察。

对气候的回应 | Response to climate

格雷与伯多维奇设计中文雅和谐的一个方面是其对法国南部海岸多变气候的敏感性。通过在传统建筑中发现的方法，他们领悟到在 80 年后的今天被称为"可持续性"（sustainability）的建造方式。这幢住宅能经过改造对不同的气候条件做出回应，包括酷烈的阳光、猛烈得令人烦扰的寒冷西北风（Mistral wind）以及冬天灰蒙蒙的阴雨天。

如我在"一家旅馆阳台上的门道"（A Hotel Terrace Doorway，《门道》，2007 年，第 168~169 页）中所述，伯多维奇设计的一种带个人专利的窗户系统（图 2），允许各种组合形式。窗扉被分割成细长的竖直嵌条，可折叠起来靠在窗框或柱子上，使窗洞能够完全打开通风。窗户外侧有栏杆，栏杆上装有百叶，通过滑动创造出变化的阴影。有些嵌板装

有铰链，能对通风进行更细腻的调节。

阳台的大面积开洞装有折叠窗，使起居空间能直接向大海敞开。阳台本身装着由钢柱和栏杆组成的纤细框架，挂上织物（帆布？）可以遮阳。

其他地方（如《住宅说明》中提到的）门道位置的设置都避开了西北风，而窗户又能在闷热的夏夜形成穿堂风。有些门有两到三层——保障安全的金属门、用来通风的百叶扇及防蚊虫的纱网。这些与窗户系统一样，能够在不同的环境下排列成不同的组合。

这些营造舒适环境的精妙机械装置也很有美感。格雷和伯多维奇记录下了欣赏火光与日光的交融，在灰蒙蒙的雨天封闭朝向大海的视野，打开望向古老村庄的窗户，看着屋后山坡上滴着水的柠檬树。

过渡，层级，中心 | Transition, hierarchy, heart

格雷和伯多维奇对于人——居住者——的核心地位的认知延伸到利用建筑来控制（协调）空间体验，并改变世界的呈现方式。在对雷姆·库哈斯波尔多住宅的讨论中，曾谈到他如何利用 18 世纪乡村住宅中的装置将来访者引入主人的世界。E.1027 别墅也是异曲同工。

出于实用性的考虑，从上坡方向进入住宅更为简便（图 3）；这个方向的小路来自附近铁路下方的隧道方向。但这个布局也很有戏剧性；格雷和伯多维奇通过引导访客在进入住宅之前穿过北面的阴影从而增强了戏剧性（图 4）。沿着这条路行进，地下室若隐若现（图 5），清晰地表达出建筑并非坐落在

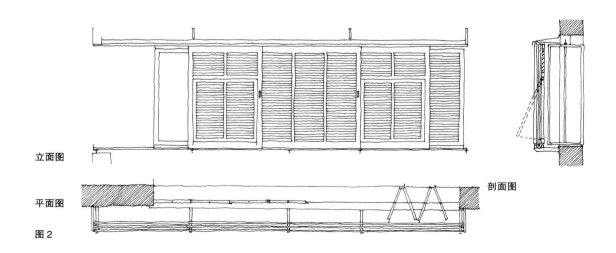

立面图 剖面图 平面图 图2

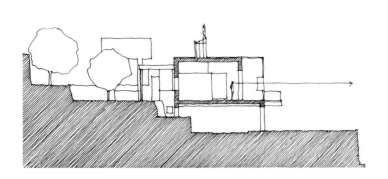

图 3 剖面图

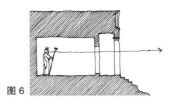

图 6

图 7

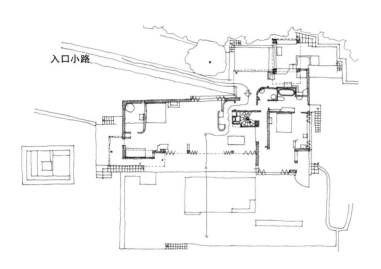

入口小路

图 4 起居层

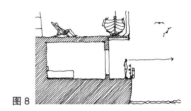

图 8

地面上而是"浮"在空中，支撑在被柯布西耶称为"架空柱"的柱子上。

通往入口的小路像一座小桥（或是上船的舷梯）。在一个混凝土雨棚下面，访客右拐进入住宅，但此时面前并不是"前门"，而是一面影壁。左侧是盥洗室。右侧是进入别墅的大门。从影壁处转弯，穿过门道，入口部分被一个复杂的系统拉长了，这部分还包括遮蔽了起居空间的伞架和储藏室。

经过了这道屏障所制造的曲折，就进入了别墅的核心部分，面对着阳光在海面闪耀着的全景视野。你走进了另一个世界。走到阳台上，无论有没有帆布遮阴，访客都会发现自己置身于一个地面之上的平台上，在一处灰空间中远眺大海和地平线。这个灰空间在建筑上类似于希腊神庙的柱廊（图 6），这是介于神的领域与外部世界之间的空间；又类似于海滩营地（图 7），这是日光浴者与他周围环境之间的媒介；或许更贴切地说类似于游轮的甲板（图 8），在这里，20 世纪 20 年代穿着华丽的情侣挽着手臂，满怀渴望地凝望着大海。

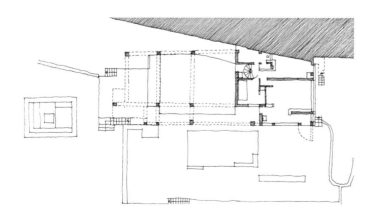

图 5 下层，地下室

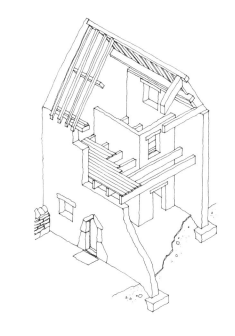

图9

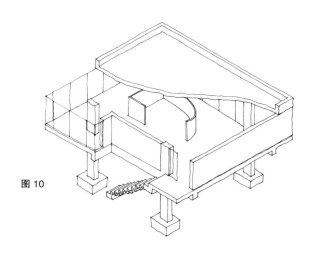

图10

几何；空间与结构 |
Geometry; space and structure

如果说 E.1027 别墅的空间组织方式令人想起英国工艺美术运动和传统建筑形式，其外观和建造方式则是完全不同的。

新建筑材料在 19 世纪末叶有很大发展。包括结构钢材、钢筋混凝土和大块平板玻璃。1918 年，勒·柯布西耶意识到钢筋混凝土与生俱来的巨大潜力，发表了他著名的"多米诺住宅"（Dom-Ino）构想图，多米诺住宅用混凝土（或钢）柱或底层架空柱结构代替了承重墙结构（参阅《解析建筑》第四版，第 184 页）。8 年后，就在格雷和伯多维奇设计建造 E.1027 别墅期间，柯布看到新建造方式的无限潜力，受到启发出版了"新建筑五点"（架空柱、屋顶花园、自由平面、水平长窗、自由立面。参阅第 145 页，及乌尔里希·康拉德（Ulrich Conrads），1970 年，第 99~101 页）。

在这幢别墅中，格雷和伯多维奇没有完全遵照柯布西耶的新建筑五点，但他们利用了钢筋混凝土结构的自由性。以上两幅图展现了其中的几点优势。

左边的图（图9）展示的是传统承重墙结构。这是一个虚构的例子。它是由较小的元素用特定方式组合在一起。墙体由石头或砖块砌筑，用砂浆黏结

并抹平，使墙更加稳固。这些沉重的墙体必须用基础（基脚）支撑，将荷载传递到地基。通常来讲，它们还必须垂直砌筑，以便荷载直接向下传递到基础。这种墙体上的窗户和门洞都很小，因为洞口上部的墙体必须用过梁或拱券支撑。上层楼板和屋顶通常使用长木条：托梁支撑着楼板；桁架、檩条、椽子、板条支撑着屋面板或瓦片。仍有很多建筑使用传统材料和建造方式来修建。

钢筋混凝土结构（图10）则完全不同，它是将流体材料浇筑入预制的模子——模板中。其强度来自浇筑混凝土之前置入模板的钢筋。楼板和屋顶不需要墙体的支撑；柱子就足够了。楼板和屋顶以及支撑它们的柱子形成了一个独立的——整体的——构件。柱子支撑在埋地的混凝土板而非条形基础上。架空柱使楼板脱离了结构墙体；底层可以敞开；上层可以用轻质隔墙进行组织和分隔，完全不需要考虑支撑上面的楼板或屋顶。窗户也不再需要过梁；事实上，整面墙都能用玻璃制成。同时，由于钢筋混凝土的完整性和高强度，楼板可以悬挑出来，即可以在空间上方挑出侧廊。

E.1027 别墅采用平屋顶（通过旋转楼梯到达），但并没有屋顶花园。其平面可以称为"自由平面"，因为起居空间是开敞的，并采用非承重构件划分出

入口屏障及端头的淋浴空间。钢筋混凝土结构的柱子和屋顶使得大面积玻璃幕墙成为可能，从这个意义上说，朝向阳台的洞口也是"自由"的。

在下层（图 12），格雷和伯多维奇使用架空柱创造了一个遮蔽阳光却又向着庭院和海面微风敞开的空间。由于格雷和伯多维奇的重点在于在他们的别墅中为生活的不同方面和不同活动创造空间，因此其平面与工艺美术运动的住宅（例如位于英格兰湖区（English Lake District）的布莱克威尔住宅（Blackwell），麦凯·休·巴利利·斯科特（Mackay Hugh Baillie Scott）设计，1899 年，图 13）非常神似。而这些工艺美术运动住宅则是受到传统住宅（如位

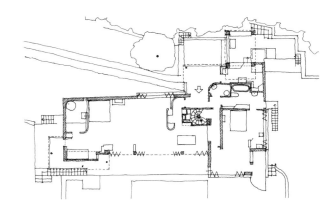

图 11 上层：起居空间

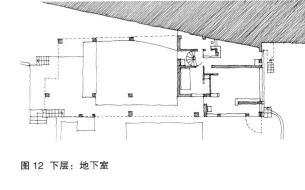

图 12 下层：地下室

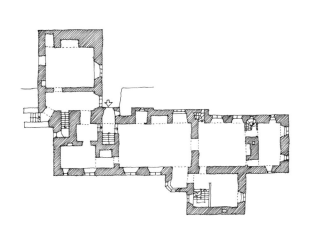

图 14a 拉米亨哥庄园（上层平面）

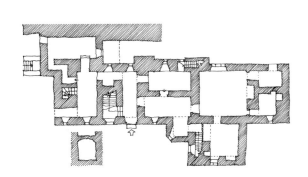

图 14b 拉米亨哥庄园（下层平面）

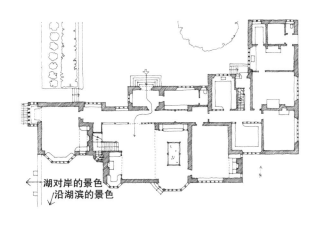

湖对岸的景色
沿湖滨的景色

图 13 布莱克威尔住宅，麦凯·休·巴利利·斯科特设计，1899 年（入口层平面）

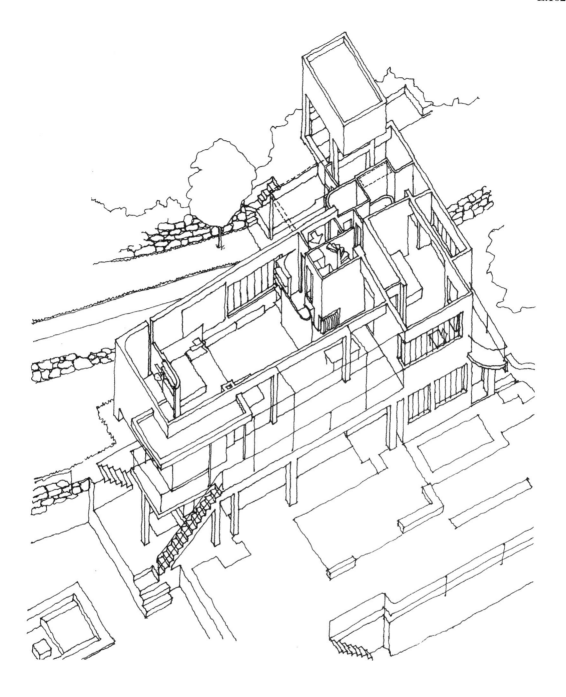

于南威尔士的拉米亨哥庄园（Llanmihangel Place），图 14a、14b）的影响。拉米亨哥庄园的起居室也在上层（图 14a）。但钢筋混凝土的结构潜力及可能性是通过由墙体承重的砖石建筑的下层（图 14b）与 E.1027 别墅的下层（地下室，图 12）所必须的结构工程量比较显示出来的。纤细的混凝土柱取代了厚重的墙体；开阔的环境取代了小窗户；阳光和空气取代了阴郁的黑暗。

E.1027 别墅将生活与生活中的活动容纳在内的意图，与工艺美术运动住宅和它们的榜样——旧时代的传统住宅所表现出的意图是相似的。但由于采用了不同的建筑材料，而且摒弃了风格化的装饰，E.1027 别墅的外表并不相同。它对未来的热望——追求阳光、健康和远处的地平线——营造出了完全不同的氛围。

将一幢海边的别墅，想象成远洋邮轮，远比仅看到它们沉重的瓦屋顶更恰当。

——勒·柯布西耶（1923 年），1927 年，第 98 页

不是在汹涌而充满未知的大海上给你方向和住所的轮船，而是一艘载着你在浪漫的辞藻中航行到远方的邮轮。它就像孩子用餐椅搭建出想象中的大船；一个玩"让我们假装航行到世界另一边"游戏的地方。开敞的起居室和阳台，就像是摆动的帆布遮蔽着的轮船甲板，不仅是为了获得望向地中海的美景。它是为了将站在此处的人放在无尽的地平线上，感受无边无际的大海和天空。这是一艘浪漫而特别的轮船，带着自由与阳光、开阔的新视野、无限（无尽）渴望的轮船。也是一艘驶离过去的幽闭，驶离当时一战的黑暗和泥泞，驶离 19 世纪沉闷而乏味的建筑……开往未来的轮船。

因此，E.1027 别墅证明了，建筑不仅是关于此时此地；也不仅是关于向过去学习；而是关于向着充满希望的未来起航。

结语：关于隐喻的注释 I
Conclusion：a note on metaphor

在电影《邮差》（*Il Postino*，迈克尔·拉德福（Michael Radford）导演，1994 年）中，诗人巴勃罗·聂鲁达（Pablo Neruda，菲利浦·诺瓦雷（Philippe Noiret）饰）告诉邮差马里奥·鲁勃罗（Mario Ruoppolo，马西莫·特罗西（Massimo Troisi）饰），隐喻（metafore）是诗歌中最重要的元素。隐喻并不仅仅属于口头语言；它也存在于建筑中。对 E.1027 别墅来说，恰当的隐喻——诗意的暗示——是一艘远洋邮轮。

这一理念同样来自勒·柯布西耶 1923 年在巴黎出版的著作《走向新建筑》。这本书收录了之前在柯布西耶和他的朋友阿梅德·奥占芳（Amédée Ozenfant）共同创办的《新精神》（*L'Esprit nouveau*）杂志中发表的相关文章。其中一篇文章名为《视而不见》（*Des yeux qui ne voient pas…*）。文章第一部分专门介绍了"远洋邮轮"（les paquebots），还配上了如"阿基塔尼亚"号（Aquitania）等轮船的照片。以此来展现冠达邮轮公司（Cunard）现代远洋客轮的设计方法应该对建筑师有所启迪：其清晰的目标；摆脱历史"风格"的束缚；力量以及工业材料的使用带来建造的高效性。这些轮船载着它们（富有）的乘客穿越大海。每一次离港都载着人们驶向远方浪漫的终点。

在 E.1027 别墅的《住宅说明》中，格雷和伯多维奇提到起居室墙上航海图的力量；它会唤起对遥远航行和热带大海上浪漫日落的想象。这不是西格德·莱韦伦茨（Sigurd Lewerentz）在克利潘（Klippan）设计的教堂中所使用的隐喻（参阅下文解析），也

参考文献：

Peter Adam – *Eileen Gray: Architect/Designer*, Harry N. Abrams, New York, 1997.

Leon Battista Alberti, translated by Leoni – *Ten Books on Architecture* (1485, 1755), Tiranti, London, 1955.

Ethel Buisson and Beth McLendon – 'Architects of Ireland: Eileen Gray (1879-1976)' in *Archiseek*, available at: http://ireland.archiseek.com/architects_ireland/eileen_gray/index.html

Ulrich Conrads, translated by Bullock – *Programmes and Manifestoes on 20th-century Architecture* (1964), Lund Humphries, London, 1970.

Caroline Constant – *Eileen Gray*, Phaidon, London, 2000.

Le Corbusier, translated by Etchells – *Towards a New Architecture* (1923), John Rodker, London, 1927.

Eileen Gray and Jean Badovici – 'De l'électicism au doute' ('From eclecticism to doubt'), in *L'Architecture Vivante*, Winter 1929, p. 19.

Eileen Gray and Jean Badovici – 'Description' (of Villa E.1027), in *L'Architecture Vivante*, Winter 1929, p. 3.

Shane O'Toole – 'Eileen Gray: E-1027, Roquebrune Cap Martin', in *Archiseek*, available at: http://irish-architecture.com/tesserae/000007.html (July 2009).

Alison Smithson – 'Beatrix Potter's Places', in *Architectural Design*, Volume 37, December 1967, p. 573.

Colin St John Wilson – *The Other Tradition of Modern Architecture* (1995), Black Dog Publishing, London, 2007, pp. 162-173.

Vitruvius, translated by Hicky Morgan – *The Ten Books on Architecture* (first century BC, 1914), Dover, New York, 1960.

圣彼得教堂

CHURCH OF ST PETRI

圣彼得教堂
CHURCH OF ST PETRI

一个位于瑞典小镇克利潘的路德教会堂
西格德·莱韦伦茨设计，1963—1966 年

这座位于克利潘（Klippan）的小教堂是一位从业 50 余年的建筑师在近 80 岁的年纪时设计的。西格德·莱韦伦茨（Sigurd Lewerentz）从没用语言讲述过这个作品，只留下作品自己说话。圣彼得教堂看起来并不像一座教堂。人们能强烈地感受到，它显然饱含深意，可以接纳各种不同的诠释。在建筑上，它像是贝多芬晚年的一首弦乐四重奏；其复杂性源自回避了传统的、清晰的、坚定的形式；而戏剧性的、变幻的情感冲突使其变得动人。

背景 | Context

1963 年莱韦伦茨受委托设计这座教堂。用地是三角形的，在市政公园转角一个安静的路口上，是多年前捐献出来的。克利潘是个人口稀少的小镇。用地周围的区域特征更像是市郊。然而，尽管是在公园和市郊的环境，莱韦伦茨却选择将这个小教堂设计成一个小而密集的建筑组群：方形的体块是教堂主体；"L"形体块则是附属的膳宿；两者之间是一条小街。这种组织方式组成了一个小城市的结构——不是现代城市，而是一个特质不鲜明的传统城市或是《圣经》中的城市——一个小小的城市碎片，被圣·奥勒留·奥古斯丁（Saint Aurelius

一旦我们承认语言存在不足，就给其他表达方式留出了空间；寓言是其中一种，就像建筑和音乐。

——豪尔赫·路易斯·博尔赫斯（Jorge Luis Borges），
艾伦（Allen）译，
《从寓言到小说》（*From Allegories to Novels*，
1949 年），艾略特·温伯格（Eliot Weinberger）编，
豪尔赫·路易斯·博尔赫斯著，
《总图书馆：非虚构，1922-1986》
（*The Total Library: Non-fiction*，1922-1986），
企鹅图书，伦敦，2001 年，第 338 页

Augustinus）称为"上帝之城"（The City of God）。

作为一个小城市碎片，圣彼得教堂显得严峻而超现实。这条狭窄的被超现实城市碎片挤出的"L"形"街道"上没有树木，尽管有沉默的街灯在你经过时像是礼貌地行着鞠躬礼。地面铺满沙砾（走在上面能听到自己摩擦的脚步声）。所有的墙体都是深紫褐色的烧制黏土砖块——用水泥砂浆砌筑——砖块和泥浆会变硬粘在一起。窗户就像镜子没有颜色，或许只能反射天空或是上方偶尔摇摆的树枝的色彩。这是个奇怪的城市；人会迷失其中。

一个舞台布景：为故事搭建的独立领域。

我在《门道》（Routledge，2007 年）一书中，讲述了第一次独自造访这幢建筑的经历。我从位于西南方向的火车站走来，首先发现了停车场，然后沿着朝向一座烟囱的小路继续前行。到达一个丁字路口左转走向水池。绕到建筑的一端，我看到高高的金属栅栏中间敞开的大门引向建筑中间的"小街"。脚下是一条铺砖的小路，引我向那里走去。穿过大门沿着小街前进，我期待着能找到建筑入口。右手边低矮的建筑显然是附属的；教堂在我左手边。周

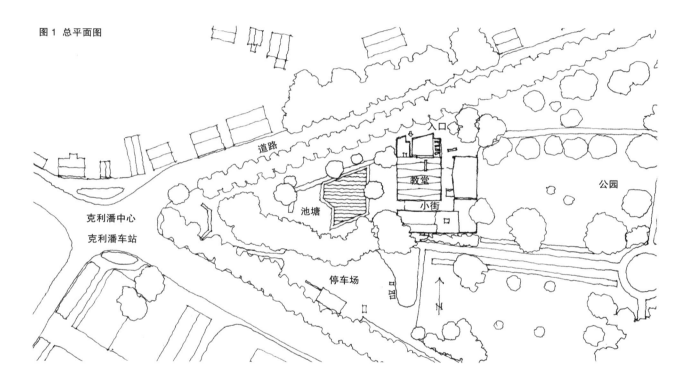

图 1 总平面图

这幢建筑的朝向精确地对准指南针的方向（图1）。周围至少有六条小路：两条是北侧绿树夹道的人行步道；两条从东侧的公园穿过；一条来自南侧的停车场；还有一条看起来更像是出口而不是入口，来自一个有水池和喷泉的小花园。莱韦伦茨在建筑布局时特意留出了西侧的这个花园。绿树环绕和宁静的水面，让这个小花园的自然与城市的碎片形成对比。整个布局——"城市"与"花园"——被沿着人行步道的行道树和树篱与土堤和城市隔开。莱韦伦茨没有利用既有元素，也没有将他的设计与既有元素结合在一起，而几乎是创造了一个小世界——城市与花园——与周围的一切隔绝。圣彼得教堂是

围没有人。两大片玻璃嵌在我左侧墙上高于视线的位置，像反光的太阳镜，仅仅是反射着外面的景色。玻璃上方突出的砖线脚像是一条愤怒的眉毛。接下来有一扇小门，但是锁着的，因此我继续向前走，转过小街的拐角。砖路在拐角处终止了，不通向任何地方。我右边的楼梯下到地面上的一个方形水泥洞口；教堂的入口不在那下面。沿小街的建筑是办公室。在左边，我觉得属于教堂的墙面完全是空白的；甚至连"太阳镜"都没有；仅有几个安静而礼貌的灯柱，立在那里像是（相当无用的）圣徒。小街的尽头有一片独立的墙，与所有其他建筑间呈一个奇怪的角度，挡住了一部分望过去的视线。走到小街

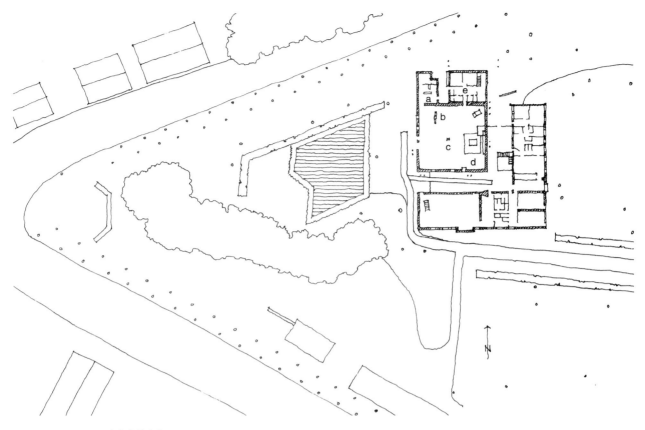

图 2 总平面图，展示出教堂的内部平面。

尽头绕过这面墙，我发现自己回到了城郊的公路上，感觉被这一小片超现实城市温柔地排斥在外。我就像横冲直撞的忒休斯（Theseus），奋力冲入（而非冲出）迷宫之中。

继续逆时针前进，教堂在我左边，经过一个肮脏的小院子，我觉得这里是放垃圾桶的，转到另一个拐角时，发现自己又回到了有水池的花园。现在，在我认为是属于教堂的那面墙上我看到两扇门，一扇单开门，一扇双开门。哪个看起来都不像是主入口，更像是进锅炉房的门。只有那扇单开门有一个把手。两扇门都上着锁。我很困惑，决定如果不能从正常的路进去（我已经开始怀疑这个教堂到底有没有路能进去！），就去试试后门。我回到那个脏兮兮的小院子去查看那扇门是不是开着。它确是开着的。我以为会看到拖把和桶，但发现自己进入了一个神奇的空间——一个小小的矩形"洞穴"（图2中a），被一个看起来很深的砖拱顶（图3）上一条裂缝里透过的黯淡的光照亮。我能听到滴水的声音。在这个

小洞穴的角落是一个通往教堂的大洞穴的门。我终于找到了进入的路。经历了外面市郊阳光下公路的平淡，和我在这个小小的"上帝之城"中超现实"街道"里的体验，这个空间的特质强烈起来了。

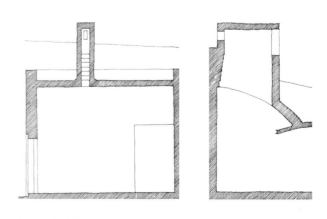

图 3 光的裂缝位置剖面

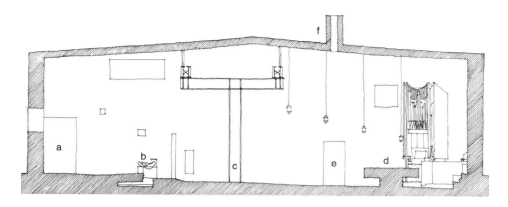

图 4 教堂主空间剖面

教堂的内部（图4，及本案例标题图）很昏暗，但能看到明亮的方形光斑。其中一个照亮了一个大蛤壳（圣水盆，图4中b），使它在黑暗中闪耀。水静静地滴入蛤壳，然后溢出，一滴一滴有节奏地丈量着时间，滴入砖铺地面上裂缝下的一汪池水中。洞穴般的教堂中心是一个巨大的"T"形钢架（图4中c），它支撑着砖拱顶。第一次探访时，这个令人畏惧的钢架使我后来才意识到，至少三刻钟的时间我都没有靠近它。当走近它时，伸手敲了敲，声音听起来像钟一样。

不平坦的砖地向着一簇吊灯下巨大的砖圣坛（图4中d）坡下去。砖墙旁边是神父的坐席和讲台，也都是砖的。经过风琴，有一道门通向圣器置放所（图4中e）。神父的入口和礼拜前唱诗班的位置被另一道裂缝（图4中f）中透过的光线照亮，看上去像是教堂屋顶上方高深的砖拱顶。这道光照亮了地上的通道，引导神父走向圣坛。

光线、声音、质感、尺度、时间……；莱韦伦茨在他的建筑中用这些建筑调节性元素增加戏剧性和情感体验。作为"建筑师"，他以他的建筑为媒介，唤起情感回应，组织礼拜空间，将标志性的"T"形结构守护在空间中心。他的窗遮蔽了刺眼的光线；昏暗的室内缓缓地展现，却从不畏缩；滴落的水提醒你时间的漫长；不平整的砖地使你感觉不稳定，甚至有点眩晕；管风琴声和歌声在砖墙和拱顶间回响；钢结构像钟声一般鸣响；圣坛令人想起牺牲。圣彼得教堂并没有独立于人之外，将他当作旁观者。而是将人纳入其中，成为重要的参与者。

理想几何 | Ideal geometry

在整个职业生涯中，莱韦伦茨都用几何形和比例关系来控制他的平面和剖面设计。1922年他设计了复活礼拜堂（Chapel of the Resurrection）。这座教堂是作为斯德哥尔摩郊区林地火葬场（Woodland Crematorium）的一部分建造的，这个火葬场最初是由莱韦伦茨和埃里克·贡纳·阿斯普伦德共同设计的。复活礼拜堂的平面、立面和剖面（图5~图8）中展示了这幢建筑中一套源自柯林·圣约翰·威尔森（Colin St John Wilson）1988年发表在《建筑师期刊》（*Architects Journal*）文章中插图的几何分析。表明这幢建筑的生成是基于一套黄金分割矩形框架（参阅《解析建筑》第四版，第166页）。还有其他可能的分析解释（参阅汉斯·诺登斯特伦（Hans Nordenström），1968年他提出一套基于√2矩形的解析方法）。无论他采用的究竟是哪种方式，莱韦伦茨都是要使他的设计完全基于理想几何。

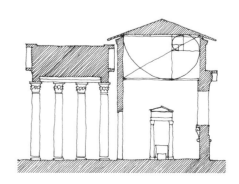

图 5 复活礼拜堂剖面

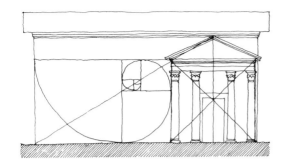

图 6 复活礼拜堂立面

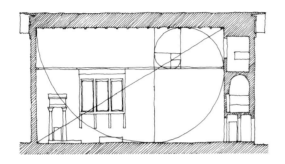

图 7 剖面

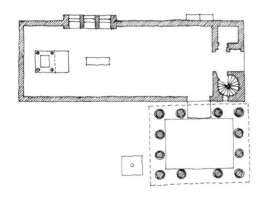

图 8 平面

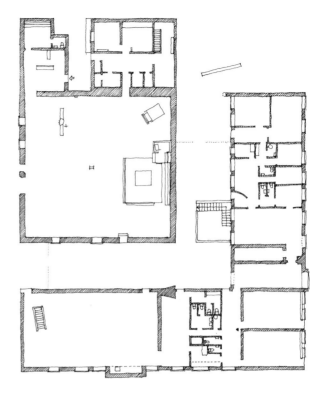

图 9 圣彼得教堂平面

将隐含的几何形从一个设计中抽取出来是非常困难的。草图和建造的误差通常会带来多种可能的解释。这些困难之外，一个人还会出于自己的愿望将所有线索都与他所偏爱的理论相联系。但这些都没有削弱探索的魅力，一种揭秘的热望，去探寻答案。莱韦伦茨对几何形的运用与密斯·凡·德·罗拒绝理想几何理念之间的鲜明对比，或许是在坚守他的设计立场。

克利潘的圣彼得教堂平面图（图 9）大概比其他建筑更难以进行几何分析。经验丰富的人一眼就能看出其中存在着某种理想几何框架；但把它找出来并确定是否正确则是另一件事。对页上的图解（图 10，及旁边的文字）提供了一种可能的解析。

存在几何 | Geometries of being

圣彼得教堂的主要结构材料是砖。地面、墙体、屋顶、圣坛、长椅、隔断……全都是砖的。教堂中采用的绝大部分砖都未经切割。用未经切割的砖砌墙并不容易。与莱韦伦茨同时代的美国建筑师路易斯·康有句名言，"砖知道自己想成为什么"，意指在不妥协的矩形砖块几何形与不妥协的竖直重力之间存在一种和谐，造就了竖直的矩形墙体和几何曲形的拱券。我不知道莱韦伦茨是否了解或关心康的名言，但他推动这一观点超越了界限。不考虑康的实际含义或他在自己作品中的所作所为的话，这句话表达的是，砖与重力本身能够协同工作，并做出建筑决策。莱韦伦茨则坚持一个更基本的事实：是

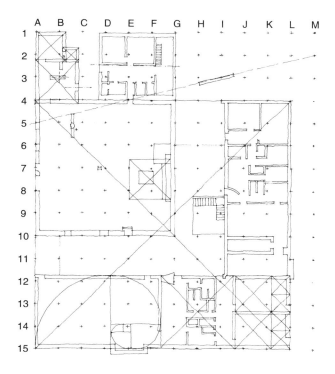

A B C D E F G H I J K L M
1 2 3 4 5 6 7 8 9 10 11 12 13 14 15

图 10 圣彼得教堂，平面几何分析。

关于莱韦伦茨的平面隐含几何形的分析。

莱韦伦茨的设计似乎始于一个 3.333……米的正方形网格系统，图中用小十字及坐标 A–M 和 1–15 标识出来。这个网格系统为整个建筑构建了限定条件。（它也可以向外延伸到花园，但我还没有考察这种可能性。）教堂体块占据了网格中从 A1 到 G10 的部分。"L"形的附属体块的坐标则是 L4，L15，A15，A12，I12，I4；尽管沿街墙面并不沿着网格线———一条略偏内侧，另一条似乎向外偏了同样的距离———网格的存在似乎被设计在坐标 I4 上的短墙所证实。教堂主体空间占据了一个完美正方形，从 A4 到 G10。这个正方形沿对角线方向向东南延展 5 个单元格，获得了一个更大的正方形，将"L"形的附属体量包含在内。网格系统也决定了平面中的部分其他元素，而非全部，包括部分办公区的隔墙。沿街的大铁门沿网格线 B 和网格线 6 布置；街道尽头夹角奇怪的墙体则是沿着 M2 到 A5 的连线。

认识到网格系统的潜在作用后，分析变得更不确定了（我此处的分析当然还没有完成）。或许还存在其他隐含的规则，但黄金分割的唯一例证似乎是在公共活动室，相应的位置是壁炉。在其他位置，如圣坛周围，重复出现的形状是正方形。有些区域的正方形以简单方式相联系，如在辅助体块的东南角，构成了 3:2 矩形。但在向北延伸的小入口处，正方形的布置就复杂得多。此处它们似乎并没有遵守网格系统，它们并没有共享边界，而是以交界处墙体的厚度为搭接宽度。然而它们的尺寸似乎依从了连续的数字比例 3:2:1，由此衍生出一个小的空间旋涡或螺旋。在这样的分析中，其他微妙的细节更加明显，包括：砖地上圣水盆处裂缝的位置，似乎与大正方形的对角线和另一条由奇怪角度的墙体确定的斜线相关；入口似乎位于网格线 3 与网格线 4 的中线上；入口门厅／婚礼礼拜堂入口处的砖长凳在网格线 3 上，旁边的圣坛则是在网格线 B 上；圣器安置所的入口似乎位于奇怪角度墙体所在的斜线与网格线 E 的交点上；圣坛的栏杆也是在网格线 E 上。圣坛本身并没有按网格布置。（或许）还有很多其他参考线或类似的关系，就留给你们自己去探索吧。

几何分析的最后一点是，"T"形钢结构并没有立在正方形教堂空间的正中心，使你可以站在中心的位置。后面讨论这幢建筑中的符号解读时我会再提到这一点。

建筑师做出了决策；而且，尽管砖难以加工的矩形形态和无法改变的竖直重力共同组成了建筑师必须面对的条件，但它们并没有做出设计决策。莱韦伦茨的这一观点改变、超越、取代了所有认为建造几何决定设计的观点。

莱韦伦茨认为，砖仅知道，它不想被切成两半。而我们也不会这么做。如果砖是异形的或褪色的，他也不会拒绝使用它们。坚持不对砖进行切割似乎很古怪，但我们后面会看到，这或许具有某种象征意义。这种坚持造就了圣彼得教堂中某些特殊的砖砌肌理（图 11、图 12），通常的砌砖方式———一块

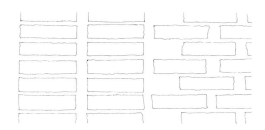

图 11

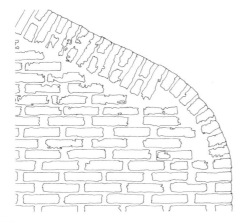

图 12

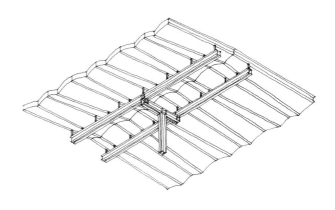

图 13

砖应当搭在两块砖上面（错缝砌筑）——被忽视掉了。这种坚持也使灰浆从仅仅是将砖黏结在一起的胶凝材料提升到与砖具有平等地位，共同构成了墙体的表面肌理。莱韦伦茨早期在斯德哥尔摩附近布约克哈根（Björkhagen）所设计教堂的部分墙体中，在砖墙外涂抹灰浆——这种做法被称为"装袋"（bagging），因为它的效果是用麻袋或水泥袋做成的。在克利潘，灰浆更多是用来创造一种更平整、稍凹陷但仍旧肌理粗糙的节点。

莱韦伦茨也用其他方式改变、颠覆，甚至扭转了所谓的建造几何的权威性。他很乐于用砖做一些有难度的东西，或至少是与往常不同的东西。如前所述，由"T"形钢结构支撑的屋顶是由砖拱顶组成的。这些拱跨在小钢梁之间，小钢梁则跨在两根横跨教堂空间的大梁上。这两根大梁由"T"形钢结构支撑（图13）。小钢梁与惯常不同，既不水平，也不互相平行；它们的端头高低变化，在一条波浪形的脊处相交。

砖拱也是由未经切割的砖砌成的。使屋顶看起来不稳固，像汹涌翻滚的云层。

在其他位置，莱韦伦茨使建造几何服从于人类几何形态、尺度和运动。砖并不柔软，"想"（want，如路易斯·康所认为的）被塑造成矩形形状。但人不是矩形的；当人坐下时，需要座椅有符合臀部和后背的曲线。在圣彼得教堂的很多地方，莱韦伦茨都设计了固定座椅，如你所料，是用砖砌筑的。然而他没有让矩形砖块强硬的几何形决定座椅的形态，而是让瓦工以一种不同方式来砌筑——将砖砌成柔和的曲线，来吻合人的臀部并为腰部提供支撑（图14）。在辅助体块中，莱韦伦茨设计了一对"对话"座椅（'conversation' seats），也是用砖砌筑的，使人的视线望向毗邻的公园（图15）。这些砖的细部、墙体和座椅，并不是在现场临时起意，而是在建造前经过了深思熟虑，绘制了有详细尺寸的草图（参阅王（Wang），2009年）。

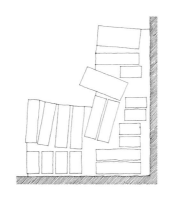

图 14

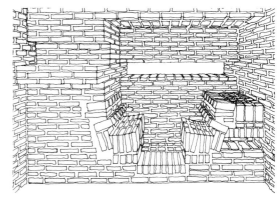

图 15

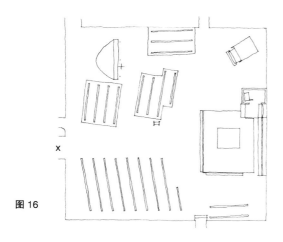

图16

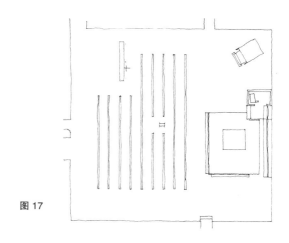

图17

莱韦伦茨也考虑到了社交几何。教堂空间的砖地上有成组的、较宽灰缝组成的平行线，划定了木座椅的排列位置（图16）。这似乎有点专制，但显然莱韦伦茨想到，如果让大家自己摆的话，教堂会众就会用传统的方式来布置座椅——整齐地面向前方（图17）。他的布置不太拘谨，让教堂会众、唱诗班和牧师大约以圆形环绕在圣坛周围，像在开阔的景观中那样。如果按照传统布局（图17），椅子环绕在"T"形结构周围会将它隔离，而莱韦伦茨的布置则维护了它的可达性。同时，他的布置方式也让空间更有仪式感：洗礼的圣水盆周围留有空间，洗礼处的地面像圣徒脚下的大地一样隆起；圣坛前的空间是为结婚的新人或是葬礼的棺材准备的；有一条行进路线从圣坛通向双"出口"去往花园（图中 x 处）。

"铺地像大海，屋顶像天空" | 'Pavements like the sea, ceilings like the sky'

克利潘的圣彼得教堂是由明确的、不容置疑的建筑元素——地面、墙体、屋顶、柱子、门廊、圣坛……组成的。西格德·莱韦伦茨在这个设计中的成就在于他运用了这些基本元素，并赋予其象征意义。这幢建筑本身呈现出强烈的诗意。但是，当你寻找潜在的理想几何时，又很难确定哪种诠释是正确的。或许莱韦伦茨就是希望他的作品如此神秘。面对神秘而模糊的暗示，人们会对它形成自己的解释。莱韦伦茨或许记得斯特芳·马拉美（Stéphane Mallarmé）的名言——"定义就是扼杀；启发就是创造。"（To define is to kill. To suggest is to create）——

作为一名建筑师（像上帝一般），他拒绝给他的作品明确的含义。这些谜团引发思考；你觉得有那么一种解释，却又不能确定。

像这个世界一样，圣彼得教堂欢迎各种各样的诠释。像是人类在世界中构建了"城市"——由人类意志控制的环境——和"花园"——由自然控制的环境。我不知道莱韦伦茨是否读过威廉·理查德·莱瑟比（William Richard Lethaby）1892 年在英国出版的《建筑、神秘主义与神话》（*Architecture, Mysticism and Myth*）一书，或许他和阿斯普伦德设计林地火葬场时曾翻阅过这本书（尽管卡洛琳·考斯坦特（Caroline Constant）在她 1994 年的《林地火葬场：走向精神景观》（*The Woodland Crematorium: Towards a Spiritual Landscape*）一书中并未提及）。在莱瑟比的书中有些段落能看出圣彼得教堂所受到的影响。下面是书稿的第一段。尽管在圣彼得教堂中对"四条河流"的隐喻似乎有倾向性，但这座教堂也确实"构成了天堂围墙般的四方格正方形"，即正方形平面的墙体与指南针上的方位基点对齐。尽管是建造在一块平地上，内部地面的斜坡象征着山丘；在靠近中心的位置，立着"极树或极柱（the polar tree or column）"——"T"形结构。

> 完美的神庙应当伫立在世界的中心，它是缩微的宇宙结构，它的墙体构成了天堂围墙般的四方格正方形……世界峰巅上正方形的四方格围地，是极树或极柱伫立的地方，也是四条河流的发源地。
>
> ——莱瑟比，1892 年，第 53 页

乔治·埃德蒙·斯特里特（George Edmund Street）的《中世纪的砖与大理石》（*Brick and Marble in the Middle Ages*，1855 年）是关于他在意大利北部建筑旅行的一本书，书中写到他拜访威尼斯的圣马可教堂：

"在宏伟的内部空间的所有特质中，最吸引我的，是墙面上绚丽色彩的马赛克旁边的铺地原生之美；我找不到其他词汇来形容它的感觉。它让整个教堂都充满了美丽的几何图案，就像威斯敏斯特修道院（Westminster Abbey）的唱诗班席位处华美的意大利铺地；但这些铺地，并不水平也不平整，高低起伏，就像石化的海浪，给予乘坐这条教堂大船的跪着的祈祷者以安全感，波浪形的表面令他们想起生命大海的波涛汹涌。"

斯特里特，1855 年，第 126~127 页

圣彼得教堂的地面"高低起伏，就像石化的海浪"令人脚步不稳。莱韦伦茨或许没有读过斯特里特的书，但莱瑟比也曾忆起以下文字：

"斯特里特先生，在 1854 年（原文如此），在圣马可教堂将'铺地原生之美'描述为高低起伏，就像石化的海浪；他还认为这个起伏的表面是特意让地面像海面一样。"

莱瑟比，1892 年，第 201 页（原文中强调）

在书中的同一部分，莱瑟比引用了约翰·拉斯金的《威尼斯之石》（*Stones of Venice*，1851 年）：

"在（圣马可教堂的）穹顶周围，光线只能从窄缝进入，像大颗的星星；处处有一两束光从远处的窗扉漫入黑暗，在大理石的波纹上投出一道泛着磷光的光束，在地上抛下千万种色彩。"

拉斯金，1851 年，引自莱瑟比，1892 年，第 201 页

莱韦伦茨笔下地面上的"波纹"不是大理石而是砖的，但屋顶上的"窄缝"的确创造了"一道泛着磷光的光束"，神父和唱诗班沿着这道光走向圣坛。

将教堂比作船是个老套的隐喻。"海军"（Navy）和"（教堂）中殿"（nave）源自同一词根——navis（拉丁语）= 船（ship）。这两个词都表示"中心/肚脐"（navel）——belly button——（也表示"军舰"（naval）——与海军（navy）相关）以及另一种"中心"（nave）——轮毂——二者源自不同的词根——

北欧的 nafu（古英语）、naaf（荷兰语）和 nabe（德语）。如果强调军舰（naval）的隐喻，圣彼得教堂的大厅/婚礼礼拜堂的拱顶上就有一个船的模型。如果认可中心（navel）的隐喻，教堂和它的"极柱"为会众的世界构建了一个"中心"（a hub，轮毂），像一个"微缩的宇宙结构"。圣彼得教堂深邃的内部空间与立面的留白表明，莱韦伦茨将他的墙看作是宇宙空间的界限，就像舞台布景，仅对内部有意义。对于圣彼得教堂中的人造世界来说，是没有室外的，无处超越宇宙的界限……直到天堂的大门——通往花园的大门——开启的时候。教堂是一艘船，但也是一个远古的洞穴（有水滴落），人们从这里走向光明。

靠近教堂中心的"T"形结构"Tau 十字"（Tau cross）—— tau 是希腊字母中的 T，也是希伯来字母表的最后一个。Tau 被认为是最古老的字母之一。它的象征符号解读能写成一本书。（你可以用谷歌搜索"Tau 十字"（Tau cross）。）显然莱韦伦茨经过各种设计探索逐渐形成了这一形式（参阅圣约翰·威尔森，1988 年和 1992 年）。但当他"发现"这种形式，一定对它潜在的象征意义有所感知。作为一个"十字"，这个结构令人想起牺牲与复活。它像耶稣受难的十字架一样伫立着。显而易见。

但对于"T"字形有多种解释。这一结构是原始，甚至异教的。它像克里特米诺斯的石柱地宫（Minoan pillar crypt，参阅《解析建筑》第四版，第 258~260 页，克诺索斯皇家别墅（Royal Villa, Knossos）案例解析）中心的柱子。回到船的隐喻，它像是帆船上穿透下层甲板的桅杆，好像在屋顶外被天堂的风吹动着的一场规模宏大的航行。柱子构建了中心——尽管它后退了一点，使你能站在真正的中心位置——但它

九夜吊在狂风飘摇的绞架（责编注：指世界之树）上，
身受长矛刺伤；我被当作欧丁（Odhinn）的祭品，
自己献祭给自己，
智者也不清楚
那个古老的十字架从何而起。

—— "神谕"（Hávamál，约公元 800 年），
威斯坦·休·奥登（Wystan Hugh Auden）
和保罗·B. 泰勒（Paul B. Taylor）译，1981 年

图18 圣彼得教堂洞穴般内部中的"Tau 十字"

仍像枢轴（pivot，中轴（axis）、中枢（axle））一般，教堂的空间在周围展开，外面的世界围绕它旋转。

"T"形结构也是对树的隐喻；一个等同于室外花园中伫立的真树的钢铁结构。在古斯堪的纳维亚神话中，天堂是由"世界之树"（the Ash Tree of the World）——伊格德拉西尔（Yggdrasil）——支撑着的，这棵树被地下的智慧之泉（密米尔之泉，Well of Mimir，圣水盆下的水池？）浇灌，三条根伸向地球的尽头。世界之树被译为"欧丁之马"（Odin's horse），意指斯堪的纳维亚的主神欧丁自我牺牲式的九天绞刑（责编注：欧丁被倒吊在树上，所以世界之树的意思也就是"欧丁之马"。在西方，犯人被处绞刑，称为"骑马"），期间他学会了古代北欧文字，发现了生命的秘密（参阅对页引文）。或许这就是为何莱韦伦茨的"T"形钢结构还像一个绞

架一样（它的位置偏离中心，是考虑到缺失的悬挂着的欧丁躯体）。

最后……在讲道中常常提到"教堂不是建筑，而是集结会众；人们才是建成教堂的砖石"。吸引人的是，或许莱韦伦茨在决定圣彼得教堂中的砖不能切割时，头脑中就想着这句话；切割砖石就像把人切成两半。这个隐喻或许还能引申：将砖黏结在一起的灰浆代表宗教信仰——共同的信念；畸形的或褪色的砖块代表有身体或心理缺陷的人——希冀包容；极少数被切割的砖块则是少数为进步牺牲的殉道者——对人类同伴的爱。

即便是勒·柯布西耶的朗香教堂（常与圣彼得教堂相比较）中也充满了隐含的象征符号演绎。演绎是建筑能与人交流与纠缠的另一种方式。每个人依照建筑给出的线索写下自己的故事。每个人确信自己的演绎是正确的。参观者的创造力赋予了这些故事自己的生命力。

结语 | Conclusion

历史学家或许将莱韦伦茨设计中做出的决定当作历史事实试图找到其背后的真相。（或许他自己都不太理解这些决定。）建筑师往往对理解建筑如何运转并找到设计灵感更感兴趣。试图通过分析理解莱韦伦茨的思想，提取出他确切的设计意图或许是徒劳。显然他想让圣彼得教堂充满象征隐喻，注意到建筑拥有这种可能性就足够了，不仅是建筑元素如"T"形结构，也包括建筑建造方式与它们营造的空间体验。因为建筑将我们彻底容纳其中，它比其他艺术形式更富深意。

圣彼得教堂是一组安静而谦逊的建筑，隐匿在瑞典南部一个安静而谦逊的市郊小镇。却也是一组世界上最具情感力量的建筑作品。它戏谑又阴郁的

砌砖既诙谐又严肃。它对人类宗教的贫瘠做出评价；但同时这幢建筑也承认宗教会激发信仰、希望和爱。这幢建筑带你走入一段旅程：穿过"城市街道"的"迷宫"，走下"垃圾院""后巷"的死胡同；进入大厅的"魔法洞穴"以及教堂中拥有明亮白色蛤壳的"神圣地下墓穴"。它带你远离尘嚣世俗。再引你回到天堂花园——一个绿色的明亮世界，因你经历黑暗而显得更加耀眼。圣彼得教堂是建筑强大变形能力的例证。

参考文献：

Janne Ahlin–*Sigurd Lewerentz, Architect*, MIT, Cambridge, MA., 1986.

Peter Blundell Jones – 'Sigurd Lewerentz: Church of St Peter Klippan 1963-1966', in *arq: Architectural Research Quarterly*, Volume 6, Issue 02, Jun 2002, pp. 159-173, also in *Modern Architecture Through Case Studies*, Architectural Press, Oxford, 2002, pp. 215-228.

Claes Caldenby, Adam Caruso and Sven Ivar Lind, translated by Krause and Perlmutter – *Sigurd Lewerentz, Two Churches*, Arkitektur Förlag AB, Stockholm, 1997.

Caroline Constant – *The Woodland Crematorium: Towards a Spiritual Landscape*, Byggförlaget, Stockholm, 1994.

Nicola Flora, Paolo Giardello, Gennaro Postiglione, editors, with an essay by Colin St John Wilson – *Sigurd Lewerentz 1885-1975*, Electa Architecture, Milan, 2001.

Carl-Hugo Gustafsson – *St Petri Church*, Klippan, 1986.

Vaughan Hart – 'Sigurd Lewerentz and the "Half-Open Door"', in *The Journal of the Society of Architectural Historians of Great Britain*, Volume 39, 1996.

Dean Hawkes – 'Architecture of Adaptive Light', in *The Environmental Imagination*, Routledge, Abingdon, 2008, pp. 129-141.

William Richard Lethaby – *Architecture, Mysticism and Myth* (1892), Dover Publications, New York, 2004.

Gordon A. Nicholson – *Drawing, Building, Craft: Revelations of Spiritual Harmony and the Body at St. Petri Klippan*, unpublished Master of Architecture dissertation, McGill University, Montreal, 1998, available at: digitool.library.mcgill.ca:8881/R/?func=dbin-jump-full&object_id=29806&local_base=GEN01-MCG02 (July 2009).

Pierluigi Nicolin – 'Lewerentz-Klippan', in *Lotus International* 93, 1997, pp.6-19.

Hans Nordenström – *Strukturanalys : Sigurd Lewerentz' Uppståndelsekapellet på Skogskyrkogården : en Arkitekturteoretisk Studie*, Institutionen för Arkitektur 2R, KTH, Stockholm, 1968.

John Ruskin – *Stones of Venice* (1851)(published in various forms).

George Edmund Street – *Brick and Marble in the Middle Ages*, John Murray, London, 1855.

Nicholas Temple – 'Baptism and Sacrifice', in *arq: Architectural Research Quarterly*, Volume 8, Number 1, March 2004, pp. 47-60.

Wilfred Wang, editor – *St. Petri Church*, University of Texas at Austin, 2009. Colin St John Wilson- 'Masters of Building: Sigurd Lewerentz', in *Architects Journal*, 13 April, 1988, pp.31-52.

Colin St John Wilson – 'Sigurd Lewerentz: the Sacred Buildings and the Sacred Sites', in *Architectural Reflections: Studies in the Philosophy and Practice of Architecture* (1992), Manchester UP, 2000, pp. 110-137.

Unknown author, translated by Auden and Taylor – 'Hávamál', from 'The Poetic Edda' (circa AD 800), in *Norse Poems*, Athlone Press, 1981.

布斯克别墅

VILLA BUSK

布斯克别墅
VILLA BUSK
一栋位于挪威奥斯陆南部的音乐家住宅

斯维勒·费恩设计，1987—1990 年

图 1 布斯克别墅沿着自然露岩延展开来。

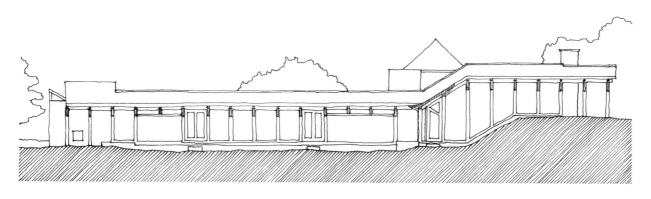

图 2 布斯克别墅的另一侧，从这一面你可以经过岩石高地到达别墅。

斯维勒·费恩设计的布斯克别墅坐落在一片露岩的边缘，拥有眺望远方大海的视野。它是为一位音乐家建造的，像一座浪漫的城堡，仁立在陡峻的悬崖边缘，看上去就像是为了容纳诗意的情感。但在表皮之下，这是一幢如音乐般的建筑；如音乐一样，它是一件用情感来演奏的乐器，将人的体验及他与周围环境的关系精心组织起来。

我们必须再一次找到与大地的交流……壁垒是与景观的终极对话。

——斯维勒·费恩，"过玩偶般的生活？" （Has a Doll Life?），1988 年

188

建筑元素；就地取材；场所识别 |
Elements of architecture; using things that are there; identification of place

　　布斯克别墅是因地制宜建造的。在其他任何地方都不可能再出现同样的别墅。设计初期，费恩可以选择精确的位置。这个选择是他做出的第一个建筑（设计）决定。他选择了一块自然的露岩，周围树木丛生，并有眺望大海的视野。他认为这里具有建筑潜力，是一个有生命力的场所（place）。这里有营造戏剧性的可能。他的建筑目标是利用并提升场所的内在潜质。

　　这幢别墅的构成清晰明了，这种智慧的组织方式使它能轻易地拆解成各组成部分。许多建筑作品，尤其是住宅，始于一个盒子的理念，即四面墙顶着一个屋顶。斯维勒·费恩的起点更接近原点，方法也更为基本。在第一段引文中（对页），斯维勒·费恩认为"壁垒是与景观的终极对话"。这就是布斯克别墅的起点。也是以下一切（图3~图13）的初始理念。

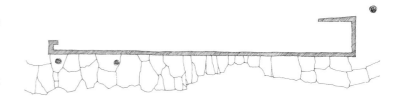

图3　费恩没有仅仅把一个盒子扔在悬崖顶上。第一步，为了与场地上的岩石、树木和起伏的地形变化互动，他建起一道墙。这是费恩的"壁垒"，是"与景观的对话"，这道墙是混凝土现浇的。它沿着东西向起伏的露岩顶部延展。它的建立，即使是在想象中，更加凸显了场所的特质。它将这个场所与危险的边缘分隔并保护起来。它划分了空间——就像城堡的墙将"朋友"（内部的人）与"敌人"（外面的人）分开一样——它将居住空间与"外面的"世界分隔开来。它为这里的未来创造了庇护所。

费恩也以这面墙为起点，对别墅所需的附属空间进行更细致的划分。在西端，墙折回来，构建出一个壁炉（上部是一组烟囱）。在东端，墙以相似的方式折回，构建出一个场所，最终成为主卧室附属的小泳池。用这样的方式，别墅的两个"房间"被这面墙限定出来。起居室位于西端（比别墅的其他部分地坪更高），能看到日落和大海。而泳池和主卧则可以看到日出。

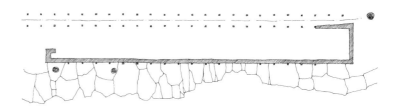

图4　设计的下一步是修筑两列平行于墙的柱子。这两列柱子界定出了住宅主流线的走廊。在东端，这条走廊与环抱泳池的墙及一棵扎根岩石的树相接。在西端，柱子一直延伸，超过了壁炉，形成一个门廊，通向裸露的岩石。这面混凝土墙——"壁垒"——沿着陡峻的岩石边缘界定出了住宅的边界。柱列限定的走廊沿着长轴方向装上玻璃（除了伸入景观的部分以外），在露岩顶上界定出一个更安全的平台。一面墙既结实又有安全感；另一面墙则轻盈而通透。

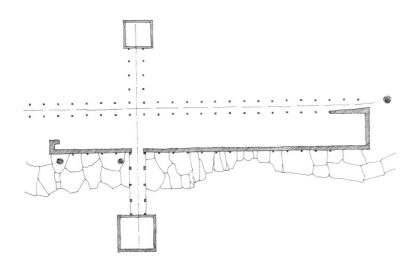

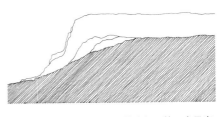

图7 对住宅剖面进行相似的分析。第一个元素是岩石顶端具有场所营造潜力的场地。

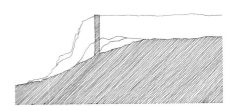

图8 墙体的引入从根本上改变了场地；它在岩石顶端界定出居住空间，并将它与危险的边缘隔开。这是一种古老的营造场所的方法。

图5 第三步是要在岩石最高处垂直于墙和柱列走廊构建一条轴线。这条轴线也是由两排互相平行的柱子界定出来的。交界处是进入住宅的主入口。轴线的两端，在住宅平台一侧是一个正方形小储藏间，在另一侧是通过小桥相连的一座塔楼。这座塔楼容纳了儿童房和位于顶层的书房，为这幢住宅增添了戏剧性和浪漫色彩。它使人能穿过守护边界的墙体，冲向太空。走近别墅时，脚下是坚硬的岩石。沿着横轴跨过小桥，你发现自己在地面以上三层高的位置。

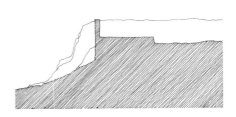

图9 为了使场所更适于居住，基地被平整为一个平台，墙体作为挡板，保持土壤。

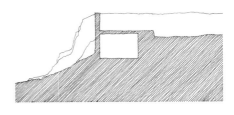

图10 如果地面坡度足够大，在墙后形成了空间，或许能建起两层，如在布斯克别墅的某些部分那样——岩石上层平台上的入口层及下层。

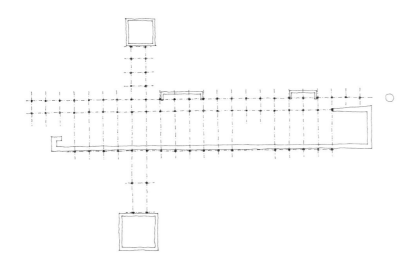

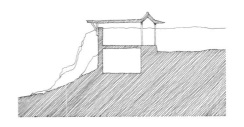

图6 除了界定出走廊——住宅的主流线——这些柱子还支撑着屋顶。结构遵循建造几何限定的规则网格系统。南侧屋顶是由固定在混凝土墙上的支架支撑的。

图11 最后，轻质屋顶遮蔽了住宅的内部空间。

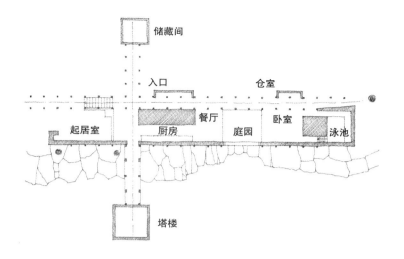

图 12 住宅的附属空间占据了墙和主流线之间的空间。从左往右,从西往东,依次是:起居空间,地势较高,拥有望向大海和壁炉的视野,越过矮墙可以看到入口门厅;厨房与主流线走廊之间被一个体块隔开,其中容纳了盥洗室和通往下层(音乐室)的楼梯、餐厅、开敞的庭园;主卧室,与泳池之间被盥洗室和淋浴间的体块隔开;两个仓室附着在主流线走廊之外。

与景观的协调关系 | Orchestrating relationships with the landscape

沿着横轴是住宅"音乐"轴线('musical'lines)中的一条。这些轴线引领着人们在住宅框架中的运动,如一曲音乐中的节奏与旋律一般。建筑的空间如音乐的旋律。听众坐下来聆听音乐的律动,在建筑中则(通常)是人们在静止的建筑中运动。你能随着建筑舞动,正如可以伴着音乐舞蹈。

布斯克别墅的"节拍"源自结构网格。音乐激发情感。情感促使布斯克别墅在人与环境之间建立的关系中构建了栖息所。住宅的横轴(图 15,a—a,下页)包含:穿过岩石平台;下到住宅与储藏间之间的连廊下;走上门廊与入口门厅;注意到上到右边起居空间的楼梯和在左侧延展的平行柱列;经过门厅穿过混凝土墙上的门洞;发现自己在一座玻璃桥上,悬在空中;然后进入塔楼中,走上旋转楼梯,到达上层的书房。

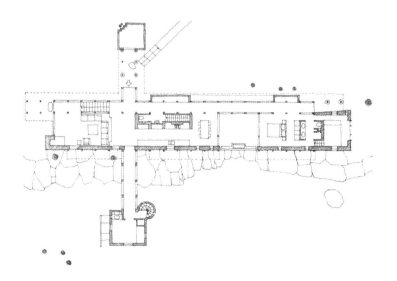

图 13 所有这些空间,包括岩石上的小路和塔楼的旋转楼梯,都能在平面图上看得更清晰。细节也能看清楚:储藏间的抹角是为了适应现有树木;泳池外墙的外皮朝向树木转角;入口旁的岩石引导访客到达正门。

> 从游艇(责编注:房主泰耶·韦勒·布斯克(Terje Welle Busk)有一艘小游艇)到壁炉的路径中有一座塔楼。塔楼中有女儿们的房间,塔底是浴室和衣帽间。塔顶是一个公共房间,从这里可以望向天空四方。
>
> ——斯维勒·费恩,1992 年,第 6 页

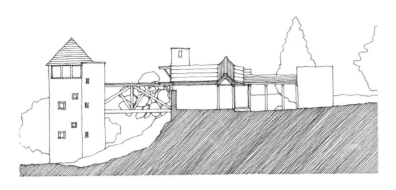

图 14 剖面图

住宅的另一条主要音乐轴线穿过了柱列间的主轴线（图 15，b—b）。如果你进入别墅后右转，会走上几步几乎精准得依照外面的岩石地平线升起的台阶，上到拥有壁炉和西向远眺视野的起居空间。如果在入口处左转，就能走下柱列间的走道，经过餐厅和右边的庭院，左边透过玻璃墙是如日本枯山水一般的高台，然后到达主卧和泳池。在这段旅程中，作为住宅起点的那棵树（上文提及）是你眼前的焦点，那面斜墙也向它倾斜。

布斯克别墅不仅是景观中的一个物体，而是一把乐器，调节着你在景观中的体验以及你与景观之间的关系。操控人的体验是建筑最重要的能力。

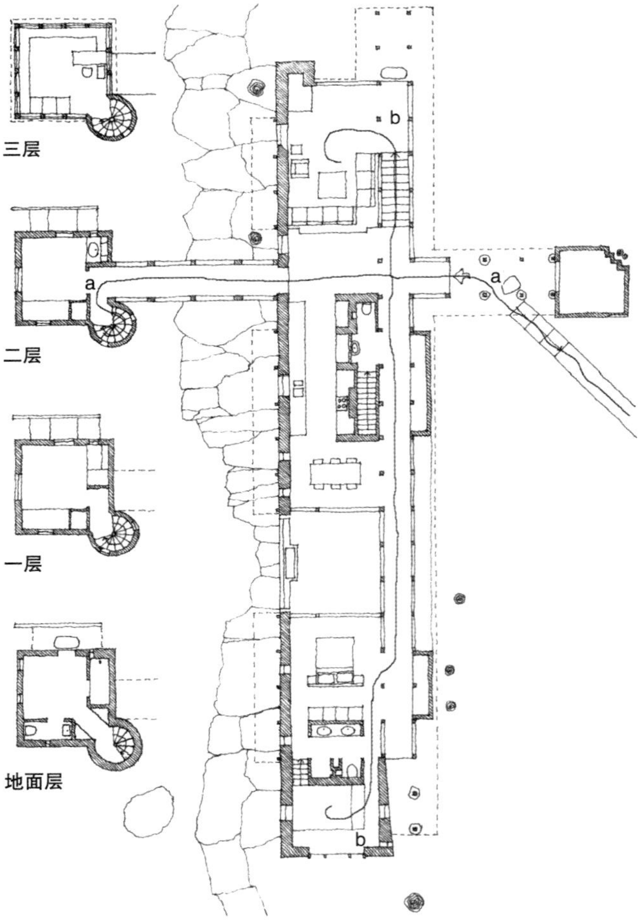

图 15 储藏室和塔楼位于横轴的两端，横轴进入并穿过了住宅，将人从入口处的坚实地面轻轻引上住宅的平台，穿过入口门厅和小桥，到达塔楼的三层。

三层

二层

一层

地面层

图 16 维奥莱 – 勒 – 杜克在《历代人类住屋》（1876）书中的一幅插图。

布斯克别墅的建筑参考 | Architectural references in the Villa Busk

从布斯克别墅中能看到，斯维勒·费恩参考了其他建筑师的建筑作品。

布斯克别墅的围墙、瞭望塔和峭壁上窥孔般的小窗，使它与浪漫的中世纪城堡十分相似。即使是墙体支撑着屋架，屋架支撑着木屋顶的建造方式，也令人想起城堡墙垛上的木围栏，如维奥莱－勒－杜克（Violllet-le-Duc）《历代人类住屋》（*The Habitation of Man in All Ages*，1876 年，图 16）书中插图所示的那样。（维奥莱－勒－杜克是 19 世纪一位法国建筑师，对中世纪建筑颇有兴趣。他关于结构真实性以及铁的应用观点对现代建筑的发展产生了影响。）

费恩也承认他参考了一些 20 世纪现代主义建筑运动先锋的作品。例如，布斯克别墅隐含的矩形网格和十字轴线（图 17）以及柱列间走廊的设置，令人想起弗兰克·劳埃德·赖特的某些别墅设计（图 18）。而费恩将服务空间——盥洗室、厨房设备、淋浴等——集中成核（图 19）并与外墙分离的做法，则与密斯·凡·德·罗的作品相似，如在范斯沃斯住宅（图 20）中设计的那样。

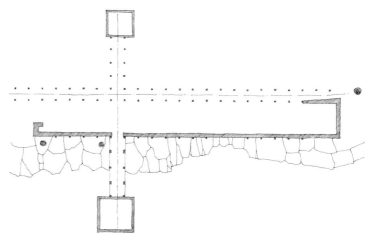

图 17

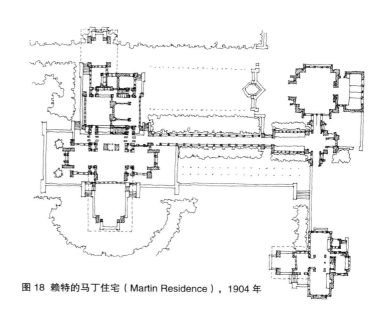

图 18 赖特的马丁住宅（Martin Residence），1904 年

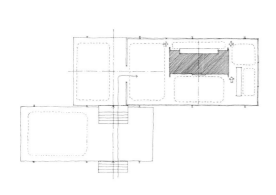

图 20 密斯·凡·德·罗的范斯沃斯住宅，1950 年

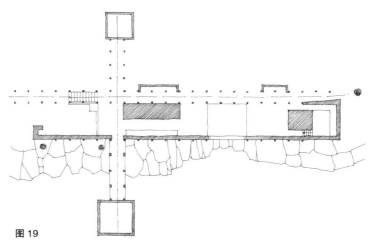

图 19

图21 如果你移除所有其他部分，这面墙和上面的洞口会像是伫立在景观中的废墟，令人想起古城堡。

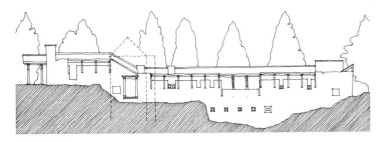

图22 垂直的墙体和水平的屋顶形成了对不规则岩石的几何形回击。

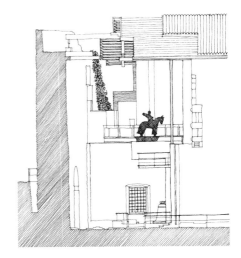

图23 对历史层级的暗示令人想起卡洛·斯卡帕的古堡博物馆，修复于意大利维罗纳（Verona），20世纪50年代至60年代。

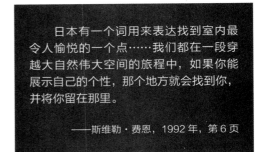

> 日本有一个词用来表达找到室内最令人愉悦的一个点……我们都在一段穿越大自然伟大空间的旅程中，如果你能展示自己的个性，那个地方就会找到你，并将你留在那里。
>
> ——斯维勒·费恩，1992年，第6页

如果移除掉所有其他部分，布斯克别墅的混凝土墙会如一片风化的废墟般伫立在岩石顶上（图21）。墙上的屋顶部分像是后加上去的（图22）。这个对历史层级的暗示——对历史碎片的再利用与再诠释——令人想起卡洛·斯卡帕（Carlo Scarpa）的维罗纳古堡博物馆（Castelvecchio）中真实的历史层级（图23）。

赖特、密斯与斯卡帕都受到日本传统建筑的影响。斯维勒·费恩也是。布斯克别墅与景观之间美学上的相互影响，使它像一个日本展馆：利用既有的地形和树木；框景成画。主轴线尽端的窗将树干框在矩形画框之内的手法来自日本（图24）。外部景观，通过框景的手法，成了内部空间的装饰。

布斯克别墅与大地的关系也颇有日本神韵。在传统日本住宅中，通常在自然大地与人工平台之间存在某种相互作用。厨房可能利用土地作为地面，而住宅中其他更正式的部分则在一个由柱子支撑起来的平台之上，并铺上榻榻米。分层法具有诗性特征及情感效应。诗歌提到人的两种状态是自然的一部分但又与自然相分离，或至少它诠释了两种存在状态之间的微妙差异。情感效应源自一个人站在大地或坚硬的岩石上与站在木质平台上的不同感受的现象学认知。震动、声音、肌理、稳定感与可靠感在每个案例中都互不相同。在前一种情境中，一个人就是"全部"；而在后一种中，则被框定在平台结构中。

图24 主轴线尽端的树

踏上或走下平台的路径，在日本建筑中被仔细设计。它可能是一个台阶，或是一块自然平整的石头，但通常在自然地面和平台之间都会有一个过渡，人们在这里脱掉鞋子、抖落来自大地的尘土，像是踏入了一个更精妙的领域（图 25）。这一情境也出现在布斯克别墅中。

布斯克别墅和传统日本建筑都是在用其他方式处理过渡空间。在范斯沃斯住宅解析中，我提到了缘侧（engawa）——一条走廊——为传统日本住宅提供了一个非内非外的空间，或许望向一个枯山水庭园。在布斯克别墅中，缘侧是通过流动的主轴线和连接玻璃墙外世界的木质平台共同组成的（图26）。与平台上的自然岩石（费恩将它当做一个"庭园"）相连。

布斯克别墅中的其他日本式细节还包括主轴线上的柱子在两端延伸出了几跨。在内部，柱子作为住宅整体框架结构中的一部分；在外部，它们落在自然岩石或垫石上。这种设置用两种方式缓解了住宅与环境之间锐利的分割：在空间方面，通过小门廊的设计；在结构方面，通过将自然地面作为住宅结构系统的一部分（图 27）。

日本设计的体贴入微——通过这样的细节，如将景观片段框入画面，在内部与外部之间用自然石块作为台阶以及创造灰空间——传达给建筑的体验者。住宅成为了关心体贴（周到）的容器，而这种体贴正是审美回应中一个强有力的元素。建筑的体验者享受、欣赏着设计者将他们和他们对美的感受纳入设计……而非用费解与神秘将他们排斥在外（尽管后者如在其他艺术形式中一样，也被用于建筑之

图 25 在传统日本建筑中，自然地面的场所与平台上的场所之间存在着功能上与审美上的差异（爱德华·西尔维斯特·摩尔斯，1886 年）。

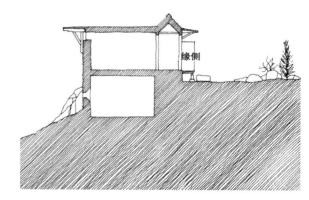

图 26

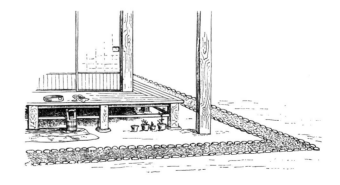

图 27 如在布斯克别墅中一样，传统日本建筑中的柱子以不同方式与地面相接；日本住宅通常有游廊——缘侧——位于内部与外部之间（摩尔斯，1886 年）。

> 混凝土体量与山体的对抗中蕴含着诗行，木柱规则的韵律滑入大地，像是对屋顶结构不变量尺的回应。
>
> ——斯维勒·费恩，1992 年，第 7 页

中，以创建或吸纳艺术派系）。

　　建筑师与体验者之间在这个方面的思考、约定、交流在布斯克别墅中尤为清晰。（至少）有三个层级：亲密（intimacy），你触摸建筑及建筑材料，与之互动；疏远（distance），你远眺——大海、森林、天空中的云朵、繁星；媒介（intermediate），你在周围活动，坐下来与朋友聊天、烹饪、用餐、睡觉，或将自己浸入泳池中的冷水里。

结语 | Conclusion

　　所有建筑都将人置于他 / 她与周围的关系之中，并在其中斡旋——过滤、包容、排斥……可以说，有些建筑完成这一关系是由内而外的；它构建了一个内部空间世界，如果不是完全封闭的，就像一个世界中的肥皂泡一样。例如，彼得·库克（Peter Cook）回顾扎哈·哈迪德位于阿塞拜疆巴库的阿利耶夫文化中心（Heydar Aliyev Centre）时，表达了这样的观点：

　　　　"阿利耶夫文化中心不会循规蹈矩：它绝不是令人安心而温暖的，即使是对于哈迪德最忠实的追随者，也是对体系的冲击。因此它只是矗立在那里——拥有白色的外表，蛮横而自大，位于一个常规的场地上，如果不站在面前，很难记得这个特别的东西。"

　　　　彼得·库克——阿利耶夫文化中心，巴库；扎哈·哈迪德建筑事务所，发表于《建筑评论》（AR/Architectural Review）architectural-review.com/8656751.article（20 December 2013）

　　另一方面，有些建筑与自然世界之间的关系如此微弱，以至于它的调节作用也非常小（参阅旁边的图画，或许是最原始的建筑作品）；人们察觉到自己的形状、自己的几何，或许是一条画在沙子上的线——他们自己有形的肥皂泡——都介于他们与大地、空气、天气、其他人以及任何他们视作神明的东西之间。

　　但是有些建筑——斯维勒·费恩的布斯克别墅即属于这一类——找到了一条中庸之道，此处人的内部（人工）世界与环境条件（自然：地形、光、气候、景色……）交叠、互动、共同协作；共同为建筑作品整体做出贡献；相互促进。这个中庸的建筑既非"神庙"亦非"村舍"，而是二者的混合体，一个人与世界的关系中敏锐的媒介。

参考文献：

'Villa Busk, Bamble, Norway 1987-1990', in *A+U* (*Architecture and Urbanism*), January 1999, pp. 122-141.

Johann Peter Eckermann, translated by Oxenford – *Conversations of Goethe* (1836), 1906, available at: http://hxa.name/books/ecog/Eckermann-ConversationsOf-Goethe.html.

Sverre Fehn, edited by Marja-Riitta Norri and Marja Kärkkäinen – *Sverre Fehn: the Poetry of the Straight Line*, Museum of Finnish Architecture, Helsinki, 1992.

Sverre Fehn in conversation with Olaf Fjeld – 'Has a Doll Life?', in *Perspecta* 24, 1988, reprinted in Norberg-Schulz and Postiglione, 1997, pp. 243-244.

Miles Henry – 'Horizon, Artefact, Nature', in *AR* (*Architectural Review*), August 1996, pp.40-43.

Edward S. Morse – *Japanese Homes and Their Surroundings* (1886), Dover Publications, New York, 1961.

Christian Norberg-Schulz and Gennaro Postiglione – *Sverre Fehn: Works, Projects, Writings, 1949-1996*, Monacelli Press, New York, 1997.

Eugene Viollet-le-Duc, translated by Bucknall – *The Habitation of Man in All Ages* (1876), Arno Press, New York, 1977.

Friedrich Wilhelm Joseph von Schelling, translated by Stott – *Philosophy of Art* (1804-1805), Minnesota Press, Minneapolis, 1989.

玛利亚别墅

VILLA MAIREA

玛利亚别墅
VILLA MAIREA
一栋位于芬兰西部森林中的住宅
阿尔瓦·阿尔托设计，1937—1939 年

所有建筑都有灰空间。建筑在我们与世界之间斡旋；框定了我们的人身、我们的财产和我们的一举一动。建筑的基本形式——如我们在海滩搭建的帐篷——是在我们与周遭环境之间划定一个界限，哪怕这条界限只是画在沙滩上的一条线或是浴巾的边缘而已。很难想象一幢建筑的概念不是这样开始，即使它连墙都没有。（例如，可参阅我在《建筑笔记：墙》（*An Architecture Notebook: Wall*, Routledge，2001 年）一书序言中对拿撒勒（Nazareth，以色列北部城镇——译注）一座临时清真寺的描述。）建筑构建框架；而框架意味着从外部世界总体中限定、削减出一个内部空间。

通常建筑物在内部与外部之间建立起一道准确清晰的界线。一道篱笆或一面墙不过几厘米或几英寸厚，却对空间进行了明确的划分，将一个区域从另一个区域中切割出来。跨过这道屏障上的洞口仅需一瞬间；这一瞬间带你从一个场所（一个世界）进入另一个场所（另一个世界）。

在另一些建筑物中，内部与外部的界线则没有那么清晰。建筑师将一个区域打开，使它既非内部亦非外部，创造出可称为过渡空间或灰空间的场所。具体实例包括日本传统住宅中的"缘侧"、赖特流水别墅中的平台，或是希腊神庙中的门廊。

在玛利亚别墅中，阿尔瓦·阿尔托（Alvar Aalto）通过依照叠加的层次组织住宅空间来构建灰

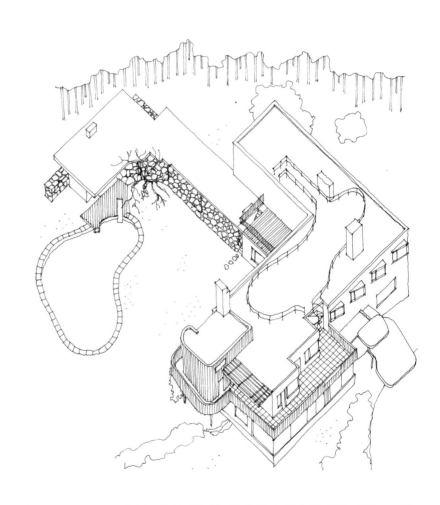

空间。阿尔托不仅模糊了内部与外部的边界，还将人工融入自然，像画家将一种颜色涂抹到另一种颜色或是涂抹到画布的背景中一样。

这曲折生动、变幻莫测的线条，在数学未知的领域中奔跑，依我看来，像是一切的化身，在现代世界中构成了粗野机械主义与生活中的宗教美学之间的对比。

——阿尔瓦·阿尔托，"山顶城镇"（The Hill Top Town, 1924 年），引自戈兰·希尔特（Göran Schildt），1997 年，第 49 页

场所识别：叠加的层次 | Identification of place: overlapping layers

玛利亚别墅（图1）是为一位富人设计的。它坐落在林中的一片空地上。住宅包括佣人房和厨房、起居空间、用餐空间、冬日花园、图书室。卧室在楼上。冬日花园楼上是工作室。室外的泳池和桑拿房通过大致朝南的有顶平台与主体相连。起居空间、用餐空间及有顶平台中都设有壁炉。

住宅中有一个矩形的核心（图2）。其中包含了主要空间。入口朝东，门外的小路沿着车道穿过树林。一段直角矮墙从住宅主体向西伸出，环抱着小小的矩形桑拿房。

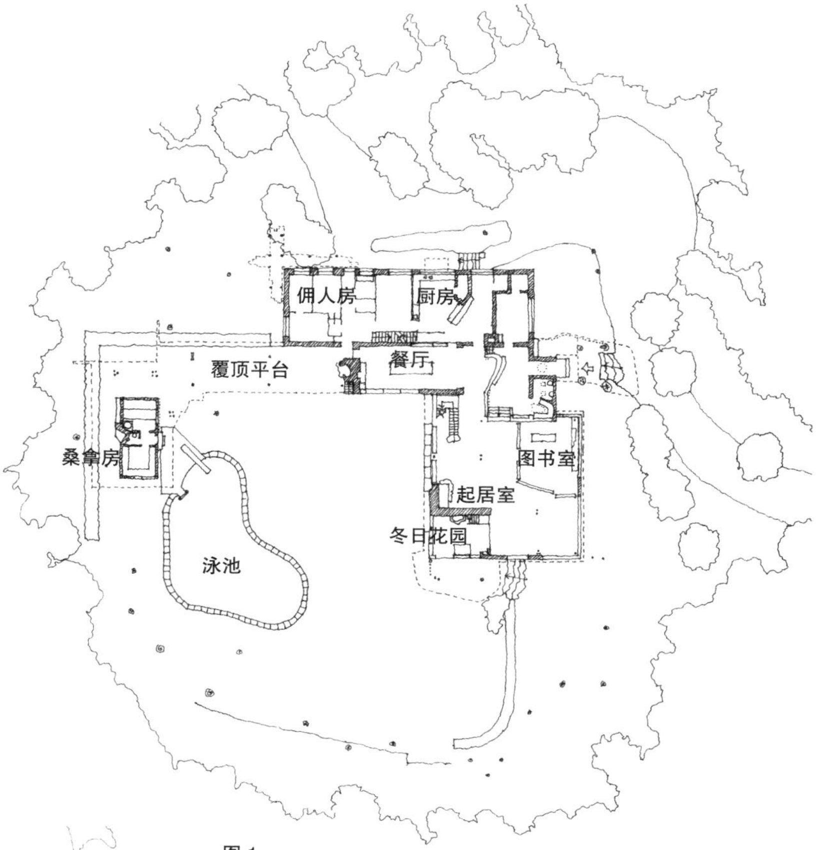

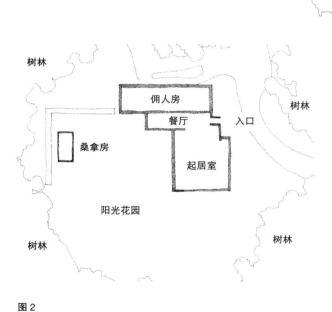

图1

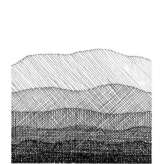

图3

图4

图2

住宅的矩形核心在内部与外部之间建立起一道截然分野的界限。但这仅仅是阿尔托建筑游戏的概念起点。他开始着手用空间的叠加来掩饰这种朴素刻板的设计手法，创造出灰空间地带。

自然世界可被视为是由叠加的层次构成的。想象在大海的浅滩处，一片小浪花叠覆着另一片、下一片，再下一片（图3）。尤其在潮湿的乡村，通常有着更丰富的层次（图4）：一摊雨水；四周因湿润而颜色变深的泥土；外围是干燥的土壤；草地；散落在水面和地面的落叶；最下面一层是旁边大树投下的阴影。加上天空的阳光和云朵倒映在水面上，你与包含了不同肌理、色彩、光影的叠加层次之间形成了丰富的互动。

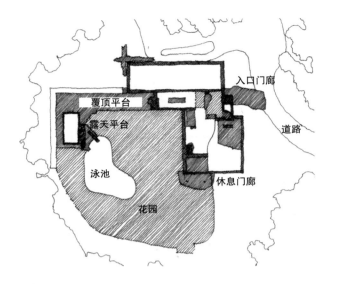

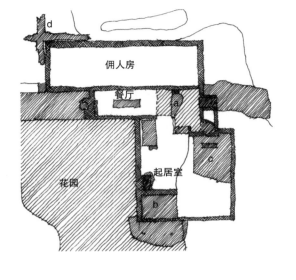

图 5 阿尔托似乎在设计玛利亚别墅时已经这么想。玛利亚别墅也是由重叠的空间层次构成的，有些层次显然具有人性特点，因为它们有规整的几何形式；有些则试图通过明显的自由几何形来实现自然形态，另一些本身就是自然的。部分空间层次在上图中展示出来。第一层级是自然或现存的部分：树林、大地、空地，可能还包括道路。上一层级是矩形的住宅核心。阿尔托通过划分内部与外部的墙体，设计了既内向又外向的附属空间。对住宅来说外向的部分是花园，是家中的自然，与周围野生自然的树林形成对比。再上一层级是覆顶的平台和泳池。与桑拿房相连的是一段台阶，可以下至一小块带跳板的木质平台——这是更多的层级。紧邻住宅的是一个不规则的门廊，遮盖着不规整的石块砌成的台阶。在冬日花园上部的工作室的曲线外墙从方整的核心悬挑出来，在其下创造出一个可以晒太阳的休息门廊。

图 6 空间的叠加在室内也得以延续。我们或许可以将桌椅解释为叠层，但还有一处空间——此处用餐空间像是溢出到入口门厅（图中 a），最后止步在一面曲墙前。冬日花园（图中 b）和图书室（图中 c）都是叠加（或从中减去）在起居空间的大正方形之上，起居空间的地板本身"分层"为不同的表面——木质地板和瓷砖地面（用曲线标示）——像是拍打着沙滩的海浪。壁炉是添加到各自所在空间中的更小层级。还有一个棚架，平面是十字形的（图中 d），紧挨着佣人房的东北角，可能是为了掩饰几何形的严肃规整。

图 7 入口立面

层级与焦点 | Hierarchy and focus

玛利亚别墅的组成并非没有层级和焦点。它的重力中心（住宅的中心）是餐桌，其他层次由此处蔓延开来（更多是受到自然的影响），像是从这个中心展开一般。

整个住宅是一个层级互相叠加的抽象组合，边界模糊混淆。这种画家般的构图态度在立面上也表现得十分明显（图7）。住宅中的光与影、树叶与树干、灌木丛、不同的颜色与材质、倒影与肌理的不同层级，相互交叠，像绘画中的色块，又像抽象拼贴画中的结构。

住宅的细部处理上，也存在分层且模糊的边缘线。主入口的门廊（图8）是规则与不规则的混合体。覆顶平台下的壁炉（图9）是一个不规则石块组成的不规则体，附着在餐厅规则的端墙上。起居空间中主壁炉的边缘（图10）也被抹灰的断缝、不规则石块的镶边以及窗户边缘上一道奇怪的"咬痕"软化了。从起居空间起步的主楼梯的第一级踏步（图11）外形怪异，与梯段中其他踏步清晰规则的外形形成对比。即使是平屋顶上扶手的平面也像是海岸线或是泳池的形状（参阅第198页草图）。

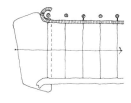

图 11 起居空间中的台阶

几何形 | Geometry

当被问及他在事务所采用了什么模数时，阿尔托回答，"1毫米或更小"。这个回答暗示了阿尔托在他的建筑中避免使用理想几何，而用一种更精准的态度来确定尺寸。但或许他的回答并不诚实。玛利亚别墅的平面受到一个潜在正方形网格的控制，这些正方形可以两等分、三等分、四等分（图12，下页），尽管通常墙体厚度应该落在哪条线上可以进行不同的解释。此外，如莱韦伦茨在克利潘设计的圣彼得教堂晚期的平面中一样（参阅第181页），

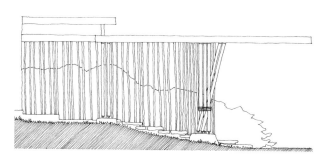

图 8 主入口门廊侧立面

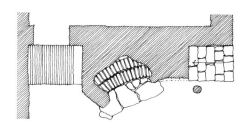

图 9 覆顶平台的壁炉平面

侧立面

平面

图 10 起居空间中的壁炉

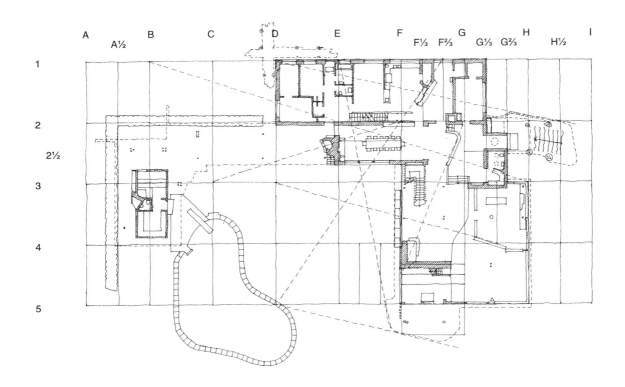

图 12　玛利亚别墅的平面置于一个正方形网格上，部分方格进一步进行了两等分、三等分和四等分。

起居空间的主体部分加上冬日花园和图书室，占据了正方形 3F–3H–5H–5F。

佣人房占据了网格线 1 至网格线 2、网格线 D 至网格线 G⅓ 之间的 3⅓ 个方格。

餐厅／入口门厅区域大体占据了网格线 2 至网格线 3、网格线 E 至网格线 G⅔ 之间的 2⅔ 个方格；尽管正方形 2E–2F–3F–3E 的三分之一分给了花园，使得用餐空间更为狭窄。正门与更衣室之间的墙位于网格线 2½ 上。

环抱花园和桑拿房的墙的宽度由网格线 A½ 决定的。

网格线 2⅔ 决定了外廊上屋顶的边线。另一条边线在网格线 2 上，在桑拿房周围的区域，屋顶形状变得复杂，但你仍能看到它与网格之间的关系。

住宅中许多其他线条都是由这个网格系统决定的。有些是斜线。例如：休息门廊处的角度似乎就是以 5D 点为起点的；主门廊处的一条线的起点是 1D；图书室的斜墙与 3D 点对齐；用餐空间向门廊倾斜的墙面是沿着 4½F 至 2G 的；厨房的斜墙则是沿着 5D 至 1F⅔；室外的壁炉似乎是由 C3 与 F2 的连线决定的；甚至衣帽间靠近前门处的一道短墙也似乎是沿着 B1 至 H3 布置的。

确定泳池的曲线形与潜在网格之间的关系更加困难。但部分似乎是 ¼ 圆弧曲线的圆心是在 4C 点上的。泳池的另一部分曲线边缘经过了点 5D。泳池左侧边缘沿着网格线 B½。

每位建筑师都需要一些方法来对建筑的尺寸和各部分之间的关系做出决策。使用潜在网格系统能让这些决策显得不那么武断，尽管严格固守一套网格可能使建筑变得枯燥无味。因此阿尔托采用了一套更复杂的网格：来帮助他做出决定，又不显得像是被几何所奴役。

那些偏离了正交网格的元素，却与网格节点的连线对齐（部分在图 12 中标出）：门廊的斜线、图书室的一面墙、用餐空间向门厅延伸的那部分以及厨房中的斜墙，都是由连接网格节点的斜线确定的。这些元素的几何形并没有像它们看起来那么自由（任性）。即使是泳池的曲线也可以诠释为受到了网格的约束，因为部分曲线经过网格节点或是其径向中心位于网格节点上。

斜线的排列组合也是画家的一种手法。它为二维的布局带来视觉上的完整性。阿尔托的平面与风景画家所用的构图技巧十分相似，如 17 世纪法国艺术家尼古拉斯·普桑（Nicolas Poussin）。例如普桑的作品《福基翁的葬礼》（*The Funeral of Phocion*）（图 13），就是通过连接画面上的特定点构成的斜线来组织布局的。普桑想让观赏者的目光集中到前景中两个抬担架的人身上。阿尔托对勒·柯布西耶称之为"基准线"的运用则并非是为了画面组织（除非他关心平面图的美感）。他似乎更想要去为平面各个部分的夹角和尺寸找到某种（或真或假的）理由。对于弗兰克·劳埃德·赖特、勒·柯布西耶、西格德·莱韦伦茨、阿尔瓦·阿尔托（及许多其他建筑师）来说，潜在的网格系统是一个帮他做出决策的框架。几何形减少了左思右想的时间，或至少（取代纠结）给出了一种确定性。如果一个元素沿着一条网格线或网格节点间的斜线布置，就获得了某种程度的正确性。网格可以是一种对抗任性妄为的权威。但它是否为设计带来审美价值仍未有定论，关于这一点的争论已持续了几个世纪之久。

结语 | Conclusion

有史籍记述，阿尔托受到了赖特流水别墅（参阅第 123~134 页）的影响，流水别墅完工并公开展

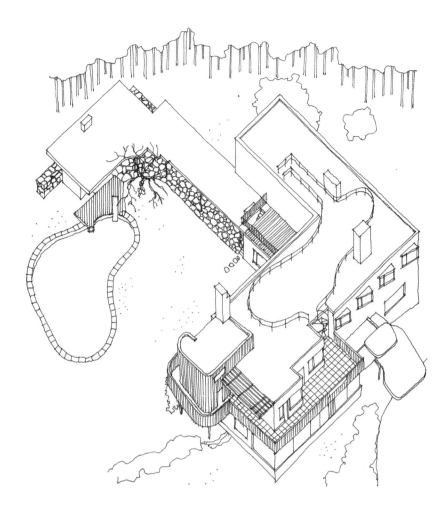

图 13 普桑《福基翁的葬礼》的构图运用了基准线，与阿尔托组织（控制）玛利亚别墅的平面所采用的方法相似。

示时，正是阿尔托开始思考玛利亚别墅的设计。这个住宅的早期设计版本中有深远的出挑，但这个设计中并没有瀑布相伴，在推进中，阿尔托的设计逐渐成熟。赖特在他别墅的平台设计中模仿了层叠的地层，在阿尔托的设计中，则形成了一种更微妙的人与自然的层次。

对两位建筑师来说（也包括本书提到的其他建筑师）灵感都是源自日本传统建筑。许多传统的"神庙"建筑都将自然与人截然分开。在原始建筑中，人类似乎屈服于自然的控制。还记得在《解析建筑》（第四版，第119页）中"神庙与村舍"一章开头引自拉斯金的那段话吧，在其中他描述了一间典型村舍的特征：

"它的一切都应是自然的，似乎周遭环境的影响力太过强大而无法反抗，也使得所有的艺术尝试都在表达环境的力量，或隐匿了它反抗的证据，看起来一切都是徒劳……它无限谦卑地卧在峡谷中的牧场，或是顺从地畏缩于山洞之中；它应该像在乞求暴风雨的怜悯，并向大山求得庇护：似乎这一切都归于它的羸弱，而非自然的强大，才没有被淹没或毁坏。"

阿尔托的玛利亚别墅，与传统日本住宅和庭园一样，提倡人与自然之间一种更微妙的关系及人与自然的融合。但建筑师始终处于控制地位，因此这种融合的表现形式更多是一种美学（诗意）的效果（由于财富能力与技术水平所特享），而非一种实践或道义上的现状。

建筑在人与周围（环境）之间斡旋——这是它的哲学作用——但它的边界——区分内部与外部的界面——不需如此尖利。在玛利亚别墅中，阿尔瓦·阿尔托示范了如何将这一界限消融在既属外又属内的灰空间之中。

参考文献：

Alvar Aalto – 'The Hill Top Town' (1924), in Schildt, 1997, p. 49.

Alvar Aalto – 'From Doorstep to Living Room' (1926), in Schildt, 1997, pp. 49-55.

Sarah Menin and Flora Samuel – *Nature and Space: Aalto and Le Corbusier*, Routledge, London, 2003.

Juhani Pallasmaa – *Alvar Aalto: Villa Mairea 1938-1939*, Mairea Foundation and Alvar Aalto Foundation, Helsinki, 1998.

Juhani Pallasmaa – 'Villa Mairea: Fusion of Utopian and Tradition', in Futagawa, editor – 'Alvar Aalto: Villa Mairea, Noormaku, Finland, 1937-1939', in *GA* (*Global Architecture*), 1985.

Nicholas Ray – *Alvar Aalto*, Yale University Press, 2005.

Göran Schildt – *Alvar Aalto: the Early Years*, Rizzoli, New York, 1984.

Göran Schildt – *Alvar Aalto Sketches*, MIT Press, Cambridge, MA, 1985.

Göran Schildt – *Alvar Aalto: the Decisive Years*, Rizzoli, New York, 1986.

Göran Schildt – *Alvar Aalto in His Own Words*, Rizzoli, New York, 1997.

Richard Weston – *Villa Mairea*, Phaidon (Architecture in Detail series), London, 1992.

Richard Weston – *Alvar Aalto*, Phaidon, London, 1995.

Nobuyuki Yoshida – 'Alvar Aalto Houses: Timeless Expressions', *A+U* (*Architecture and Urbanism*), June 1998 (Extra Edition), Tokyo.

瓦尔斯温泉浴场

THERMAL BATHS, VALS

瓦尔斯温泉浴场
THERMAL BATHS, VALS

瑞士山谷中一家旅馆附属的综合洗浴会馆
彼得·卒姆托设计，1996 年

建筑构想常常始于加法：在石头上摞石头，在钢铁上摞钢铁，在混凝土上摞混凝土……；房子始于房间摞房间，街道始于房子摞房子，城市始于建筑摞建筑、街道摞街道……但建筑也可以始于减法。空间的获得可以通过挖洞、侵蚀、从实体中移除一些材料。例如，洞穴就是由于流水侵蚀岩层形成的；穴居人的住屋就是通过对软岩的开掘——或是对自然洞穴进行扩建——形成一个个房间。彼得·卒姆托（Peter Zumthor）的瓦尔斯温泉浴场并不是从天然岩石中开凿出来的，却被设计得有如这般浑然天成。

瓦尔斯温泉浴场附属于一个建于 20 世纪 60 年代的老旅馆。浴场从旅馆所在的陡峭山边浮现出来，离瓦尔斯村不远，村子临河，河水在瑞士东部格劳宾登州（Graubünden）的阿尔卑斯山间的深谷谷底流淌。旅馆和浴场向着山谷对面的东方（图 1）。清晨，阳光从对面的山峰间迸射出来。午后，对面山坡上修剪过的草坪在阳光下绿得耀眼。牛铃叮当。冬日的景象是一片灰白。在寒冷的日子，浴场的户外温水浴池蒸腾的水气与山谷的薄雾混合在一起。

开凿出的空间 | Excavated space

浴场的水来自天然温泉。当穿过旅馆下的隧道进入建筑，就好像你也是水流中的一个水分子，前去同浴场的水汇合（图 2~ 图 11）。

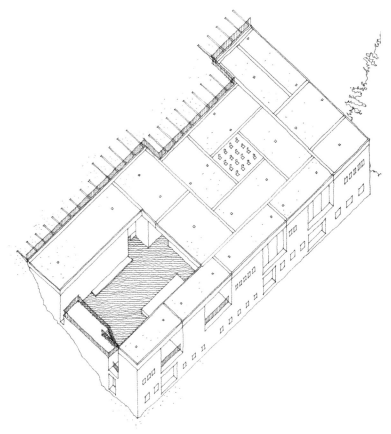

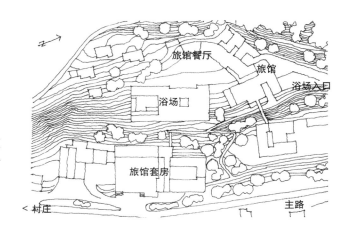

图 1 当前的环境

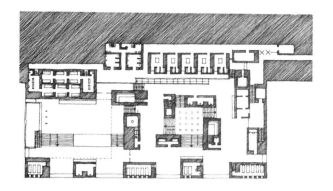

图2 平面图

图3 浴场建筑（概念上）始于一个巨大的矩形体量，一半嵌入山坡中。尽管概念上像一整块巨石，但实际上这个体块是由当地开采的石英岩薄片建造而成的。它完美的几何形态直接从山坡的草地上长出来，上面盖着一片完全水平的混凝土厚板。顶上种了草，并像榻榻米一样分块。

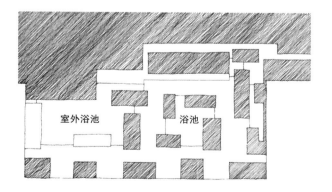

图4 建筑设计是从有着完美几何形的地质中着手的。从岩石中侵蚀出了浴场空间，但不是被水，而是被卒姆托的设计思想。这是个人工洞穴系统，它的形成不是一个无意识的过程，而是像乔治·麦克唐纳的童话故事中那样，遵循着自身的"奇思妙想"所赋予的法则。

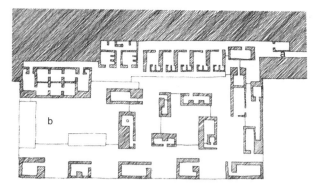

图5 思想——作为侵蚀的方式——引入进来了，像沐浴者在完工的建筑中一样，穿过平面右上角的隧道（图中a）。它"冲刷"出一条路，穿过岩石的"裂缝"，把它们一点点变宽，但也一直遵守着自己的正交几何规则。靠近"源头"（隧道）处的空间又小又窄，到达对面角落（室外浴池，图中b）的过程中变得越来越宽阔——如在自然洞穴系统中那样。水流"聚集"在地面的低凹处（浴池）。光从"洞穴"开口和"地质"层中"岩石"屋顶间的"裂缝"射入。"冲刷"中留下的巨大石柱本身也被"挖掘"开，在里面形成了小小的私密空间。

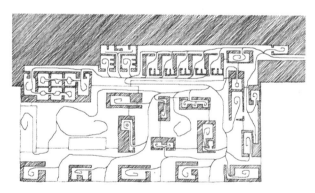

图6（人工）洞穴系统成了一个迷宫，一个等着人们去探索的场所（或是许多场所的集合），在建筑中的不同部分探寻不同的环境与氛围。沐浴者穿过5间更衣室，在巨柱间漫游，寻觅能够浸泡和放松的私密空间。建筑中有些空间很开阔，有些则很幽闭；有些明亮，有些昏暗；有些温暖，有些凉爽；有些干燥，有些雾气腾腾；有些在室内，有些在室外；有些是封闭的，有些则可以欣赏风景；在有些空间中你暴露在外，在另一些空间中却可以隐藏起来；有些安静，有些喧闹（电器的声音，或是流水或沐浴者的声音）；在有些空间中流水拍打着你，在另一些中你却可以打个盹儿；有些甚至弥漫着香气，或许还有花瓣。在建筑限定、隔离出的几何形世界中，有各种各样的空间，每个空间都以不同方式为你带来感官与情感享受。

剖面图（图8~图11）展示了空间是如何贯穿流通的，由北向东、向南伸展开来。室外泳池上方去掉了混凝土厚板屋顶（在下面平面图的上部，图7）。旁边是日光浴平台。室外浴池向檐下及室内延伸。你可以游泳穿过一道门，在图7中 x 处，这是室内与室外的界线。

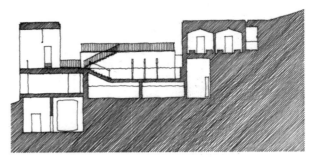

图8 *a—a'* 剖面图

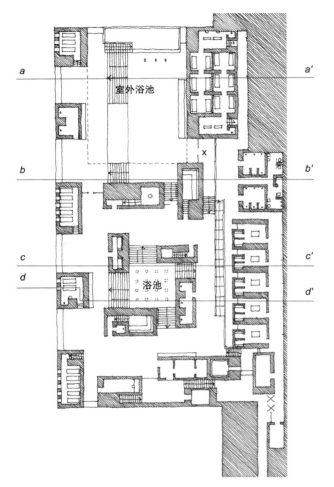

图7

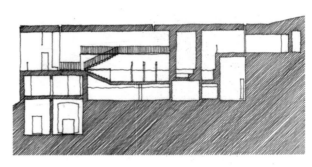

图9 *b—b'* 剖面图

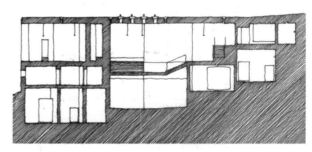

图10 *c—c'* 剖面图

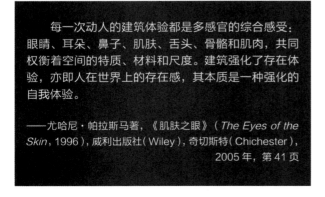

每一次动人的建筑体验都是多感官的综合感受：眼睛、耳朵、鼻子、肌肤、舌头、骨骼和肌肉，共同权衡着空间的特质、材料和尺度。建筑强化了存在体验，亦即人在世界上的存在感，其本质是一种强化的自我体验。

——尤哈尼·帕拉斯马著，《肌肤之眼》（*The Eyes of the Skin*，1996），威利出版社（Wiley），奇切斯特（Chichester），2005 年，第41页

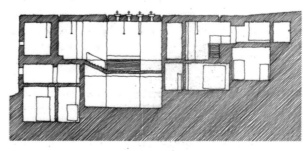

图11 *d—d'* 剖面图

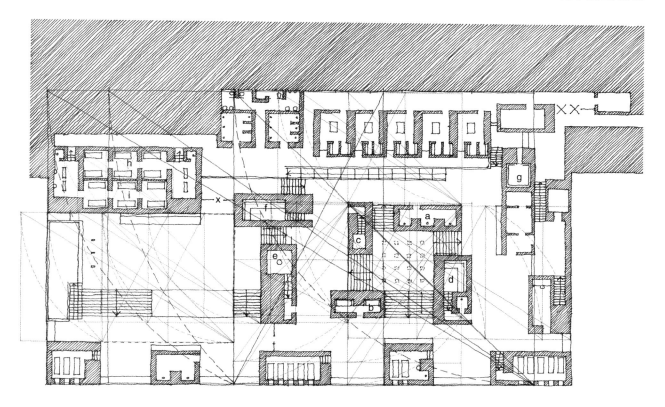

图 12 建筑平面所依据的几何矩阵非常复杂。

理想几何 | Ideal geometry

卒姆托的"奇思妙想"遵循的是理想几何的"法则"。如同一段精妙深奥音乐的分布结构形式一样，瓦尔斯温泉浴场的几何体系也非常复杂，而且有许多层级。它太过复杂、有太多层次，在此无法给出一个完整的说明。如在本书中所分析的其他建筑一样，它看起来也是基于正方形、√2 矩形和黄金分割矩形（图 12）。其中唯一明显的正方形是室内泳池，对应着顶部 4×4 共计 16 个小天窗，而屋顶草皮的分割方式则像是一个四张半席的榻榻米地板（参阅第 206 页轴测图）。以这个核心正方形为中心，可以构成两个略大的、不同尺寸的正方形。其中一个正方形给定了两个容纳了秘密空间的巨柱的外缘线：（a）高压淋浴，喷射的水柱拍打着你的背部；（b）一个幽暗静谧的房间，你可以躺在床上，听着敲击石块组成的简单乐声，陷入冥想。由这个正方形衍生出的黄金分割矩形与建筑（右侧的）外边沿重合。另一个略大的正方形决定了另外两个巨柱的外缘线，其中容纳了：（c）一个冰水池（通常没有人）和（d）一个洒满芬芳花瓣的温水池（常常人满为患）。（当你出浴时，有一个淋浴喷头用来冲掉身上的花瓣。）一个源自核心正方形的√2 矩形决定了另一容纳着喷泉的巨柱的内缘，你可以尝尝从这里涌出的泉水（e）。

整个建筑基于一个大正方形和一个黄金分割矩形，但在北端（右侧）略有扩大，其中容纳了通往下层的楼梯，这一层主要是设备用房和维修区。这个扩展部分似乎是由另一个黄金分割矩形决定的。室外泳池上方屋顶划分出的部分形成一个√2 矩形，与衍生出大黄金分割矩形的大正方形的南侧边缘相连，等等。这个建筑所基于的理想几何矩阵异常复杂，无法用文字或示意图来描述。瓦尔斯温泉浴场可以说是一个几何学家开凿出来的洞穴系统。

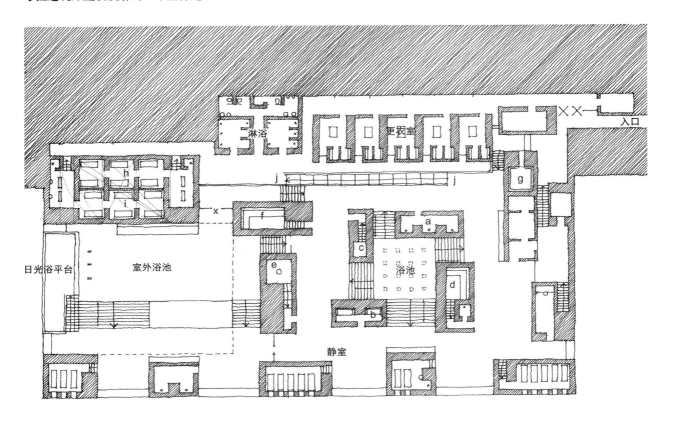

图 13 温泉浴场容纳了许多不同的感知空间。

调节性元素 | Modifying elements

温泉浴场构成了一个框架，人们可以把自己置于（享受与否）多种多样的感官体验之中。挖空的巨柱容纳了各种各样的秘密空间，特质迥异。f 处是一个高温浴池，h 和 i 处是两套蒸汽浴池。或许本来它们是分别为男性和女性设计的，但现在分别被用来给穿泳衣和裸泳的人使用。g 处是一个小而高的石室，你可以通过一条水中隧道到达。你会发现小室中的人们在低声哼唱，声带发出的声音与空间的回响产生共鸣。下雪的日子你可以游到室外泳池中，感受雪花在你的肩膀上融化。

迷宫中还有其他空间，你可以躺在床上感受不同的氛围。你可以躺在：安静而幽暗的房间中；安静而明亮的房间中；公共区域中荫蔽或遮阳的空间，在室内或室外；你还可以躺在室外泳池抬起的平台上，这里洒满阳光。

瓦尔斯温泉浴场将设计重点放在感官体验上，这令人回想起古罗马人建造的浴场建筑群（图14）。罗马浴场有不同温度的浴池：热的、温的和冷的。或许他们也有室外泳池。卒姆托在浴场中增加了更多的感官体验：有花瓣的香薰浴池；哼鸣的小室；可以品尝泉水的小室；可以躺在幽暗中聆听石头演奏音乐的房间；巨大水柱拍击着后背的房间；可以将脚趾浸入冷水中，决定去到其他什么房间，等等。

这幢建筑为全部五官带来体验——视觉、触觉、听觉、嗅觉和味觉——亦可提供其他感官体验。卒姆托说，浴场中不能有钟，使浴者察觉不到时间的流逝。但这个建筑并没有将时间抹去；而是以其他形式的时间取代了时钟：太阳和云朵在天空中的移动；其他人的身体在内部空间中游走——进入、漫步、浸浴，然后离开；对面山坡上的农夫和动物的活动以及浴者自己在巨柱中秘密空间内的探索。

这幢建筑也顾及了心理感受——情感：每一次

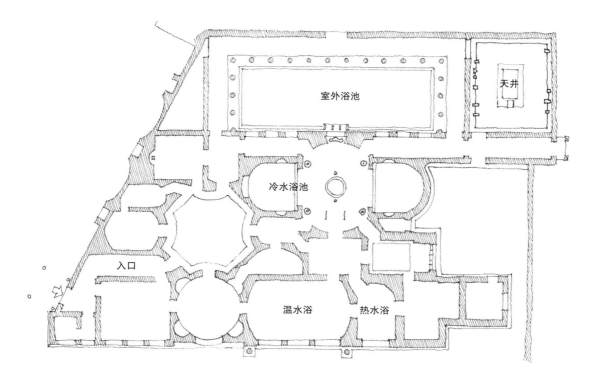

图 14 蒂沃利（Tivoli）的女子浴场复原图，位于罗马附近。

跨过门槛窥入秘密空间时的一丝惶恐，不知道将会发生什么，是发现许多其他的眼睛也在窥视着你，还是一屋子赤裸的身体；当你从上层的更衣室出来走下长长的坡道（图 13 中 j-j）时不由自主产生的自我意识，像聊天节目中的"明星"面对浴池中的"观众"；也可能，如果你享受炫耀精心保持的身材的话，会得到展示带来的满足感。

结语：内容与文脉 |
Conclusion: content and context

瓦尔斯室内浴池的屋顶上有 16 个小天窗。在草坪屋顶上，每个天窗都有一盏小灯，夜晚会点亮；每盏灯的灯罩是黑色的，像化作水仙花的纳西索斯（Narcissus）；俯瞰着下面的浴室，也对着天窗玻璃上的倒影顾影自怜。纳西索斯是那位恋上了自己水中倒影的神。古罗马诗人奥维德（Ovid）在《变形记》

（*Metamorphoses*）中讲述了纳西索斯的故事。

尽管瓦尔斯温泉浴场的照片不胜枚举（它也很上相），但它更是一个有力的工具，从而成为一幢更深刻的建筑。它不是仅仅伫立在瑞士的群山之间，如一座雕塑般被人欣赏。这幢建筑，如所有其他的建筑一样，操控着人的情感与感官体验。但相比大

> 他注视着自己在如镜般水中的倒影——并爱上了它；爱上了一个想象中的躯体，并非实体，他将倒影当作一个有生命的东西去爱。他无法移步，因为他惊叹于自己的美。
>
> ——奥维德，布鲁克斯·莫尔（Brookes More）译为英文，"森林女神与水仙花"（Echo and Narcissus）

部分建筑，它采用了一种更高级、更强烈的方式。瓦尔斯温泉浴场，与其他建筑一样，在人与环境——景观与气候——之间斡旋，调和、安排、过滤、强化……它们的相互关系。但同样，它比大部分建筑采用了更高级、更缜密的方式。卒姆托在这幢建筑里构建了一个框架，在其中，人们可以秘密地纵情于感官享乐；它也是一处庇护所，在此人们可以眺望风景，观察天气变幻；这也是一个舞台／观众席，人们可以展示自己，或是观望他人。设计师采用了永恒的几何形，许多人认为这是建筑魔法（诡计）的试金石。

　　有人质疑卒姆托并没有考虑过要让这幢建筑上相。尽管它可能故意影射了纳西索斯，但建筑本身并不那么自我陶醉，而是非常周到；它的建筑形式显示出对文脉、景观与内容的考虑以及对感官、情感与赤裸（或几乎赤裸）人们的体恤。它既关心外观，也关心功能。在为使用者提供服务、对环境做出回应的同时，也建立起了沟通两者的桥梁。入口隧道将参观者与环境隔离开，只是为了将他们重新引入特别的情境：人们不着片衫地置身于一块巨大的人工几何形岩石中开凿出的迷宫里。如果瓦尔斯温泉浴场是一个"神庙"，那么它就是一座献给耽于感官享受的人类的神庙。

参考文献：

Peter Davey — 'Zumthor the Shaman', in *AR*（*Architectural Review*）, October 1998, pp.68-74.

Thomas Durisch, editor — *Peter Zumthor, Buildings and Projects, Volume 2 1990—1997*, Scheidegger & Spiess, Zürich, 2014, pp.23-55.

Lars Muller, translated by Oberli-Turner, Schelbert and Johnston, photographs by Helene Binet – *Peter Zumthor: Works – Building and Projects 1979— 1997*, Birkhäuser, Basel, 1998.

Raymund Ryan – 'Primal Therapy', in *AR*（*Architectural Review*）, August 1997, pp. 42-49.

Steven Spier – 'Place, authorship and the concrete: three conversations with Peter Zumthor', in *ARQ*（*Architecture Research Quarterly*）, Volume 5 Number 1, 2001, pp. 15-36.

Nobuyuki Yoshida, editor – 'Peter Zumthor', *A+U*（*Architecture and Urbanism*）, February 1998 Extra Edition.

Peter Zumthor – *Therme Vals*, Scheidegger & Spiess, Zürich, 2007.

Peter Zumthor – *Thinking Architecture*, Birkhäuser, Basel, 1998.

Peter Zumthor – *Atmospheres*, Birkhäuser, Basel, 2006.

拉米什住宅

RAMESH HOUSE

拉米什住宅
RAMESH HOUSE

一幢对喀拉拉邦特里凡特琅的气候做出回应的住宅
莉莎·拉朱·苏巴德拉（Liza Raju Subhadra）设计，2003 年

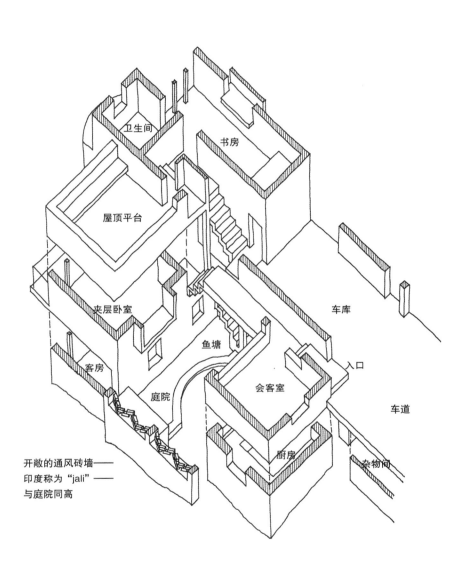

卫生间

书房

屋顶平台

夹层卧室

客房

鱼塘

庭院

车库

入口

会客室

车道

厨房

杂物间

开敞的通风砖墙——
印度称为"jali"——
与庭院同高

与水潭住宅解析（本书第一章）的封面图不同，右侧的轴测图的确切掉了一部分；屋顶及部分墙体被移除，以便能看清内部空间之间的关系。这个住宅与环境之间确实存在联系，但与密斯·凡·德·罗的范斯沃斯住宅（第 63~78 页）对环境的开放性（通过玻璃实现）正相反，这幢住宅是内向型的。

这张图展示了这个位于印度南部热带气候区的小住宅相互关联的垂直分层。这些分层依照近乎螺旋线的形式，围绕一个小庭院布置，小庭院是开敞的，通过一面与小庭院等高的砖墙通风。无论步行还是开车，都是从螺旋的中部进入住宅。在入口处，你可以走下中央楼梯（在开敞的小庭院旁边），经过一个夹层中的卧室，到达庭院层，这里有厨房和日常起居空间；也可以上到顶层的书房。

从建有鱼塘的庭院层，还能继续下行到一道门——在图中看不到的角落位置——走出到花园。而书房处有另一道门，从这里走上几步台阶，到达环抱在棕榈树绿叶当中的屋顶平台。庭园中有一棵杧果树（这张轴测图中没有画出来，但在对页的剖面和平面图中能够看到）长得比屋顶还高（可以从屋顶平台上摘到一些杧果）。

莉莎·拉朱·苏巴德拉的拉米什住宅位于印度南部喀拉拉邦特里凡特琅（Thiruvananthapuram，通常称为 Trivandrum）郊区的一块坡地上。周围有其他的独户住宅。公路位于基地上坡一侧；因此住宅的入口位于从底层到屋顶的螺旋形空间的中间。喀拉拉邦的气候炎热而潮湿。由于位于热带，这里还有季风季节。这个地区的住宅设计必须将这些因素考虑在内。

从旁边的图中能看出住宅的空间布局，最下面所示是最底层，最上面是剖面。可以看到，家庭空间——厨房、起居／用餐空间、会客室——集中布置在左侧近入口处，而私密的个人空间——卧室和书房——则布置在右侧，望向花园（茂密的植物）。

分层法——从大地到天空 |
Stratification — from earth to sky

建筑绘画的方式——特别是从画平面图开始一项设计——倾向于主要在水平维度上组织建筑。这一趋势与我们通常在水平面运动这一现象相吻合；我们被竖直的重力约束在地球近似水平的表面上。如果能够像鸟儿一样飞翔，我们的建筑将会大不一样。本书中解析的许多伟大的建筑作品——密斯的范斯沃斯住宅和德国馆、勒·柯布西耶的萨伏伊别墅和小木屋、莱韦伦茨的圣彼得教堂、卒姆托的瓦尔斯温泉浴场……——都屈从于水平面，即使有些作品将主楼层（piano nobile）抬离大地。基斯勒的无尽之宅和芬德利的曲墙宅都试图摆脱（水平面的）控制，尽管显然无法忽视竖直重力和我们在水平面上行走与站立习惯的影响。

拉米什住宅挣脱了平面的束缚，底层主宰着它与大地表面之间的关系。但这幢住宅并没有使用曲面来实现这一结果。大地与天空都呈现在庭院当中——杜果树在二者之间伸展，就像是世界之轴（the axis mundi，地球之轴，一个竖直中心，一个稳固的参照点，生命围绕它旋转）——周围的起居空间则布置在至少六个不同的层面上——一个低于它，五个在庭院的"大地"层面以上。除了顶层独立的书房和中间层的小卧室之外，其他所有空间都能望向庭院。

这些空间和房间由紧邻庭院的一组短跑楼梯相连（令人想起莫里茨·柯内里斯·埃舍尔（Maurits Cornelis Escher）的绘画）。

从厨房层走下一组大阶梯，是庭院本身的碎石地面，它尽管位于住宅的中心，却不像一个居住空间，与居住生活之间总有一点格格不入。鱼池使得（有树的）庭院成为一组示意图式的景观。

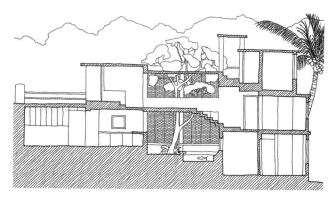

图 1 剖面

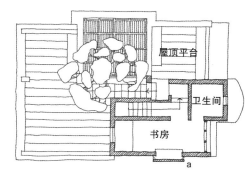

图 2 屋顶层

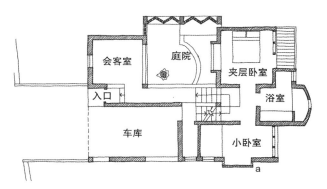

图 3 入口层

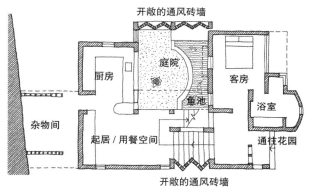

图 4 底层

215

在这幢住宅中，你可以让双脚踩在大地上，也能让头探入树叶之间，住宅中的大部分生活都发生在这部连通天空与大地之间灰空间的阶梯之上。

与气候的关系（劳里·贝克的影响）| Relationship with climate (influence of Laurie Baker)

喀拉拉邦的气候是很大的挑战。这里住宅设计的主要目标不是保暖。住宅的第一动机（全世界都是如此）是界定并保护（身体上及心理上的）隐私，即一个人、一个家庭或其他人类群体的私人领域。但在欧洲或北美洲，传统的形式是围绕壁炉搭建起墙体——壁炉是交流的核心，也是温暖的来源——但在喀拉拉邦（如在印度大部分地区及其他热带地区一样），主要的设计挑战是在炎热潮湿的气候中尽可能地改善居住条件，在季风季节的暴雨中提供一个干燥的庇护所。通风设施和屋顶是关键要素。

时尚（想要显得"现代"的欲望）与外国的影响促使大量印度当代建筑——无论是住宅还是商业建筑——都广泛使用玻璃幕墙与空调系统。但拉米什住宅却要通过设计手段在没有空调系统的情况下获得舒适性，为了达到这个目标，整个住宅设计中没有使用玻璃幕墙。

拉米什住宅为了使起居空间相对凉爽而采用的环境策略中的关键要素是传统的开敞庭院。这个庭院小而高，荫蔽在树冠下，光线难以射入，缓解了直射阳光引起的升温。开敞的庭院使四周起居空间的热空气能够从这里散去，所有的起居空间都有朝向庭院的开口（图 5）。土壤中的潮气通过树叶，当然也通过鱼塘蒸发到空气中，形成凉爽的空气，飘降到这些空间当中（图 6）。"jali"——住宅四周的通风砖墙——在维护私密性与安全性的同时保持了空气对流（图 7）。

莉莎·拉朱·苏巴德拉受到了劳里·贝克的影响，劳里·贝克是一位在印度南部气候挑战下采用相似的低技术手段设计的先驱。他生命的最后三十年一直在喀拉拉邦工作，直至 2007 年在特里凡特琅逝世。贝克曾为一些富豪业主设计独立住宅和一些学院建筑，但他是以此来维持他的主要工作，即为印度穷人设计住宅。他在自己位于特里凡特琅郊区的居住区——小村庄（The Hamlet）——创立了"农村科技开发中心"（Costford，Centre of Science and

图 5～图 7 庭院——它的土地、通风砖墙、水池和树木——是保持住宅内部起居空间相对凉爽的关键。

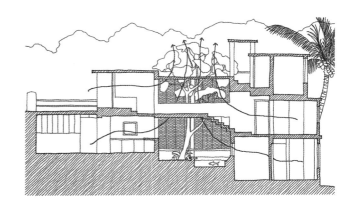

图 5 开敞的庭院使上升的热空气从住宅起居空间中散出。

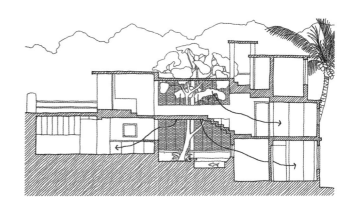

图 6 土地中的潮气、水池和杜果树使凉爽的空气飘降到起居空间中。

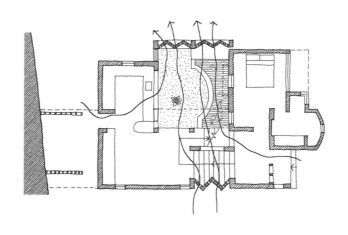

图 7 通风砖墙在维护私密性与安全性的同时保持了空气对流。

Technology for Rural Development）。农村科技开发中心在贝克去世后继续完成他未完成的工作。

贝克的信念是要建造低成本、低能耗的住宅。他并不（空想地？）执着于使用传统材料（对于喀拉拉邦来说是灰泥、毛木材和椰子叶），但他也不认为为了追求外观的"现代"而使用高能耗材料（包括制造阶段和使用阶段）就是好的。他的简单色彩是基于砖（即硬化的泥浆用于墙体和内嵌式家具……）和钢筋混凝土（制成屋顶、楼板、平台……）。他使用木材（制成百叶窗、窗户……）和瓷砖（铺成地板）。他尽可能避免使用玻璃，尽量使必需的窗户（选择合适的尺寸）避开阳光直射。有时他使用古色古香的瓶子做装饰，将它们砌入砖墙中，将五颜六色的光反射入荫蔽的室内。

普通烧结砖通常因其暖色调而看起来很舒服，从米色到橙沙色，再到棕色，甚至蓝棕色。当砌成墙，就呈现出愉悦而有趣的简单图案。就像人都有一个鼻子、一张嘴、两只耳朵和两只眼睛但没有两个人看起来完全相同一样，砖也是这样，尽管形状简单，但也有自己的个性。

——劳里·贝克，"砌砖"（Brickwork），选自《住宅：如何降低建筑成本》（*Houses: How to Reduce Building* Costs，无日期），第78页

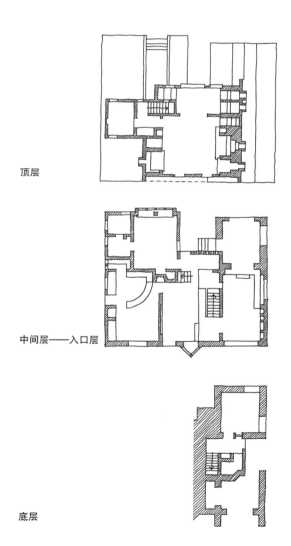

顶层

中间层——入口层

底层

图9 约翰·雅各布中校住宅，1988年，劳里·贝克设计

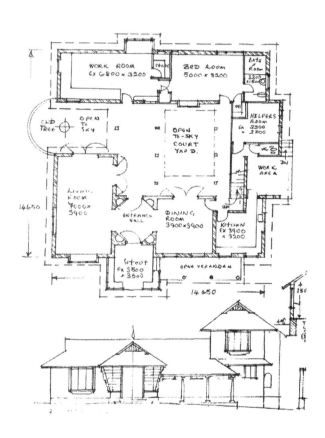

图8 阿布·亚伯拉罕住宅，1989年，劳里·贝克设计；平面图及立面图。（感谢农村科技开发中心供图）

拉米什住宅采用了一些贝克在住宅中的做法。如他的阿布·亚伯拉罕住宅（Abu Abraham House，图8，1989年，上图）的起居空间就是围绕一个小庭院布置的。又如他的约翰·雅各布中校住宅（Lt. Col. John Jacob House，图9，1988年，左图）入口就是位于中间，远处的起居空间布置在上层和下

217

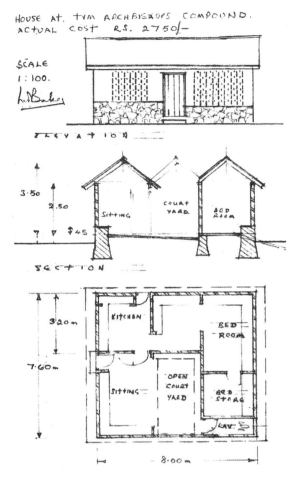

图 10　低成本、低能耗"示范"住宅，为特里凡特琅大主教设计，1970 年，劳里·贝克（感谢农村科技开发中心供图）。

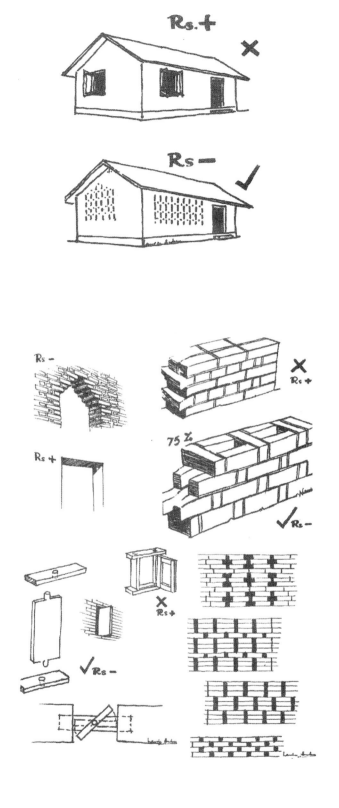

图 11　几张劳里·贝克的草图，展示了如何降低建筑成本（感谢农村科技开发中心供图）。

层。但莉莎·拉朱·苏巴德拉并没有试图直接照搬贝克的住宅，而是延续了他建筑中的精神。她受到贝克的主要影响在于他对气候的低能耗回应。在他的独立住宅设计中，贝克确实在一些（适当尺寸的）窗上使用了玻璃。在设计低成本、低能耗住宅时，他避免完全使用玻璃，而是通过通风砖墙来获得通风。上面的平面图（图 10）是贝克设计的一幢"示范"住宅，是 1970 年贝克刚到达印度南部时，受特里凡特琅大主教委托设计的一个住宅范本。（他从中国经喜马拉雅山到达喀拉拉，他的妻子伊丽莎白（Elizabeth）是一位来自喀拉拉邦的医生，他们曾一同在喜马拉雅山区工作。）这个单层的住宅范本有椰棕屋顶，简单的房间围绕着一个开敞的小庭院布置，采用通风砖墙进行通风。

贝克下定决心要降低建造成本和能耗。他出版了通用手册，讲解了如何节约建筑材料从而降低建造成本。对页上是他的一些草图（图 11）。"Rs"的意思是卢比（rupees）；"Rs+"的意思是高成本，"Rs-"是低成本。在这些图中他认为砖拱比过梁更便宜；空斗墙（'rat-trap' bonding）是其他砌法用砖量的 75%（图中与英国式砌法相比较（'English' bond））；而且就通风来讲，通风砖墙或简单的木翻板比木窗更便宜。图中右下角是贝克绘制的一些通风砖墙的草图——jali——既有装饰性又能降低能耗（即实现了功能与审美的统一——这一目标与英国工艺美术运动一致，工艺美术运动是 19 世纪晚期约翰·拉斯金和威廉·莫里斯发起的。）

莉莎·拉朱·苏巴德拉使用了贝克建议的木翻板，设置在拉米什住宅小卧室的"壁龛"和书房书桌的"壁龛"处，来调节通风（第 215 页平面图中 a 处所示）。通风砖墙为庭院带来对流通风（图 12），而"V"字形（分别是 30° 和 45°）布置除了视觉趣味性外，还能保持结构的稳定性。

为人营造的场所 | Places for people

贝克不仅关注简单经济的建筑结构，也用有趣的方式框定了人们的生活。这一关注点在拉米什住宅中也很突出。

贝克绘制了他和妻子在喜马拉雅山区工作时的住宅内部（图 13），这张图显示了他对于建筑作为生活框架的关注，而不仅是外观表现。这张图想要

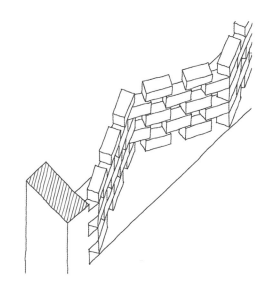

图 12 拉米什住宅的通风砖墙

表现人能/会居住的场所——能坐着晒太阳、用餐或工作，能烹饪和备餐，能睡觉，能储存碗碟，等等。这个观点能形成一整套设计建筑的方法，贝克在他的《住宅：如何降低建筑成本》一书中也绘制了一张小图来表达（图 14）。这张简单的草图传达了这

图 13 贝克绘制的他们在喜马拉雅山区家中的室内（感谢农村科技开发中心供图）

对我来说，这个喜马拉雅山的山区住宅是当地建筑的一个绝好实例。简单、高效、造价低廉……一如既往，这个愉悦气派的住宅展示了几百年来的探索尝试，探索如何利用当地材料，如何应对当地气候挑战以及如何适应当地社会生活。它还要处理偶发情况，例如如何在陡坡上建造，遇到地震怎么办，如何避开滑坡区域和道路。一些尝试住宅现代化的案例，只是清晰地展示了现代化的自负以及我们在探索中却无视或抛弃这些几百年来对当地建筑材料的"研究"是多么愚蠢。

——劳里·贝克，"针对比托拉格尔（Pithoragarh）适当的建筑技术选择问题的探讨"，辛格（Singh），辛格（Singh）和夏斯特里（Shastri）编辑，《山区的科学与乡村发展》（Science and Rural Development in Mountains），启示出版社（Gyanodaya Prakashan），纳尼塔尔（Naini Tal），1980 年，引自高塔姆·巴蒂亚（Gautam Bhatia），1991 年，第 11~12 页

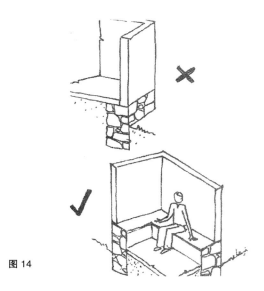

图14

样一个信息，砌墙时，在其中挖出一个能坐下的空间可以省钱；同时墙也变得丰富了。但墙也被看作一个可以容纳人的空间，而不仅是一个建筑构件。将人当作建筑中的一分子，而不仅是一个旁观者，是让住宅更像家的必备要素。

这一建筑观点在"本地"建筑中显而易见。正如贝克在喜马拉雅的家中那样，《解析建筑》（第四版，第265~268页）案例解析的喀拉拉邦小泥房子（图15）中也清晰地表现出来，其中就座、睡觉、烹饪……的空间组合成建筑结构（而非独立的一件件家具），

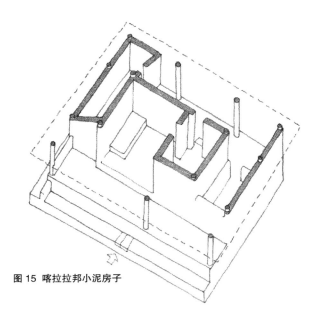

图15 喀拉拉邦小泥房子

这也是建筑形式的根本，而非视觉外观。

如前所述，将人作为建筑的一部分而非旁观者的观点，在莉莎的拉米什住宅中也清晰地表达出来。它是一个场所——或住宅统一框架下的场所的组合——用于居住的场所。

拉米什住宅的屋顶平台上有固定的长凳（图16中a），书房中有一张固定的桌子（b）和一张坐卧两用床（c）（桌子嵌入一扇窗中，这扇窗主要用来通风而非观景），夹层卧室望向庭院的宽阔飘窗窗台也是一个嵌入的座椅（d），等等。住宅每一部分的设计都是有意为之。但这并没有使拉米什住宅成为一个"功能主义"建筑——一个"居住的机器"（比勒·柯布西耶任何一个成为"居住机器"的住宅都要丰富）。它的诞生方式是让人参与其中（反之亦然——这是双向的），使他们有"在家"（at home）的感觉，将他们作为建筑中必不可少的参与者。

多功能元素 |
Elements doing more than one thing

拉米什住宅中也实现了可占有空间（occupiable space）（克里斯蒂安·诺伯格—舒尔茨（Christian Norberg-Schulz）在他的《存在·空间·建筑》（*Existence, Space and Architecture*，1971年）一书中，称其为"存在空间"（existential space））。如在贝克设计的住宅和喀拉拉邦泥房子中一样，建筑元素有多种功能。起居／用餐空间与庭院之间的楼梯——在这个位置主要是为了保证庭院的沙砾和季风雨保持在应该在的位置——足够高，也可以作为一个非正式的座椅，使你坐在砖地上时把脚放在土地上。相似地，鱼塘的池缘也足够宽，能够坐在上面喂鱼。通风砖墙的底部有一个为家犬设计的狗道。

> 我在全国各地看到了各式各样嵌在厚墙中的精巧又漂亮的架子和壁龛，还有在门楣以上用于睡觉和储藏的阁楼。所有这些都展示了设计师熟练地以三维方式利用空间。
>
> ——劳里·贝克，"建筑与人"（Architecture and the People），
> 引自巴蒂亚（Bhatia），1991年，第246~249页

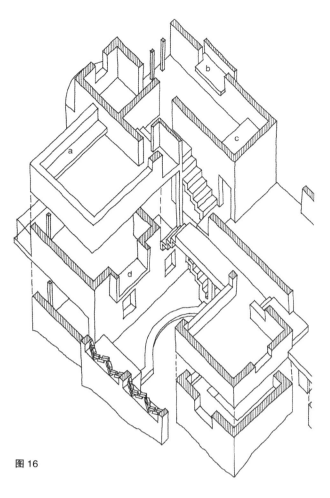

图 16

庇护所的洞口，透过这个洞口，卧室的居住者能看到住宅中其他地方发生了什么。整个住宅就像一个三维（或四维，因为建筑通常包含调节时间的元素）舞台，日常的事件和生活的戏剧在这里上演。

基准空间 | Datum space

住宅的所有起居空间都可以说是灰空间。每个空间都介于庭院与外面的世界之间。这使得庭院和其中的树（世界之轴）成为一个基准空间，以它为基准点，你永远都能知道自己在住宅中的位置（图17）。整体方向都朝向中心；单个空间的方向则是向外的。庭院成为一个必不可少的部分，不仅在于住宅的环境策略方面（如以上图片所示，在促进空气流动和通风方面），也在于帮助居住者或访客感知住宅的空间，以便更容易形成整体形象——能知道自己在哪儿以及如何从一个空间到达另一个空间。

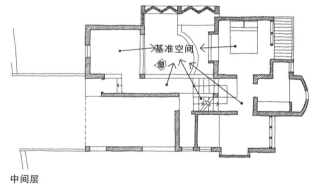

中间层

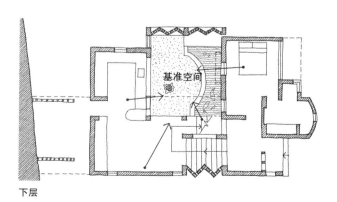

下层

图 17 庭院作为基准空间

利用灰空间 | Occupying the in–between

这些多功能元素常常创造出灰空间，即介于一个限定的空间（例如卧室）和另一个限定的空间（庭院）之间的空间。可坐的台阶介于庭院的"景观"和住宅家庭空间之间。鱼塘的池缘介于土地与水体之间。狗道介于内部与外部世界之间。

因此，夹层卧室飘窗上的窗台坐席（d）也是一个坐在既非在卧室中亦非在庭院中，而是介于两者之间的空间。就像礼堂中的舞台；面向观众，却在背后有一个私密的区域；一扇外露的窗——朱丽叶的"光""破窗而出"洒向罗密欧。这是一个通向

结语 | Conclusion

尽管我曾参观过拉米什住宅，但我完全记不起它的外观。或许部分是因为它被裹挟在绿树之间（树荫能使它凉快一些），但更是因为这幢住宅并不会让人特别注意到它的外观。这幢住宅主要是为了容纳一个家庭的生活，为他们创造一个私人领域。它不同的层次构建了一个螺旋的内部世界，环绕着中心严谨的景观（庭院）和世界之轴（杜果树）。建筑作品通常（在媒体的照片中）呈现为一个用来欣赏的物体，很难被看作是构建了一个私人世界、一些在（设计师和使用者的）意识中组织起来的与周边世界隔离开来的场所。

当走进拉米什住宅，你能感到自己走进了这个私人世界。但是内部并非完全与环境隔离。建筑的结构更像是一个网兜，而不是一个密封袋。流动的空气从通风砖墙和可开启的窗户中穿过。杜果树的叶子、狭小的庭院和周围树木落下的阴影遮蔽了大部分阳光——将热量阻挡在外；但即便如此，光线还是会闪耀（闪烁）着进入荫蔽的室内。由此，这幢住宅的确像一个居住机器，一个采用被动式手段调节住宅内部环境使其更加舒适的工具。

这里有一个深奥的对比。

你可以像插花、理发、制陶、绘画……那样，从形象组织和视觉审美的角度去设计建筑。有些人认为这是"建筑"的精髓，是与"房子"区分开来的本质。或许你特别关注你的房子（满怀期待地）在一张照片中的样子。

然而，尽管插花、理发、制陶、绘画……都没有其他的方法，设计建筑的方法却可以完全不同。即将关注点置于空间如何限定其所容纳的一切——人、人的财产与活动、氛围……以及空间结构如何在容纳物与环境——周围环境的特质与影响力之间斡旋。

在后一种方法中，人是建筑中的参与要素；建筑调节并安排着他们的体验。在前一种方法中，人不过是一个旁观者，被排除、阻挡在外（即使是在建筑内的时候），除了建筑在眼中的样子外，与它毫无关系。

拉米什住宅是后一种方法的产物。它对居住其中的家庭有足够的关心，其空间结构的首要目标是调节家庭与环境——气候与其他人——之间的关系。

参考文献：

Elizabeth Baker – *The Other Side of Laurie Baker*, D.C. Books, Kottayam, Kerala, 2007.

Laurie Baker – *Cost Reduction for Primary Schools*, Costford, Thrissur, Kerala, 1997.

Laurie Baker – *Houses: How to Reduce Building Costs*, Costford, Thrissur, Kerala, no date.

Laurie Baker – *Mud*, Costford, Thrissur, Kerala, 1988 and 1993.

Laurie Baker – *Rural Community Buildings*, Costford, Thrissur, Kerala, 1997.

Laurie Baker – *Rural Houses*, Costford, Thrissur, Kerala, no date.

Gautam Bhatia – *Laurie Baker: Life, Works & Writings*, Penguin Books, New Delhi, 1991.

Norberg–Schulz, Christian – *Existence, Space and Architecture*, Studio Vista, London, 1971.

Simon Unwin – 'Cultural Sustainability', in *Green: International Conference on Sustainable Architecture, 9-11 January 2009* (conference proceedings), Indian Institute of Architects, Trivandrum, 2009.

Simon Unwin – 'Keeping Cool in Kerala' (2007), available at: ads.org.uk/scottisharchitecture/articles/keeping-cool-in-kerala (March 2014).

巴迪住宅

BARDI HOUSE

巴迪住宅
BARDI HOUSE
位于巴西圣保罗郊区一片自有雨林中的住宅
丽娜·波·巴迪设计，1949—1952 年

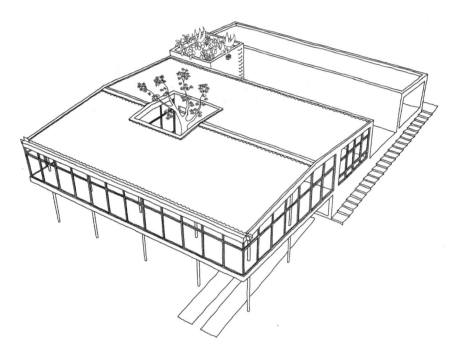

这幢位于圣保罗市郊穆伦比（Murumbi）的住宅是建筑师丽娜·波·巴迪为自己和丈夫设计的。这是她的第一个建成项目。她与彼得罗·马利亚·巴迪在 1946 年末婚后从意大利移民到巴西。他们的住宅也被称为"玻璃住宅"（Glass House）——这个昵称是建成后邻居们送给它的。住宅所在的这个繁荣的居住区先前散落着一些简单的传统住宅，它是这个居住区中第一幢现代建筑。巴迪住宅建造时，它的基地已经清理干净，但周围的大花园中却被再生的雨林占满了。尽管住宅主要的居住空间看起来像一个长了腿的封闭玻璃盒子，但它其实也可以打开，让环境中的声音和香气、温暖和微风畅通无阻地进入室内。与水潭住宅（本书第一篇解析）十分相似，它的设计意图是要加强居住生活与周围自然环境之间的联系，而非与之隔绝。这两个住宅在这方面都与儿童树屋具有共同的特征。当巴迪住宅的玻璃墙打开时，四周没有防护栏杆（也没有水潭住宅中那种防蚊网）；这种感觉就像是站在断崖边缘之上，感受危险。巴迪并不想将这幢住宅设计为一个简约的现代主义住宅，密封在自己的自然环境或概念世界中（参阅旁边的引文）；她想使它没有那么多限制与确定性，更加发自内心也更丰富——富有情感与诗性，也安排得合情合理。

可以将巴迪住宅与勒·柯布西耶的萨伏伊别墅（第 135~146 页）做一个外观的比较：它的主要元

这幢住宅中没有追求任何装饰或叠加的效果，因其目标是用尽可能简单的手段，加强它与自然之间的联系，从而将对景观环境的影响降到最低。问题在于要创造一个环境，使它成为"身体的"庇护所，即能为人遮风避雨，但同时向富有诗意与道德的一切，甚至包括狂风暴雨，保持开敞。

——丽娜·波·巴迪，《穆伦比的住宅》（*House in Morumbi*），摘自《家居》（*Habitat*）10，1953 年 1 月—3 月刊，译自丽娜·波·巴迪，布雷特·斯蒂尔（Brett Steele）编辑，安东尼·道尔（Anthony Doyle）、帕梅拉·约翰斯顿（Pamela Johnston）译，《建筑语言 12：岩石对钻石》（*Architecture Words 12: Stones Against Diamonds*），建筑联盟（Architecture Association），伦敦，2013 年，第 43~44 页

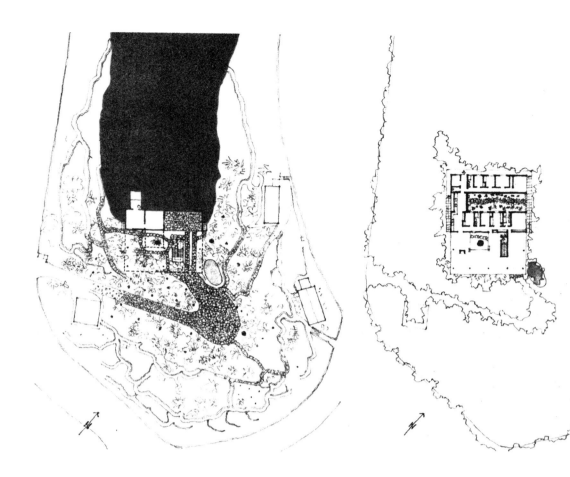

图 1 总平面图，底层，从住宅所在的小山（阴影部分）切开。

图 2 总平面图，上层，显示了主起居层，它被树木环抱。

素是由从地面抬起的开敞平面组成的，支撑的柱子被柯布西耶称为"架空柱"；它也有"建筑漫步"；它有一个（小）屋顶花园。但大概也只有这些可进行比较。巴迪住宅有自己不同的设计细节。大多数伟大的设计都因其与设计理念的一致及清晰的表达而备受赞誉。但巴迪住宅中充满了对比，在其中，复杂的建筑理念可能用相反的方式表达出来。在这幢建筑中，对比——阳光与阴影、土壤与空气、开敞与私密、规则与无序、传统与现代……甚至还有主人与佣人——交融与并置在一起，创造了一个复杂的整体（非常像莫扎特（Mozart）的歌剧）。建筑作品通常看起来是用某种方式与周围环境相隔绝（本书中有很多例子，包括萨伏伊别墅），占据着它们自己的理念世界（是建筑师对空间或形式的想象），但在这个住宅中，巴迪表达了想要消解这种思想隔绝的愿望（即使她或许没有非常成功）。

选址 | Siting

巴迪住宅坐落在一块形似舌头的地块中间的小山上（图1和图2），四周以公路为界。从底层平面图（图1，从山体中切开）看出，基地从路边向上，形成陡峭的斜坡，住宅就立在山巅。下页图中展示了等高线。基地空旷时，曾有越过田园居高临下的视野，但现在视线已经被成熟的树林遮挡住了。

住宅正面的玻璃墙大约向南，在它所处的纬度——赤道以南——意味着它是背向正午最强烈的阳光。而侧面的玻璃墙则会被清晨和傍晚的阳光照射；四周的树木会投下阴影，但玻璃墙上还是装上了遮光帘。中心方形"庭院"四周的玻璃墙或许也是开敞的，以获得自然通风。

像另一个立于高台之上的神庙（雅典卫城的帕提农神庙，或是萨伏伊别墅）一样，巴迪住宅是通过一条弯曲的道路到达（在本案中是一条车道），在这条路上可以从各种不同的角度透过树林看到住宅。

基地上另有一些小一点的建筑，包括一个车库（靠近车道入口）和一个工作室（在总平面图右边），这间工作室是巴迪为自己建造的。这间小工作室立于树林之间，像一间日本茶室。

场所识别 | Identification of place

图3中展示了巴迪住宅所在基地大体的等高线。

像拉米什住宅（前文解析）一样，巴迪住宅的中心是一棵树。建成60年后，住宅已被许多树木环绕，但这棵树很特别；如在拉米什住宅中一样，它立于四周起居空间的精神（spiritual，母性的（maternal））中心。当我们穿过田野，可以在这棵树下休息。它是世界之轴（axis mundi），连接着天空与大地；住宅围绕它旋转。这棵树定义了住宅的场所。它作为一个休息或栖居的场所，即使没有四周的住宅，也独自成为一件完整的建筑作品。但这幢住宅（和拉米什住宅一样），如果没有这棵轴心树就不完整——像一个没有轮毂的轮子、一个没有灵魂的躯体。

巴迪住宅是一个环绕在树周围的矩形（图4）。矩形体块从平坦的山顶向道路方向的斜坡挑出。轴心树框在一个偏离矩形中心的正方形洞中。拉米什住宅中，轴心树所处的"庭院"能从住宅内部到达；而在巴迪住宅中，轴心树"庭院"是不能从起居空间到达的；"庭院"中没有铺装，只是下方几米的土地。从住宅内部来看，这棵树是在它自己的开敞空间之中，你能站在这个空间边缘，但却无法走进其中（像教堂中的至圣所）。

我不知道这幢住宅建造前从基地上运走了多少土。但从等高线来看似乎有对地形进行过改造的痕迹，尤其是为了减缓通往住宅的道路坡度。毗邻道路的斜坡在大约半山腰的位置形成了通往巴迪住宅基地的入口（图5）。车道在向左急转弯爬上朝向住宅的陡坡之前顺着等高线的方向延伸。本解析标题

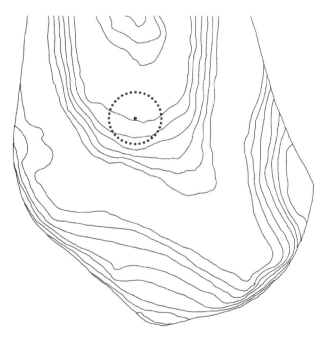

图3 基地等高线。住宅设计概念源自靠近山顶最突出位置的一棵树。

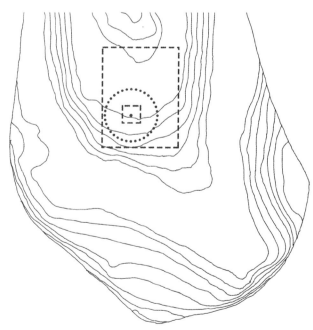

图4 住宅被设计为环抱在树木周围的矩形。住宅规则的几何形与不规则的地形形成对比。

页的图片展示了车道转弯处的视角。住宅在建造之初，四周树林尚未长成，从同一视角看去，就如旁边的图片所示。（注意，玻璃屋没有受到大量清晨阳光的照射；用来遮挡阳光的窗帘还没装上；四周能遮挡阳光的树木也尚未长成。）车道的转弯处界定了一个观赏（拍照）的点，就像从雅典卫城的山门处望向帕提农神庙，或是弗兰克·劳埃德·赖特设计流水别墅时希望能站在此处欣赏流水别墅的自然岩石平台（参阅第 125 页）。

这幢住宅可以说是对环境的回应，不是因为形式的调和，而是由于与环境形成的对比关系。巴迪住宅（至少从道路方向）看起来像一个精确优美的几何形盒子，冷漠地立在架空柱上，置于浓密、不规则、不断变化的自然植被当中。这幢住宅和环境之间的关系与严整有序的古希腊神庙和它崎岖的自然景观之间的关系相同。在圣保罗郊区，这里的景观是不同的，但是这种关系原则却是一样的；一个几何形的纯净形态，象征着人类的理性和数学原理，将自己与原生态的自然环境区分开来。这幢住宅——

像帕拉迪奥的圆厅别墅一样——是一幢属于人类的神庙。为了强调对比——几何理性与自然无序之间——花园中设计了沿着等高线的曲径、不规则的台阶以及粗糙墙面围护的平台（图 6）。

在 20 世纪 50 年代刚刚竣工的巴迪住宅

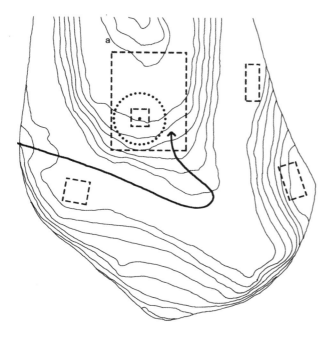

图 5 通往住宅的道路沿着等高线方向，尽可能减小坡度。其他附属的（以及后建的）建筑——车库、工作室及管家房——布置在基地中相对平坦（或平整过的）部分。

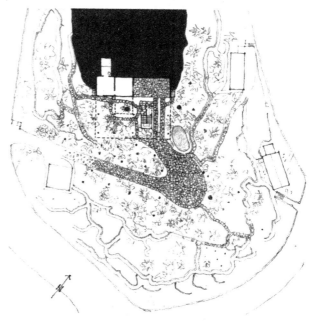

图 6 基地被整理为台地，有粗糙的挡土墙和树林间的曲径。住宅背后还有一个烧烤区域（图 5 中 a 处），设有传统木炭烤炉。

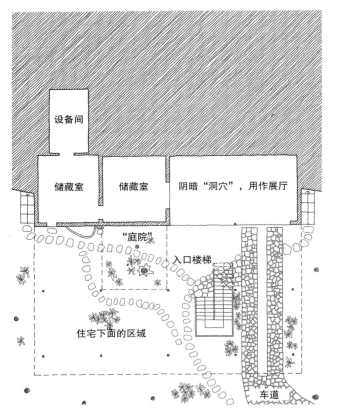

图 7 底层（下层）平面图

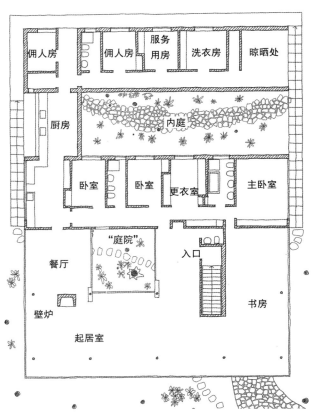

图 8 首层（起居层）平面图

本页的巴迪住宅平面图首先展示了上文提及的"对比"理念。在内部，空间根据不同的建筑理念标识出来，有些与传统相关，其他的则用现代的方式定义空间。旁边是简化的下层和上层平面图（图9）。巴迪采用两种方法来定义空间：盒子状的房间（"传统的"，石结构）和由架空柱支撑的平台上开放的平面（"现代的"，柱子和玻璃墙）。如果你赞同现代主义建筑师的观点，如弗兰克·劳埃德·赖特认为建筑师应"将房间消减为一个盒子"，或勒·柯布西耶反对"无效平面"（paralysed plan），那么你可能会十分厌恶巴迪将两个完全不同类型的空间并置在一起。但是（无畏的）巴迪用了两种语言：盒子状的房间用在需要私密性的部分——卧室、佣人房和设备间——开敞平面用在起居空间。私密空间像"碗橱"一样封闭，而起居空间却面向世界敞开——像一个瞭望台、一个橱窗。（巴迪对展示橱窗感兴趣；参阅对页引文。）

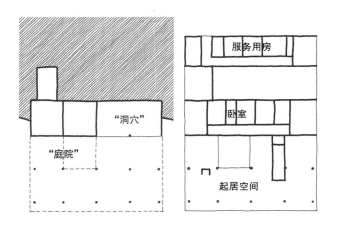

图 9 下层（左）和上层（右）简化平面图

巴迪用石墙围合住宅中盒子状的私密空间和服务用房。起居空间的平面是开敞的。这幢住宅将传统与现代平面设计手法并置在一起。巴迪还使用了第三种空间——缺失一面墙的盒子房间（开敞或用玻璃代替）——在"洞穴"、主卧室和晾晒处位置。轴心树"庭院"是从开敞的起居空间中消减掉的一个玻璃盒子。

第二个"对比"在于住宅与大地之间的不同关系。范斯沃斯住宅和萨伏伊别墅（例如）与大地之间的关系是从一而终的（起居空间位于抬起的平台之上），而巴迪住宅与大地和天空的关系要复杂得多（见图10及下文）。

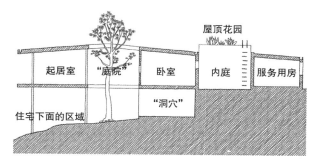

图10 简化的住宅剖面示意图，展示了地面与天空的不同关系。

城市是一个公共空间、一个巨大的展示空间、一间博物馆、一本打开的内有各种精妙文章的书，它是一位商店店主、一个展示窗或任何这种类型的展柜，它必须承担某种道德责任，即展示的东西会塑造城市居民的品味，塑造城市形象，并将它的某些本质揭示出来。

——丽娜·波·巴迪，"橱窗展示"（Window Displays），摘自《家居2》（Habitat 2），1951年10月—12月刊，译自丽娜·波·巴迪，布雷特·斯蒂尔编辑，安东尼·道尔、帕梅拉·约翰斯顿译，《建筑语言12：岩石对钻石》，建筑联盟，伦敦，2013，第41~42页

当你走近巴迪住宅时，面临的第一种与大地的关系是支撑在修长的灰色钢柱上的玻璃盒子式的戏剧性出挑，灰色钢柱与周围的树干融合在一起。这个矩形平台支撑着起居空间，与下方不规则的大地、大地上的植物、岩石和石头铺就的曲径……以及深深嵌入悬挑下阴影之中的（矩形）"洞穴"形成对比（对应关系，独立于其上，向它们投下阴影，控制着下方的要素……）。走上转角楼梯（dog-leg stair），你进入了另一个领域，从大地走上了建筑中一个更高的层级，一个与思想有关的层级。在这一层，你与树木的关系变得不同；你在一间"树屋"当中，被抬起在树枝之间；你在主楼层（piano nobile）上。平整的平台地面——统一铺满优雅的蓝色马赛克（像行走在天空之中）——界定了你的领域，此处建筑为你的世界赋予意义，自然被交付于边界之外的另一个领域。推开玻璃墙，你能走到边缘，但不能再向前走了；之外只有空气——面向自然，却没有大地可以立足。这与在轴心树"庭院"——"至圣所"当中，住宅在它周围旋转——的边缘是一样的。尽管你能看到外面的自然，却被禁锢在这个思想世界中。

但当你穿过一条走廊到达住宅后部，有传统的石制、实用的盒子状卧室和服务用房，会意识到这幢住宅与大地之间还有一层更紧密的关系。石墙必须直接植入地面。当你从"墙上的洞口"窗户望出去，会看到大地在如常的高度，你能走出去站在那里。就像是穿越了传统从思想的领域回到自然的路径；而这幢"建筑"，看起来独立于自然之上，却是从传统中生长起来的。

巴迪住宅与大地之间还有第三种明显的关系，这种关系更加神秘。标注着"内庭"的区域位于家庭卧室区和服务用房之间……但反常的是，作为一个内庭，两个区域却都无法到达。在家庭卧室一侧开有窗口，让阳光照进卧室；但服务用房一侧则完全是一面实墙。显然，部分原因是为了保持私密性。但为什么家庭卧室也没有通往这个内庭的门呢？我不清楚答案。就好像这个内庭特意被留下一个秘密领域，是住宅中的另一个你能瞥见却无法进入的场所；或许是一个天堂花园……又或许是一条没有明示的通往天堂的路径。从住宅东侧台阶旁的一架爬梯下去或许能到达这个内庭。沿着一条毛石小路，在对面尽头处，有另一架梯子（雅各的天梯？（Jacob's ladder）——译注："雅各的天梯"典出自《旧约·创世纪》第28

章10~19节，喻指通向神圣和幸福的途径）。通往厨房上方的小屋顶花园——一个"空中的"（on high）领域、一个独立的场所，需要努力才能到达，与天空直接接触……一个阳光中的场所。

很容易将这些关系与比巴迪的设计意图更加诗意的内涵联系起来；她1953年对这幢住宅的描述（"厨房顶上用铝板防水，这里是一个低维护成本的热带花园"*）相当乏味。但它们联系在一起成为一个真实的故事，在世界中探索着人的场所，质疑着现代主义（与欧洲精英主义）在巴西这样一个国家的允诺。在这幢住宅中，我们能看到从下层"洞穴"，穿过知识领域，到达上面卓越层级的层级关系。值得注意的是，巴迪将这一卓越层级构建在传统区域而非思想领域之上。这幢住宅可以诠释为一个对人文现代主义（humanist modernism）的批判，同时也是一个展示窗口。

---

* Lina Bo Bardi – 'House in Morumbi', in *Habitat* 10, January-March 1953, translated in Lina Bo Bardi, edited by Brett Steele, translated by Anthony Doyle and Pamela Johnston – *Architecture Words 12: Stones Against Diamonds*, Architectural Association, London, 2013, pp.43-44.

巴迪通过基本建筑元素，楼板、墙体、屋顶、窗户及玻璃墙面的不同排列方式实现了住宅与天空和大地之间这些不同的关系（图11、图12）：

a（起居空间）——楼板和屋顶，（透过玻璃墙面）望向四周的视野；

b（住宅下的空间）——大地与屋顶，望向四周的视野；

c（轴心树"庭院"）——大地、一面墙以及楼板与屋顶的边缘，望向四周和仰望天空的视野；

d（"洞穴"、主卧室、厨房和晾晒处）——地板、三面墙和屋顶，仅有一个方向的视野（有时透过玻璃墙面）；

e（卧室和服务用房）——地板、四面墙和屋顶（盒子状的房间），透过窗户的视野；

f（内庭）——地面和三面墙，仰望天空和一个水平方向的视野；

g（屋顶花园）——地板，望向四周和天空；

h（入口楼梯）——四面墙和屋顶，没有什么地板，没有视野（除非打开大门）。

这些基本建筑元素的排列形成了你在住宅中和住宅四周的不同体验，也有助于形成针对前页所述住宅的可能描述。

阴影与阳光 | Shade and light

基本建筑元素的排列还影响了住宅不同部分中层级的变化和光线的特质（图13），从最深的阴影到刺眼的炫光。住宅下的"洞穴"一直处于阴影中。入口楼梯引你进入一个昏暗的盒子，从这里你穿过一扇门进入明亮的起居空间。小卧室装有百叶窗，使它们幽暗又

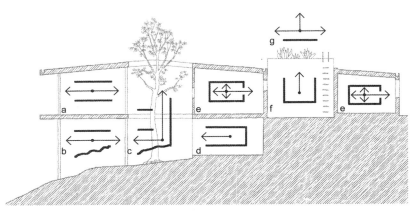

图 11 楼板、墙体、屋顶、窗户与玻璃墙面的排列

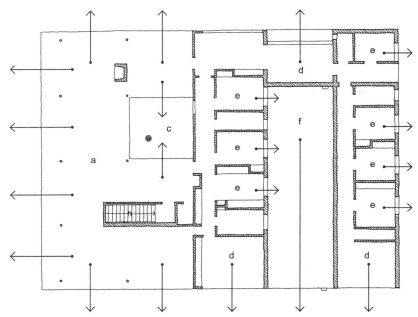

图 12 主楼层视线分析（为了与剖面图方向一致，将平面图扭转了 90°）

图 13 阳光与阴影（入口楼梯位置的剖面图）

图 14 正立面图

图 15 轴心树 "庭院" 剖面图

凉爽……主卧室会受到透过四周树林的清晨阳光的照射。小屋顶花园向天空敞开。这幢住宅像一个乐器 "演奏" 着光线，形成了住宅中不同的审美体验，并且潜在提升了它所表现的叙事性。

空间与结构 | Space and structure

这幢住宅由两个不同的基本结构体系构成，这一点在前面已经提到过；起居空间的玻璃盒子是一个开敞的钢结构体系，而盒子状的卧室和服务空间则是传统的石墙承重。然而玻璃盒子的钢框架是不规则的。外跨比中心跨要窄；这是为了让钢柱位于玻璃墙的内侧，来保持玻璃板都是常规尺寸（图

16）。巴迪面临的问题（用这种方式解决了）令人想起古希腊多立克神庙，如帕提农神庙（图 17）的建筑师，他们减小了外跨的柱距，使檐部的三陇板能等距排列。

结语 | Conclusion

丽娜·波·巴迪将她的住宅描述为 "想要获得自然与事物的自然秩序之间共享的一次尝试"（参阅下页引文）。她的兴趣在于效仿赖特的 "自然住宅"（the natural house）理念（参阅第 113 页引文）。但如我们所见，巴迪住宅可以被诠释得更复杂、更模糊多义。说不清这种模糊性是由于没有在整个建筑

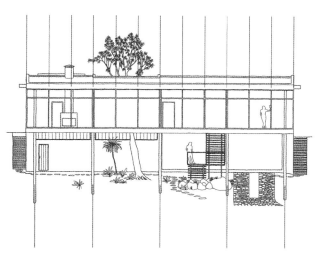

图 16 玻璃墙和钢框架结构的切分网格

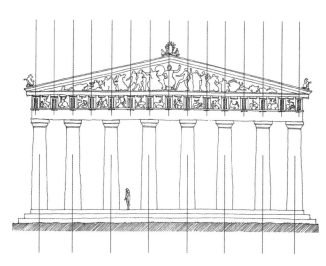

图 17 帕提农神庙

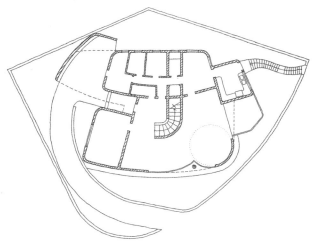

图 18 查梅—查梅住宅，1958 年，地面层平面

这幢住宅代表了想要实现自然与事物自然秩序之间交流的一次尝试。通过尽量少地戒备自然元素，它试图以其透明性去尊重自然秩序，绝不成为一个逃离风雨、与人类世界隔绝的密闭盒子——这种盒子，很少能接近自然，这种做法只能是装饰性或构图式的，最终只有"表面"的感觉。

——丽娜·波·巴迪，"穆伦比的住宅"，摘自《家居10》，1953 年 1 月—3 月刊，译自丽娜·波·巴迪，布雷特·斯蒂尔编辑，安东尼·道尔、帕梅拉·约翰斯顿译，《建筑语言12：岩石对钻石》，建筑联盟，伦敦，2013 年，第 43~44 页

中严格采用现代主义建筑语言，还是有意而为之的概念意图。无论哪个原因，在关于它的文章中，巴迪遵循了创造者们由来已久的格言——"绝不解释"（never explain）——她的第一幢住宅成为现代建筑在巴西文脉下恰当的矛盾表达。后来的一个住宅，查梅—查梅住宅（Chame-Chame House，图 18）建于 1958 年，采用了一种完全不同的建筑语言，这种建筑语言更多源自巴迪住宅花园中曲线形挡土墙，而非巴迪住宅本身（尽管它也环抱着一棵树），这种语言一贯地支持赖特"自然住宅"的格言。

查梅—查梅住宅（已毁）相较于巴迪住宅，采用了更统一的语言——由粗糙的曲墙组成。但是，由于这种差异，巴迪住宅给了一个其他住宅没有的经验。无论刻意与否，它展示了模糊含混本身在建筑中可以成为一个强有力的元素，叙事本身能够不言自明。本书展示并解析的所有其他建筑，都是好的或是伟大的建筑，不仅因为它们的设计理念，还因为其在建筑理念表达上内在固有的一致性和完整性。它们遵循了维多利亚女王时代的作家乔治·麦克唐纳在其《奇异的幻想》一文中提出的法则（在本书简介中曾提到——参阅第 4 页）：

遵守法则，建造者的工作就如造物者一样工作；不遵守法则，他就像个傻瓜，堆起一堆石头，就把它叫作"教堂"。

本书中解析的所有建筑都不一样，但它们都具有本身的完整性。巴迪住宅则不同，它提供了建筑的另一种可能性，源自模糊含混的力量。这种模糊含混并不是打破乔治·麦克唐纳的规则所必需的，但它通过证明这种可能性的存在使规则变得复杂且有效，为建筑师（作家、艺术家、舞蹈家……）开拓了一种可变性……只要他们"遵守（自己设定的）规则"，只要他们保持可变！

参考文献：

Lina Bo Bardi, edited by Brett Steele, translated by Anthony Doyle and Pamela Johnston – *Architecture Words 12: Stones Against Diamonds*, Architectural Association, London, 2013.

Zeuler R.M. de A. Lima – 'The Reverse of the Reverse: Another Modernism according to Lina Bo Bardi', in *On the Interpretation of Architecture*, Volume 13, Number 1, May 2009, available at:
cloud-cuckoo.net/journal1996-2013/inhalt/en/issue/issues/108/Lima/lima.php(March 2014)

Zeuler R.M. de A. Lima – *Lina Bo Bardi*, Yale U.P., New Haven, 2013.

George MacDonald – 'The Fantastic Imagination' (1893), in *The Complete Fairy Tales*(edited by Knoepflmacher), Penguin, London, 1999,p.6.

Olivia de Oliveira – *Lina Bo Bardi: Obra construida/Built work*, Editorial Gustavo Gili, Barcelona, 2010.

Olivia de Oliveira – *Subtle Substances: the Architecture of Lina Bo Bardi*, Romano Guerra Editora, São Paolo and Editorial Gustavo Gili, Barcelona, 2006.

Cathrine Veikos – *Lina Bo Bardi: the Theory of Architectural Practice*, Routledge, Abingdon, 2014.

维特拉消防站

VITRA FIRE STATION

维特拉消防站
VITRA FIRE STATION
瑞士北部一个家具工厂的消防站
扎哈·哈迪德设计，1990—1993 年

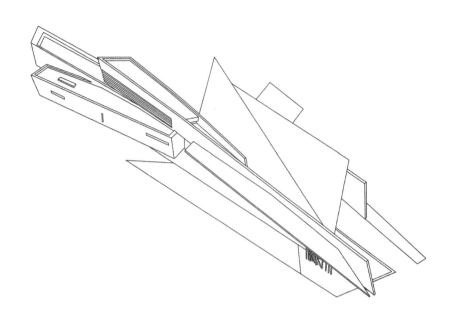

位于瑞士北部比尔斯费尔登（Birsfelden）附近的维特拉家具工厂消防站的设计，毫无疑问是扎哈·哈迪德的第一个建成建筑。这幢建筑始终致力于颠覆（可能被称为自然秩序的）正交几何，并以此作为建筑构成的基础。扎哈·哈迪德的消防站遵循了乔治·麦克唐纳的名言，并"遵守"了自己的"法则"，即使它的主导构成法则是要否定一种构成方式，这种构成方式有时却被认为是一种（更普遍的）建筑法则：即建造几何——结构和建造受到"自然的"重力作用而形成垂直和直角的关系（在全世界大量建筑中都清晰可见）。

线性特征 | Lineaments

在基斯勒的无尽之宅解析中有一些关于建筑中线要素的探讨（第 53~57 页）。首先我想借用阿尔伯蒂的观点：

"整个建筑是由线性特征和结构组成的……头脑中设想由线条和角组成的精细准确的特征轮廓线在智慧与想象中变得完美。"（参阅《解析建筑》第四版，第 157 页引文及探讨。）

因此我概括了七种生成建筑线条的可能方式：①源自可用材料的特质；②源自居住模式；③源自抽象（理想）几何；④源自人体尺度和形态；⑤源自在人体形态中探究理想几何关系；⑥源自将理想几何或建造几何进行扭曲变形以及⑦源自对自然界贝壳、树木等的生长进行公式化归纳构想。

维特拉消防站对正交几何形的变形符合第 6 种方式。这种方式与阿尔伯蒂的信条（第 3 种）相关，认为建筑从根本上是源自"线性特征"。扎哈·哈迪德的消防站与阿尔伯蒂的建筑一样，是运用线条和角的尝试；尽管并没有按照正方形和其他几何比例进行设计。扎哈的线条或许更应该被描述为充满能量的线条、"冻结运动"（movement frozen，参阅以下引文），是动态而非静止的线条（图 1~图 5）。

维特拉消防站被设想为像是对现存的工厂建筑的尾注（end-note），它定义空间而非占据空间——成为一个线性的、一系列分层的墙体，在墙体之间容纳着程序性设计元素——一种对"冻结运动"的表现——一个"警觉的"结构，随时准备爆发成运动。

—— zaha-hadid.com/architecture/vitra-fire-station-2/

图 1　这张维特拉工厂建筑及其周边环境的草图显示了各种几何形之间的相互作用。大部分工厂建筑都受直角的控制；直角的工厂建筑排列在矩形的街道网格上；它们的天窗和通风管道也按照矩形网格布置。四周是矩形的住宅和其他建筑，有些建筑的角度不同。货车和轿车也大体上是矩形的，停在矩形的空间中，按照网格排列。一些树木也被排列成一条直线或矩形网格；其他树木则没有什么规律。

在有些区域中，对主体矩形规则进行了调整；例如在与现有道路发生冲突的位置。以网格排列的树木中，有些死掉了，而另一些则生长茂盛。总体结果就是产生了矩形与周边环境条件之间的相互作用，在周围的世界中，这些几何矩形找到了自我。

维特拉消防站（图中 a）以其不同的形态从环境中区分出来。另外两幢由著名建筑师设计的建筑也是如此：弗兰克·盖里（Frank Gehry）的设计博物馆（Design Museum，图中 b，1989 年）以及安藤忠雄（Tadao Ando）的会议中心（Conference Centre，图中 c，1993 年）。

235

无论用什么方式绘制而成的——铅笔、颜料、沿道路行驶的车轮，还是钢筋混凝土板……——线条都清晰可见，并组成了一幅画面——用线条画出来，或是沿线条画上去。与大多数建筑师一样，扎哈用草图来构思她的消防站设计；尽管许多建筑是采用传统的三视图（平面图、剖面图、立面图）和透视图（线条在地平线上的灭点处交汇）来构思，她采用了一种将二者变形（扭曲）的绘画技法。就像是遵从了爱因斯坦的观点，认为空间是弯曲的。在扎哈构建的图像中，透视（表现了空间的形态）是弯曲的（图2），线条汇聚在一条弯曲的地平线上。然后这些扭曲被转译为建筑本身的形态。尺（ruler，有直边和刻度），如它的名称所暗示的，是建筑师手中的魔杖；它控制着设计过程，构建了空间与形态之间的关系。扎哈的草图探索了当尺是弯曲的、直角被颠覆时，建筑会变成什么样子。

图2　这张图是我描绘的一张维特拉消防站的设计过程草图。建筑本身"伪装"在其他线条和角中间，图中标识为 a。请注意，即使是正交网格和场地中的建筑，也都在扎哈草图中动态（"扭曲"）的领域中变形了。部分消防站项目的草图可在扎哈·哈迪德建筑事务所（Zaha Hadid Architects）网站看到：
www.zaha-hadid.com/architecture/vitra-fire-station-2/

从草图中可以清晰看出，项目的主导理念是想要表达一辆冲向火场的消防车的迅猛与活力。部分工厂建筑貌似清晰明白；但无法看出这些曲线是如何生成的。或许是出自手臂的快速（"抽象表现主义"（abstract expressionist））运动，抑或是使用标准的云尺生成的一种更为安静的方式。（计算机生成曲线在 20 世纪 90 年代早期应用并不广泛，尽管这种方法在扎哈晚期作品中多有采用。）它或许令人在脑海中呈现出一个相似的、由云尺生成的变形视角（右图，我尝试画了一下）。

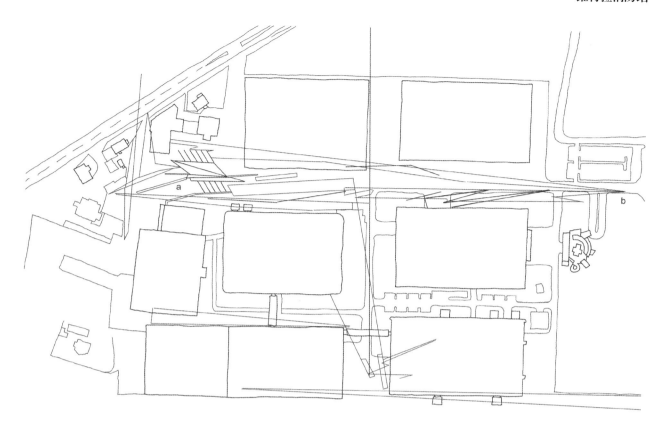

图3 扎哈采用其他绘画方式来探索或展示消防站项目。在上图中（这也是一张描摹图），工厂建筑用传统的直角形式表达。此处消防站（图中 a）是由直线组成的。此外，有更多神秘的线条在场地上纵横交错。这些线条可能是结构线、视线或是动线；目前还不清楚。有些线条从图中 b 场地入口处发散出来或是汇聚于此。另一些似乎是随意的，是出于审美需要或是隐含着能量（如闪电一般）。

在这张图中，线条的起源与弗兰克·劳埃德·赖特（流水别墅）清晰的网格、勒·柯布西耶（萨伏伊别墅）的"基准线"、阿尔瓦·阿尔托（玛利亚别墅）的构成线，甚至基斯勒（无尽之宅）或芬德利（曲墙宅）的乱线都完全不同。然而扎哈的目的却是相同的：寻找到一些线条来确定建筑的形态。如上文（第234页）提到的，阿尔伯蒂曾说："头脑中设想由线条和角组成的精细准确的特征轮廓线在智慧与想象中变得完美"。扎哈对阿尔伯蒂两个变完美的媒介（即智慧和想象）进行了补充或完善，她（在充满创造力的绘画中）表达出，想象包含了审美感受与情感表达，这两者是确定线性特征的控制因素。建筑无需依赖于正交几何。它可以从竖直和直角中解脱出来。

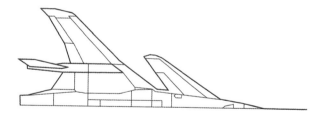

图4 线条的起点、动机、产生……对许多设计原则来说都很重要。例如，扎哈消防站中的部分线条与隐形战斗机（或至少是半截战斗机）有相似之处——或许她在有意识或下意识地采用这种极速的视觉表达——但是（如在与其他建筑师作品的比较中一样）战斗机线条的来源是不一样的。战斗机的线条是源于对升力的需求、空气动力学简化以及将雷达可探测性降到最低。或许还想要让战斗机看起来更勇猛迅速。（战士们总是希望它们看起来更勇猛。）最后这一意图与维特拉消防站有相通之处；扎哈自己的网站上描述了如何使这幢建筑让人想到"爆炸般的"快速反应，如消防员接到指令时那样。然而，建筑不像战斗机或消防车，不能运动，无论是缓慢运动还是极速狂飙。

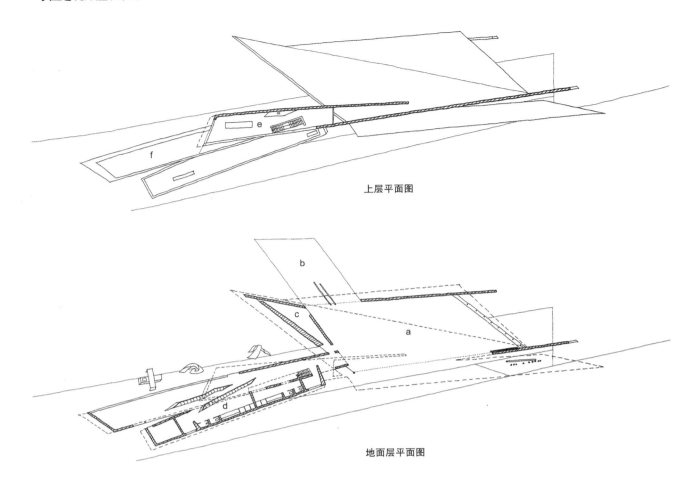

上层平面图

地面层平面图

图 5

空间类型 | Kinds of space

图 5 是维特拉消防站的平面图，布局相当简单。消防车库在 a 处，b 处是一个院子，可能是用来洗车的，c 处是储藏室。更衣室在 d 处，储物柜折线形布置。食堂在楼上 e 处，它能够通往 f 处的屋顶露台。

其空间布局显然拒绝遵从正交几何。整体的存在几何也被降级来支持这种扭曲的组合形式。（通常假设存在的）建造几何的"权威性"也被无视。它比普通建筑需要更多的钢材来支撑混凝土屋顶。车库空间能容纳五台消防车，但它并不是一个简单的矩形。通常直线排列的储物柜也排列成了折线形。支撑着屋顶的柱子没有按照通常的规则排列，而是不规则地成组布置，部分柱子也不是垂直的。只有

卫生间和上到食堂的楼梯看起来是规则的。

在《解析建筑》（第四版，第 172~173 页）中，我简单提及意大利建筑理论家布鲁诺·赛维 *（Bruno Zevi）的一套图来解释 20 世纪建筑空间的演变。我将这套图复制在对页（图 6）。

---

* Bruno Zevi – *The Modern Language of Architecture*, University of Washington Press,1978,p.32.

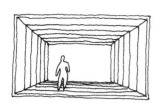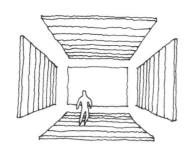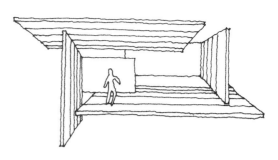

图6 赛维的示意图（此处重绘）展示了20世纪的建筑师通过分割并滑动封闭的墙体、地板和屋顶，将封闭的空间打开。消解盒子的一个经典范例是密斯·凡·德·罗的巴塞罗那德国馆（右图，1929年，参阅第25~42页解析）。然而德国馆符合正交规则；它其中所有的平面板，尽管分开了，而且有各自的特征（成为屋顶、地板、墙体、玻璃幕墙、柱子等基本元素，而非组合成一个小室），但都相互平行或垂直布置。

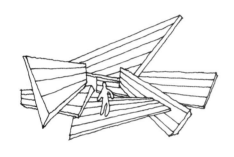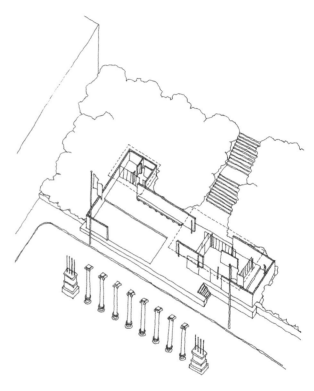

图7 但在维特拉消防站中，扎哈对盒子的消解采用了排斥建筑中的直角规则的手法；平面板相互分离，而且明显是随意布置，既不垂直也不平行。

赛维对他的示意图给了这样的说明：

"封闭的盒子像一个棺材。但如果我们将盒子的六个面分开，就是在现代建筑中革命性的操作。这些平面板可以拉长或缩短，在流动空间中获得变化的光线。一旦将盒子打破，空间就可以完全自由地容纳功能。"

赛维认为打破建筑盒子的主要动机是要解放或优化功能，这一观点似乎有些虚伪。这种自由的组合并不会影响功能性，却有可能是"现代"建筑师（赛维提到了赖特、密斯、格罗皮乌斯……）出于审美

原因这么做，在建筑设计中尝试用一些新鲜的手法去组织建筑元素（在装饰之上），控制光影的微妙变化。

扎哈的消防站是出于同样的审美动机，去探索新的元素组合方法，如果与光无关，那么肯定是在于基本建筑元素的布置（尤其是墙体、屋顶、柱子和玻璃幕墙）。但是遵守正交规则的"开放盒子"（opened-box），如密斯的德国馆和赖特的流水别墅，不仅维持了建造几何的原则，也与世界中无处不在的六面体（无论是人造的还是天然的——上、下、东、

西、南、北）以及人类天生的六个方向（前、后、左、右、上、下）产生共鸣，而扎哈的消防站打破了这种共鸣。它混乱的几何、与正交的冲突，创造出的不和谐，使建筑与它的使用者（人）和环境（在工厂的总体布局中强烈地表现出来的偏爱正交的周边环境）格格不入。这幢建筑存在于自己的世界中，特立独行，像被一个无形的罩子与周围平凡的世界隔开了一样。（参阅彼得·库克提及扎哈的另一个建筑——巴库阿利耶夫文化中心时的一段引文，2013 年，见第 196 页。）这种冲突的产生可以说是有意为之，引

发争论（是一个对正交几何的哲学挑战），或是受到渴望审美效果的驱动（用 19 世纪英国审美学家沃尔特·佩特（Walter Pater）的一个词，叫做"为艺术而艺术"*（art for art's sake））

扭曲正交 | Distorting the orthogonal

赛维描述了矩形盒子可以如何解构（滑动，打开），而扎哈则进一步采用了扭曲。

或许会有人提出，密斯在构想巴塞罗那德国馆

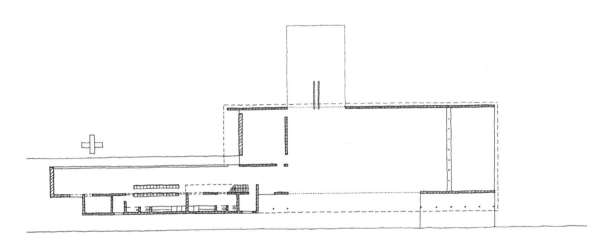

图 8 正交版地面层平面图

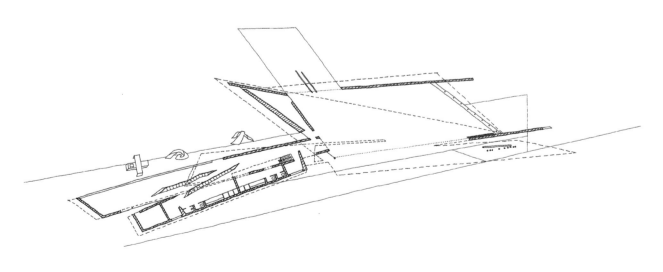

图 9 地面层平面图

*Walter Pater – *The Renaissance: Studies in Art and Poetry* （1873,1893）, University of California Press, 1980, p.190.

240

的时候，是解构了一种现存的建筑形式，如古希腊或克里特的中央大厅（参阅第34和第38页）。一个创造扭曲建筑形式的方法，可以从传统的正交设计开始，再将它推拉变形。在《解析建筑》（第四版，第197页）中，我展示了柯布西耶如何将巴黎大学城学生公寓瑞士馆（Pavillon Suisse，1931年）的地面扭曲成空间形态。我也认为（第四版，第172页）维特拉消防站或许始于一个传统正交建筑设计（图8、图9）。通过与凯瑟琳·芬德利的曲墙宅（第43~50页）以及弗雷德里希·基斯勒的无尽之宅（第51~62页）相比较，这两个建筑的位置和路径由"（假装）有机的"贝壳式的曲线控制着，而维特拉消防站中的每个空间都可以"扭曲"成一个正交的形式。这使它看起来与其他非正交建筑比起来，与周围的世界更加格格不入。

附加价值？ | Value added?

关于建筑历史的讨论，围绕着这样一个概念，即建设环境或许可以分成"建筑物"（building）和"建筑"（Architecture）；这通常被认为是一种本质（或身份的）区别，尽管有些人认为"没有建筑师的建筑"比"建筑师"的作品有更高的（审美与功能）品质。（例如可参阅鲁道夫斯基（Rudofsky），1964年。）有些人关注于建筑和建筑物的区别到底应该如何定义。通常认为建筑代表了官方说法的"附加价值"（added-value）（通常认为是附加了智慧或审美价值）。

（以我个人贯穿于《解析建筑》全书的讨论和插图的观点，认为在"建筑"和"建筑物"之间划定一个本质的差异，在语义上是没有意义的，或者至少是无法解决的；所有建筑物、所有场所，都有它们的建筑性——有人类思想赋予它们的智慧结构——尽管它的品质和特质可能千差万别。相对而言，建筑物差不多就是指建筑实际建成的形体。）

扎哈悄然支持这一观点，即建筑与建筑物之间的本质差异可以抹平，而她作为"建筑师"的任务，就是为一幢"普通的"建筑增加一些（智力的、审美的）东西。按照这个理念，建筑性——即附加价值——在维特拉消防站中表现为对正交几何的扭曲：对页的正交平面（图8）可以说（仅仅）是一个"建筑物"；因此维特拉消防站的平面（图9）由于附加的扭曲，则可以被归类为"建筑"作品。

但是在这个特定案例中建筑到底附加了哪些价值？扎哈与传统正交几何的背离到底带来了什么好处？显然无关社会议题，而是提升了体验或是深化了哲学性叙事。这幢建筑因其无法胜任消防站的工作而饱受非议（现在它被作为维特拉椅子博物馆以及鸡尾酒晚宴的集会场所）；因此附加价值不能视为性能或功能。（18世纪——1731年——亚历山大·蒲柏（Alexander Pope）在他致柏林顿伯爵（Earl of Burlington）理查德·博伊尔（Richard Boyle）的书信《财富的使用》（Of the Use of Riches）中讽刺了将"建筑"置于实用性之上的人：

> "让风咆哮着穿过长长的游廊，
> 以在百叶门前感冒为荣；
> 要成为真正的帕拉迪奥式的局部，
> 如果他们饿死了，也是被艺术原则饿死的。"）

的确被附加于维特拉消防站之上的，是能量和对动态的暗示。附加的建筑性赋予了建筑物一种富有表现力的特质，表现了冻结运动。如前所述，扎哈在网站上将它称为是"爆炸式的"，表达了当消防员接到行动指令时迅猛的反应。

除此之外还附加了吸引摄影者的画面质量。或许维特拉委托扎哈设计这幢建筑不仅是为了作为消防站的功能需求，也是为了宣传。从金字塔时代甚至更早，建筑就已经用于产生公众效应。从这个意义上来说，扎哈的设计很好地达到了这个目的。弗兰克·劳埃德·赖特知道，流水别墅从瀑布下溪边的一块特定岩石上能够拍到非常好的照片（第125页）。类似地，茶室亭（见第133页以及《解析建筑》第四版，第298~308页）的建筑师知道，这间茶室从毗邻的湖岸边一块特定岩石上看起来很美。雅典卫城的建筑师知道，帕提农神庙从入口山门是最好的观赏角度。哈迪德的基地正对着维特拉工厂的入口，第237页图上的线条表现出对这一点视角的考虑，也正是在这个方向能拍出这个建筑的经典照片（参阅本解析标题页，第233页）。

扎哈·哈迪德的建筑无关于体验或实用功能的审美（无疑这些并没有实际受到扭曲建筑形式的影响）。但它确实与雕塑感和画面感的审美相关的。这些拥有（而且一直拥有）影响力的（可以称为"装饰性"）要素不应被低估，是具有影响力的政客与富豪委派建筑设计项目时的首要原因。

结语——一位建筑史学家对"建筑"的（敏锐）洞察力及其历史"演变" | Conclusion–an architectural historian's（patrician）perception of 'Architecture' and its 'evolution' through history

维特拉消防站很好地契合入了在历史中"演变的"建筑形式形成的标准建筑历史肌理之中。如上文所述，它符合尼古拉斯·佩夫斯纳（Nikolaus Pevsner）的名言所表达的关于建筑的概念，即"自行车棚是一个建筑物；林肯大教堂是一座建筑"*。它与罗伯特·文丘里认为"帆布"（Duck）和"经过装饰的棚屋"（Decorated Shed）之间的区别有关（参阅《解析建筑》第四版，第 69 页）。这个消防站还可以诠释为是建筑形式从封闭的盒子到开敞形式演变的推演，如布鲁诺·赛维所讲的那样（参阅第 239 页）。

维特拉消防站并不像它第一眼看起来那样特立独行，它用自己的语言讲述着建筑演变的历史。它引述创作原型的手法是将它们扭曲，将它们的对立面展示出来，或者是将它们本身翻转。同时，它践行了阿尔伯蒂的理念，"整个建筑是由线性特征和结构组成的"（参阅第 234 页）以及勒·柯布西耶经常被引用的名言（他绝不会将自己局限在自己的设计中），"建筑是搭配起来的体块在光线下辉煌、正确和聪明的表演。"**

没有线条也可以成为建筑，如勒·柯布西耶所展示的，它包含了比阳光下的体量布局多得多的内容。如果你认为建筑是可识别的场所（在正式进行设计组织之前），那么线条确实会起到作用，但并不是必须的要素。在《解析建筑》（第四版，第 25 页）中，我用一张孩子们坐在树下的图片展示了我所谓的"最原始的建筑形式"。这里没有线条，只是一个可识别的场所而已。孩子们周围有一条划定领域的边界，或许是由树冠界定出来的，但并没有画出一条线来界定（如人们可以用这样的方式在海边划

出一块领域一样）。所有建筑都始于这种基本目的，即场所的识别。扎哈·哈迪德的消防站的确定义了一个场所；但她完全关注于形象化的线条和角以及雕塑感的组合，阻碍了建筑成为消防员和消防车能够有效使用的场所。但同时，这些关注点却超越了业主的期许——他们想让它具有公共性；它即使不是全世界，也是全欧洲最值得拜访的 20 世纪建筑。它究竟是一个"好的"还是"坏的"设计，留给你们自己去探讨，哪些优点胜过了哪些缺点；去明确所有这些如何影响了你对建筑的定义。

参考文献：

Hans Binder – 'Two New Buildings for Vitra.' in *Deutsche Bauzeitung. Ausser der Reihe(Out of the Ordinary)*, Volume 127, Number 12, December 1993, pp. 13-67.

Le Corbusier, translated by Etchells – *Towards a New Architecture*(1923), John Rodker, London, 1927.

Marie-Jeanne Dumont – 'Zaha Hadid, Poste de Pompiers pour Vitra', in *Architecture d'aujourd'hui*, Number 288, September 1993, pp,4-11.

'Fire Station for Vitra', in *Baumeister. Special Issue. Beton (Concrete)*, Volume 90, Number 9, September 1993, pp.11-54.

Walter Peter – *The Renaissance: Studies in Art and Poetry* (1873, 1893), University of California Press, 1980.

Nikolaus Pevsner – *An Outline of European Architecture*, Penguin, London, 1945.

Luis Rojo de Castro – 'Vitra Fire Station', in *Croquis. Special Issue. Zaha Hadid*, Volume 14, Number3(73(I)), 1995, pp. 38-61.

Rudofsky, Bernard – *Architecture Without Architects*, Academy Editions, London, 1964.

'Vitra Fire Station', in *Architectural Design*, Volume 64, Number 5/6, May/June 1994, pp. xii-xv.

'Vitra Fire Station', in *Architecture(AIA). Special Issue. European Architecture*, Volume 82, Number 9, September 1993, pp. 67-119.

'Vitra Fire Station', *GA Document*, Number 37, 1993, pp. 20-35.

'Vitra Fire Station', in *Lotus*, Number 85, May 1995, pp. 94-95.

John Winter – 'Provocative Pyrotechnics', in *AR (Architectural Review)*,Volume 192, Number 1156, June 1993, pp. 44-49.

Lebbeus Woods – 'Vitra Fire Station', in *A &U(Architecture and Urbanism)*, Number 10(277), October 1993, pp. 4-63.

'Zaha Hadid: Vitra Fire Station, Weil am Rhein', in Andreas Papadakis – *AD Profile 96: Free Space Architecture*, Volume 62, Number 3/4, March/April, 1992, pp. 54-61.

Bruno Zevi – *The Modern Language of Architecture*, University of Washington Press, 1978.

Zaha Hadid Architects website:
zaha-hadid.com/architecture/vitra-fire-station-2/

---

* Nikolaus Pevsner – *An Outline of European Architecture*, Penguin, London, 1945, p.xvi.

** Le Corbusier, translated by Etchells – *Towards a New Architecture* （1923）,John Rodker,Lodon,1927,p.29.

莫尔曼住宅

MOHRMANN HOUSE

莫尔曼住宅
MOHRMANN HOUSE
一个位于柏林郊区利希滕拉德（Lichtenrade）的家庭住宅，为了颠覆政治束缚而设计
汉斯·夏隆设计，1939 年

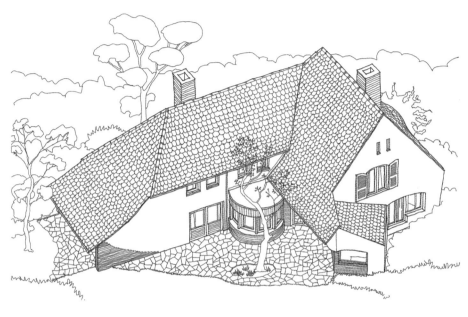

第一眼看到这个建筑，它属于典型的北欧风格，看起来就是一间平淡无奇的乡村住宅。它是由设计施明克住宅（the Schminke House，《解析建筑》第四版，案例分析 7，第 276~283 页）的建筑师设计的。施明克住宅（图 1）比莫尔曼住宅早 6 年，而且显然是一幢现代建筑，有钢框架和像大海上富豪游艇般的外观。（你会想起勒·柯布西耶在《走向新建筑》（1923 年）中提到，远洋航海为建筑师带来了一种设计理念和审美。）那么在过渡时期，汉斯·夏隆的设计理念到底发生了什么变化呢？他的建筑如何回应并向我们诠释建筑与视觉外观之间的关系？莫尔曼住宅又为我们讲述了夏隆建筑理念

的哪些发展呢？

建筑外观蕴含的力量在 1933 年阿道夫·希特勒（Adolf Hitler）上台后德国纳粹政府颁布的禁令中有所体现。同很多右翼运动和保守派政党一样，纳粹政府喜欢传统建筑，建筑设计要么是基于古典建筑语言，要么是本土建筑，看起来像是"从土地里长

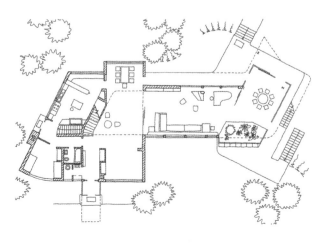

图 1 施明克住宅（右侧为平面图）的设计与建造时间就是在纳粹禁止现代建筑之前。

图2 魏森霍夫住宅展被纳粹宣传者描绘为阿拉伯乡村。

出来的一样"。从本书解析的许多建筑中都能看到进步的现代建筑师也会受到本土建筑的积极影响，但通常采用了不同的方式。例如密斯发现简单的非洲木结构和日本空间布局为他设计钢和玻璃的范斯沃斯住宅提供了灵感。他感兴趣的是风土建筑中潜在的设计原则，而非建筑的外观，他还关注这些原则如何在新的生活方式和结构技术的发展中加以应用，这些结构可能是由新材料如钢材、混凝土和平板玻璃构成的。

纳粹政府则更关注外观而非设计原则。（这种差异使建筑割裂开来。）他们想要本土的建筑，看起来要像过去的民间建筑，尤其是德国或至少是北欧建筑一样，用传统材料如砖和木材建造，带有坡屋顶和小窗。

1927年在斯图加特，密斯领导的一批先锋现代建筑师——包括夏隆，举办了一个名为"魏森霍夫住宅展"（Weissenhofsiedlung，德语意为"白色农场或庭院、聚落"）的现代住宅"展览"。在阿尔弗雷德·罗森堡（Alfred Rosenberg）等思想家和欧洲民粹主义运动（Völkisch movement）的种族民族主义诠释——颂扬工艺和传统，反对现代主义和国际工业化——的影响下，纳粹政府判定这些住宅是颓废的，还发行明信片（图2）说它们就像阿拉伯乡村（Arab village）。（建筑师们或许会喜欢这种比较。）夏隆设计的住宅在明信片的右边，庭院里有狮子，院前有一头骆驼。

为了逃离这种政治压迫，密斯、格罗皮乌斯和其他建筑师离开德国去了美国。夏隆和他的良师益友雨果·哈林（Hugo Häring，也是一位建筑师）留下了。但他当时的建筑，主要是住宅，开始遵守纳粹的规定……至少是在外观上。

本土与现代的结合 I
A combination of vernacular and modern

因此，像丽娜·波·巴迪的住宅一样，夏隆的莫尔曼住宅可以看做是一个本土（保守）与现代（激进）组合在一起的建筑。在巴迪住宅中，这二者是相互依附（连接）在一起的（"现代"的钢和玻璃的起居室由柱子承重，与"本土"的卧室和服务用房连在一起），而在莫尔曼住宅中，"现代"（夏隆自己版本的"现代"特质会适时表现出来）与"风土"融合在一起。

如彼得·布伦德尔·琼斯（Peter Blundell Jones）曾如此评论这种拘束的设计条件……

"……对密斯·凡·德·罗或沃尔特·格罗皮乌斯（Walter Gropius）将是致命的，因为他们的建筑如果以这种方式被强制变成"风土"形式，将失去一切意义。"

他们肯定曾影响过夏隆设计住宅的外观。但在"风土性"的笼罩下，他仍能继续他的空间组织的实验。对他来说，在弹性更大的钢框架结构体系中会更容易（如在施明克住宅中那样），但他决定用更传统的承重墙和木屋架结构进行尝试。这样就得到了一些建筑，融合了直角体系（受建造几何控制，而且能得到纳粹政府的建筑政策支持）和别出心裁的空间（如果公开表达，就会被判定为是颓废和反叛）。

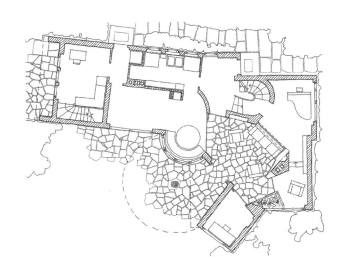

图3 莫尔曼住宅底层平面由正交（遵循建造几何"权威"）和（"破坏性的"）不规则组成。

图4 莫尔曼住宅位于柏林南部郊区。公路位于下图总平面的右边。
向上为北方。每侧都有在各自庭园中的其他住宅。

右图中住宅的上层位于坡屋顶的斜面内。庭院布置是不规则的，像
一个英国工艺美术运动的花园，根据功能清晰地进行分区：坐在阳
光下、种植蔬菜水果……

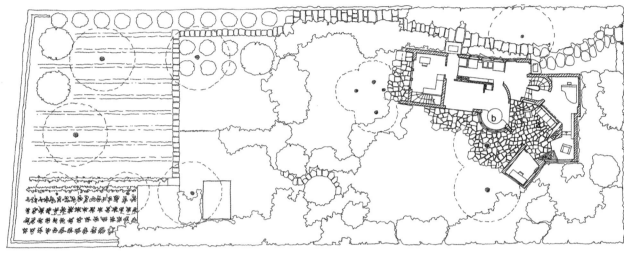

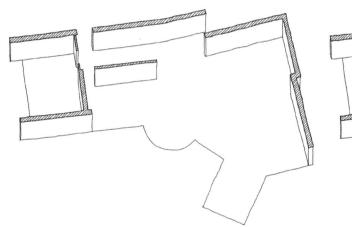

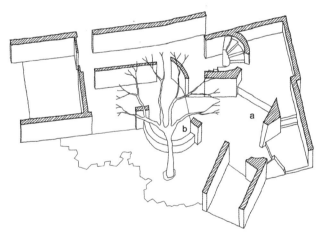

图5 底层是莫尔曼住宅中最与众不同（独出心裁）的部分。北立面
和东立面符合纳粹的要求，从公共区域看起来，这幢建筑的外观是
一个平淡无奇的传统住宅，基本上依据建造几何——采用传统材料
建造。这种形式也应用在住宅西端的"祖母房"（granny flat）。但
这只是一个掩护；像是舞台布景中的入口将"演员"掩蔽在另一个
世界中；内部不受正交几何的限制。

图6 住宅的核心处没有遵循传统几何形式。此处夏隆似乎采用了不
同的原则来布置墙体、门窗、分界，等等。这些原则包括以更放松
的方式识别与安排空间（私密的内部空间）之间的视线，望向对方
或是外面的花园。他这种不规则的布置方法没有受到建造几何的限
制，尽管建造不规则形体的过程中会遇到一些困难。

图 7 从公共街道外枝繁叶茂的乡间看过去，莫尔曼住宅就像是一座传统住宅，有石砌的墙面、小窗口和坡屋顶。在这个传统的面具之下，夏隆运用了一个不同的游戏，扭转了建造几何，使矩形的房间以更自由的方式组织在一起。

建筑（例如爱乐音乐厅（Philharmonie Concert Hall）及国家图书馆（National Library），二者都在柏林）。简而言之，夏隆开始关注建筑与环境之间的关系。在纳粹管制下设计的住宅中，夏隆开始探讨这两者——古往今来的建筑传统和内部与外部之间强大的分割墙体——之间的分割如何变得模糊。通过玻璃幕墙的使用，现代建筑可以非常直接（至少在视觉上）地做到这一点。但在纳粹的管制下，夏隆想要用更微妙的建筑手段在（拘谨的、几何形的……）建筑和（随意的、不规则的……）自然之间找到一种诗意的方法，消解传统的边界。夏隆让自然的不

英国工艺美术运动的影响Ⅰ
Influence of the British Arts and Crafts

夏隆在纳粹的束缚中仍能继续发展的一个原因，是他原本对人类场所识别和协调建筑外观之间的相互关系都很有兴趣。他的这种兴趣与英国倡导美术运动的建筑师们是一致的（图 8、图 9），这些建筑师通过赫尔曼·穆特休斯（Hermann Muthesius）1904 年出版的《英国建筑》（*Das Englische Haus*）一书被引入德国。在欧洲，工艺美术运动影响了被历史学家称为"现代主义"的各个分支。工艺美术运动关注于居住空间的设计以及简单朴素的结构，这一观点影响了许多建筑师，甚至包括那些采用新材料使建筑与工艺美术运动建筑完全不同的建筑师们。在纳粹政府严格禁止钢结构和大面积玻璃的新尝试时，夏隆似乎回归了工艺美术运动的设计原则。讽刺的是，可以说是这些限制使他开始探索那些或许本不会产生的建筑主题以及更大的、非居住的战后

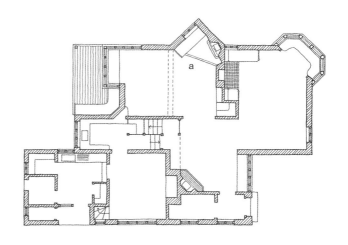

图 8 鉴于 20 世纪初英国工艺美术运动在德国的普遍影响，夏隆可能曾受到麦凯·伊·巴利利·斯科特的五山墙住宅（The Five Gables，上面平面图）等的影响。在莫尔曼住宅中，出于居住原因对正交建造几何进行了修正，尽管表面上不是以一种自由的方式。应特别注意到两个住宅中座椅和壁炉并置排列的方式是相似的（图中 a）。在《住宅和花园》（*Houses and Gardens*，1906 年，第 191 页）中，巴利利·斯科特写道：
> "注意房间之间宽阔的走道……似乎是用于将这些联系成一套大公寓的权宜之计，也能避免分割的空间带来的监禁般的感觉以及现代小别墅平面中孤立的盒子造成的主要缺陷。"

这本书出版于弗兰克·劳埃德·赖特出版《瓦斯穆特作品集》（Wasmuth Portfolio，1910 年，出版了他在欧洲的作品）的四年前以及赫尔曼·穆特休斯出版《英国建筑》（在德国引发了英国工艺美术运动）的两年之后，这段引文自称是首先提出"打破盒子"能够改善居住在小房子中的生活品质。

规则去影响建筑的几何形，景观建筑师用相同的方式，将建筑的规则秩序应用于自然。在他的住宅中，建筑与自然之间没有明确的界限；交界处的界限是模糊的。这使他去尝试，建筑本身如何成为"人造景观"（built landscape）。在他战前的住宅中，这种"人造景观"是用在住宅和花园以及更远视野之间的媒介（用了一种偏爱简单直接的结构形式而且工艺美术运动不予限制的方式）。在大量的战后作品中，他开始探讨设计自然建筑作品的可能性——人造景观如阶梯谷或是开放林地——被城市中的建筑环抱在中间（参阅爱乐音乐厅，图10）。

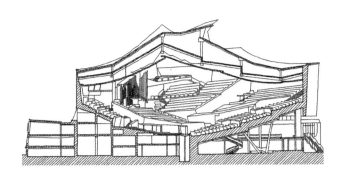

图10 在柏林爱乐音乐厅（1960—1963年）中，夏隆创造了一个宏伟的"人造景观"，就像岩石山谷上层叠的阶梯般环绕在乐队四周，全部笼罩在一个大屋顶下，像繁星点点的天空。这个"人造景观"是完全封闭的，与周围的环境隔绝。

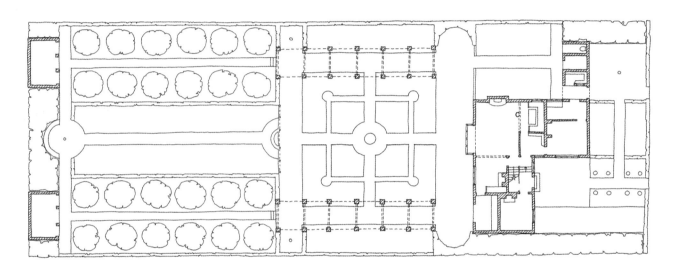

图9 还是在《住宅和花园》一书中，巴利利·斯科特展示了一个名为"玫瑰苑"（Rose Court，上图）的设计。关于这个设计他写道（书中第157页）：

> "每个基地都会提出自己特别的要求，正面朝东或朝西的场地，在场地入口所在的方向，通常会将建筑的端墙朝向道路，这符合老村舍的布置方式。但大部分人确实认为他们必须有一扇朝向道路的凸窗，这简直难以置信，却一直在发生，我确定，这仅仅是由于建造者的一种固化的观念，他受到的商业教育使他忘记了住宅与商店之间的本质区别。"

在莫尔曼住宅中，也为了避免"囚禁在……盒子里"，夏隆听从了斯科特（明确而含蓄的）建议：住宅的尽端面向道路，也没有凸窗。将夏隆的内置圆形餐桌与玫瑰苑的矩形餐桌做个比较（上图中c和图11中c）。但是玫瑰苑的花园布局是轴对称的，而莫尔曼住宅的花园和许多其他工艺美术运动花园一样，是完全不对称的。

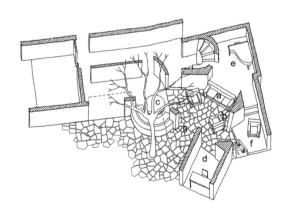

图11和图12（对页） 在爱乐音乐厅建造前20年，夏隆在莫尔曼住宅中也建造了比爱乐音乐厅尺度更小的景观。休息区、壁炉、就餐区……的组织布局如同在景观里的一条小溪谷中那样放松。夏隆设计的场所与一间想象中的日间营地一样，有岩石和原木当作座椅围绕在篝火四周，还有树下的野餐布。在莫尔曼住宅中，夏隆模糊

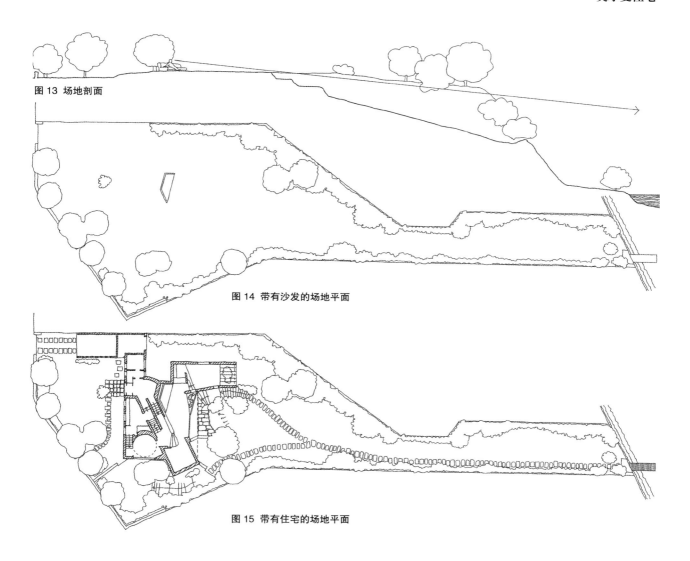

图 13 场地剖面

图 14 带有沙发的场地平面

图 15 带有住宅的场地平面

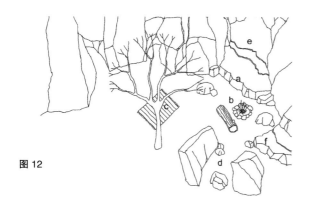

图 12

了内外的界线，将室外铺装引入起居空间，并将屋顶延伸到门外(g)。若不是考虑天气变化，夏隆可能更喜欢根本不要门。

图 13~ 图 15　夏隆 1936 年设计了摩尔住宅（Moll House），比莫尔曼住宅早三年。摩尔住宅也位于柏林市郊，靠近城市西部的一个小湖泊——哈伦湖（Halensee）。这幢住宅原本也是在纳粹限制下设计的，现在已经不是原来的样子了。

和莫尔曼住宅一样，摩尔住宅也展示了夏隆对于模糊建筑与景观之间界线的兴趣。它的用地是不规则的，坡度很陡，一直延伸到通向湖边码头的一条小路上。住宅设计似乎不是从不同功能的布局开始的——功能布局要晚一些——而是始于一个沙发的位置，让沙发能拥有眺望湖面的最好视野（图 13、图 14）。它被放在高高的地方，大致向东，越过湖面向着太阳升起的方向。

住宅的其他部分环绕沙发设计。与后来的莫尔曼住宅相似，创造了一个跨在内部与外部空间之间的家庭景观，坡屋顶下一面更传统的立面将这一切与街道隔开。

雨果·哈林的影响 | Influence of Hugo Häring

19 世纪以来德国建筑师的兴趣之一，在于探讨生命与空间之间的关系，这一点在 20 世纪初英国工艺美术运动中得到了加强。19 世纪的古典和哥特传统建筑师将建筑看作一种比例和装饰（风格）来呈现，或许也被诸如"结构的真实性"或"材料的真实性"等观念加强。其他人意识到建筑在塑造人的生活和活动方面有更深远的作用。这一观点与 20 世纪 30 年代纳粹的限制没有（明显的）冲突；夏隆可以通过与现代语汇一样使用传统语汇来探索生命与空间的关系。

雨果·哈林比夏隆大 11 岁，他是夏隆的朋友和导师。哈林曾与密斯一同工作过，但并不说明他们在空间和生命的关系问题上达成了一致。在《汉斯·夏隆》（*Hans Scharoun*，1995 年，第 96 页）一书中，彼得·布伦德尔·琼斯用密斯对哈林的一段斥责（舒尔茨（Schulze）译）来展示他们之间的不同：

> "让你的空间足够大，这样你才能在其中自由走动，而不是沿着一个特定的方向。或者你能确定它们会被怎样使用吗？我们根本不知道人们会不会按照我们的预期去使用这些空间。功能并不是那么清晰或不变的：功能比建筑变化更快。"

从上文可以推断，哈林与密斯在空间灵活性方面的信条是相反的，他认为空间应当根据特定功能来组织；一幢住宅或任何其他建筑都是由严格根据特定功能定制的空间依据它们之间的关系组织在一起而构成的。1923 年，他设计了一个住宅平面，这幢住宅的形状是由功能和运动确定的（图 16）。这个平面可以与密斯未建成的 50×50 英尺（15.24×15.24 米）住宅（Fifty-by-Fifty Foot House，1950 年，图 17）进行对比，50×50 英尺住宅尽管框定在一个正方形玻璃围墙和一系列正方形地砖之中，但其功能组织要灵活得多。

哈林和密斯对于建筑核心的生成持不同的观点，即关于空间的组织如何与使用功能相关联。哈林提出二者应"有机"地联系在一起，空间的组织应以使用功能作为优先于其他要素的控制条件（参阅对页的引文）。

建筑是一个创新领域，其中有各种各样的推动力相互交叠、相互作用，并争取主导地位。其中争夺首要地位的三个力量是：人类活动及用途的社交

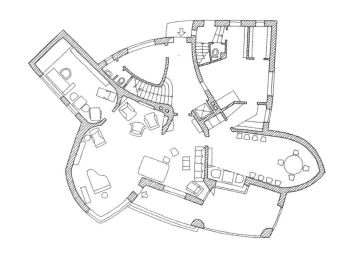

图 16 雨果·哈林的住宅，其形状是由功能和运动来确定的（上图），设计于 1923 年。他在其中探索建筑如何为特定的活动量身定做相应的空间，在这个案例中是根据居住功能进行设计。从平面中能看到有为"弹钢琴""坐在火炉旁""用餐"，甚至"清晨读报"特别定制的空间。这种设置特定空间的手法与密斯对灵活性的追求正相反：密斯希望能够允许人们按照自己的意愿去使用空间。

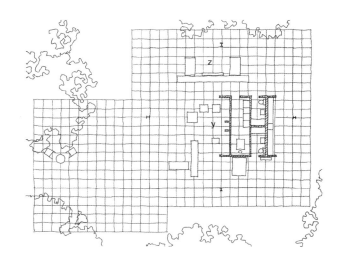

图 17 密斯对空间灵活性的追求在他 50×50 英尺住宅（1950 年，下图）的设计中展示出来。在上面的平面中，你能看到哈林组织空间使用的基本建筑要素是墙体。不同场所的划分并没有在密斯的平面中消失，而是以一种更精妙的方式定义出来：例如，野餐桌可以在依据笛卡尔网格铺装的地砖上移到任何一处，但最终可能止于树荫下；尽管家具可以在玻璃墙内部移动到任何位置，但坐的地方却被壁炉 y 吸引着，而卧室 z 则由壁橱限定出来。

几何；直白或优雅建筑的建造几何以及由正方形、圆形、√2和黄金分割矩形……组成的理想几何。（在《解析建筑》中，相关内容在标题"社交几何""建造几何"和"理想几何"下。）简要地说，哈林更偏爱这其中的第一种——人类活动和使用的几何——将建造几何变形来适合功能，并忽视了理想几何。相反，密斯更偏爱第二种——简单而优雅的结构和构造——人类的活动和使用则可以自由按照自己的使用习惯来随意占据无差别的（矩形）空间（尽管如此，这个表面上的自由也受到壁炉、树木位置以及固定的房间，如浴室和厨房的限制）。尽管密斯的50×50英尺住宅是一个正方形，他也忽视了理想几何，并没有以此作为组织空间的主要依据。与扎哈·哈迪德不同，密斯和哈林都没有完全忽视这三种驱动力。扎哈在她的维特拉消防站（参阅第233~242页解析）中使用了第四种，我们或许可以称之为"画面优先"的方式，强调了视觉感受（上镜）的重要性。

初看起来，夏隆似乎追随他的导师哈林，认为人类活动和使用的精妙几何应占据主导地位，加上他自己的探索，尤其是处理人与景观之间关系的一些方式。但现实要更加复杂。夏隆在上面提到的三种（或四种）驱动力之间创造了一种自己的关系。

几何形 | Geometry

哈林坚持认为，建筑中理想几何的主要目的并非是为了以一种回应的方式来限定人的生活。他认为人类活动是不规则而且非对称的；因此建筑空间也应该如此。夏隆设计的平面证明，他要么发现难以摆脱对理想几何的依赖，要么他认为理想几何的内在力量能给予空间（场所）令人愉悦的比例关系。

夏隆使用了一种潜在的几何框架，包括正方形、√2和黄金分割矩形，这在他1927年魏森霍夫住宅展上设计的住宅（右侧，图18和图19）中是显而易见的。尽管图中没有展示出所有的理想几何关系，但能够清晰看出夏隆使用了正方形、√2和黄金分割矩形来帮助他确定元素间的相对位置。

然而他没有以简单、明显的方式使用理想几何。在他的平面中，只有潜在的比例和图形的碎片是可见的。几何图形在施明克住宅（图20）中更不易发现，但它们确实存在，在摩尔住宅中也是如此（图21）。

新建筑，被理解为有机建筑，必须首先关注其中自然与人之间的关系。它不再是力量的表达，不是创造一个场景，也不是一种审美布局的展示。它的形式应当与周围环境紧密相连，相伴而生，它是对大地和景观的回应，也是回应与世界、与太阳和星宿的联系，回应岩石、树木和其他材料的本质，回应植物和动物，回应日常生活和习惯，回应场所和时间，回应周围和毗邻的环境。

——雨果·哈林，布伦德尔·琼斯译，引自彼得·布伦德尔·琼斯，"夏隆的住宅"（Scharoun Houses），《建筑评论》，1983年12月刊，第61页

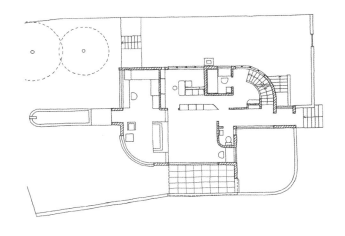

图18 夏隆的魏森霍夫住宅主楼层平面图

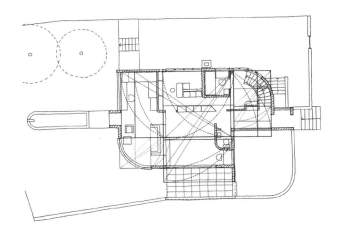

图19 同上，绘出了部分潜在的几何关系。

　　或许是受到了哈林的影响，夏隆在平面组织中并不经常考虑使用理想几何。我发现这一点的过程在对页展示出来。我在这本书前序的解析中使用过这种方法，我想象如果通过其他方法来进行设计，莫尔曼住宅（图22）的平面会是什么样的。我开始将这个平面以正交方式进行布局（图23）；最终结果看起来非常像一个工艺美术运动的平面（与第247页巴利利·斯科特的五山墙住宅进行比较）。然后，我想知道如果夏隆使用了理想几何，平面会是什么样的。（我相信他并没有这么做过。）我惊讶地发现，在正交平面中，我构建的平面采用了夏隆自己平面中的主要尺寸，理想几何已经呈现出来了（图24）。然后我分析了夏隆的平面进行检验，果然也在其中（图25）。尽管是假想，但他的确在构建平面时使用了理想几何，即使仅有细微的痕迹，也仍然可见。

　　最后，我试着构建一个莫尔曼住宅的平面，假定夏隆没有受到纳粹的限制（图26）。我用施明克住宅作为引导。其中的变化或许不能明显看到，但却非常重要。采用钢柱（连同墙）作为结构，能够打开内部空间，并从与花园的混乱关系中去除了石材的臃肿。通往上层的室外楼梯和平台让住宅看起来更有海滨风格（像施明克住宅一样）。住宅会是白色的，平屋顶。大面积的玻璃能让更多阳光进入室内，而从外面看，则像镜子一样反射着鲜花、树木和天空。

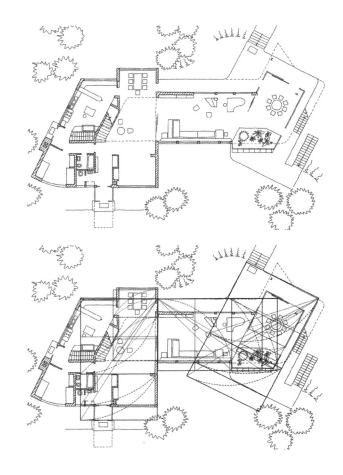

图20 尽管它们隐藏得很好，但几何形也控制着施明克住宅。

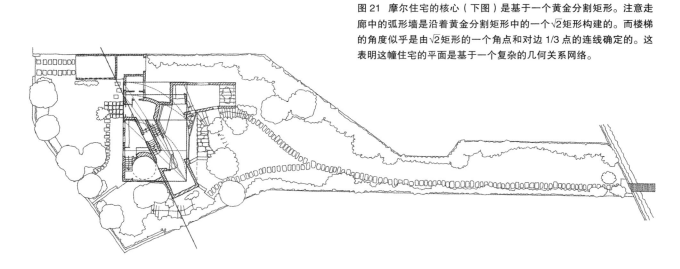

图21 摩尔住宅的核心（下图）是基于一个黄金分割矩形。注意走廊中的弧形墙是沿着黄金分割矩形中的一个√2矩形构建的。而楼梯的角度似乎是由√2矩形的一个角点和对边1/3点的连线确定的。这表明这幢住宅的平面是基于一个复杂的几何关系网络。

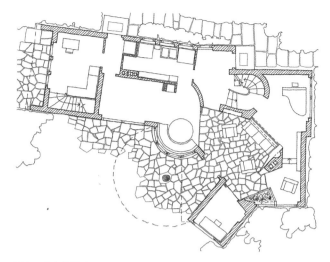

图 22 莫尔曼住宅平面图

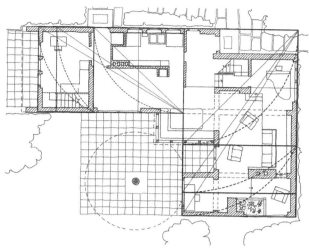

图 24 带有潜在几何关系的正交平面

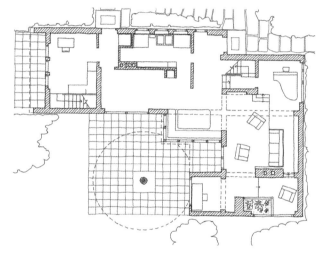

图 23 同上，正交构建

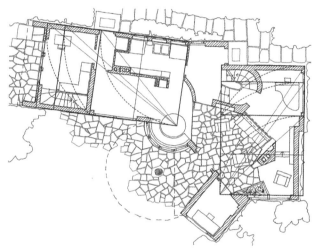

图 25 带有潜在几何关系的莫尔曼住宅

图 22~ 图 25 在莫尔曼住宅平面中，夏隆将建造几何进行变形，将人的活动和使用几何置于首位。如果我们强调建造几何在平面中的作用，看到的结果就会如图 24 所示。在构建这个平面时，我使用了夏隆平面的构建原则。我本想应用理想几何（如正方形等）构建一个平面，但发现它们本就存在（图 25）。因此我重读了莫尔曼住宅的平面图，发现它是基于一个由一系列正方形、$\sqrt{2}$和黄金分割矩形构成的网络（图 26）。

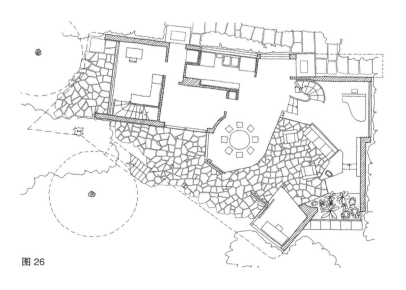

图 26 以施明克住宅为引导，假定没有纳粹限制所绘制的莫尔曼住宅平面。以钢结构取代了石墙。可能会有露台和大面积的玻璃。

图 26

253

结语 | Conclusion

夏隆的莫尔曼住宅展示了建筑构成理念和外形能够混合、交叠、共存于一个统一的建筑作品之中。然而有些建筑——以范斯沃斯住宅为例——严格遵从于一个简单的理念或思想，在另一些建筑中——如莫尔曼住宅——则很难确定其设计理念。

在夏隆 20 世纪 30 年代设计的住宅中，第一个思想冲突在于他对现代空间理念和材料的探索，而纳粹认为住宅应该坚持传统。夏隆对于颠覆纳粹束缚的尝试表明，建筑不仅是关于外观的；他能够在传统结构的限制内发展自己的空间构成理念。

在莫尔曼住宅中这不是唯一的理念冲突。（夏隆）追随或至少赞同哈林的观点，认为适应人类活动是建筑师应当首要关心的问题，夏隆设计的平面（或至少在"颠覆"的部分）看起来完全"符合"哈林的原则。但同时，显然夏隆也想要做一些理想几何的尝试——与他的导师相悖。对于其中原因我们只能推测。在图板上用尺规绘制几何图形通常是一种诱人的消遣；几何形和设定的比例比采用某种特定（但可能虚假）的武断规制更容易确定尺寸和关系。

可以认为理想几何形的应用有助于建立平面的图形美感；类似于音乐中音调的和谐，它也有助于提升空间体验的美感。也可能夏隆使用理想几何仅仅因为这是他受到的建筑训练的一部分，很难完全摆脱。无论出于哪种原因，他在平面设计中应用理想几何的方式，仅留下了细微的痕迹，像某些古老的动物留下的尾巴痕迹一样。

莫尔曼住宅和夏隆在 20 世纪 30 年代设计的其他住宅中展现出的理念，最重要的是他为人类特定活动赋予专门空间——坐下来望向花园、聚餐、打电话、弹钢琴……——将这些活动和关系以一种放松的、非正式的方式组织起来，就像一个家庭在景观中找到一个地方安置下来，不会受到任何"理想"或"建造"几何矩形的约束。他构建的不规则景观采用了微妙的空间变化，这种变化是原则性的而非装饰性的，它是由使用者而非故意的抽象来定义的，不仅有视觉吸引力，也将人们引入建筑中来——作为参与其中的要素而不仅仅是旁观者。

参考文献：

Peter Blundell Jones – *Hans Scharoun*, Phaidon, London, 1995.

Peter Blundell Jones – *Hugo Häring*, Edition Axel Menges, Stuttgart, 2002.

Peter Blundell Jones – 'Scharoun Houses', in *AR (Architectural Rreview)*, Volume 174, Number 1042, December 1983, pp. 59-67.

M.H. Baillie Scott – *Houses and Gardens*, George Newnes, London, 1906.

Colin St John Wilson – *The Other Tradition of Modern Architecture* (1995), Black Dog Publishing, London, 2007.

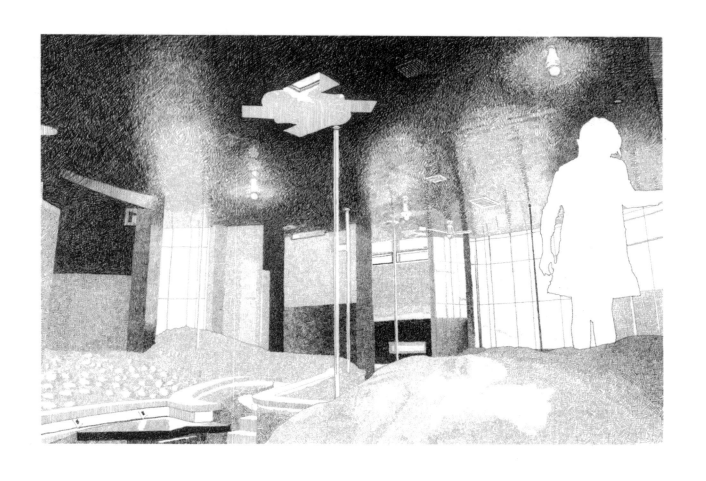

长生不老屋

BIOSCLEAVE HOUSE

长生不老屋
BIOSCLEAVE HOUSE

一个位于纽约东汉普顿的住宅扩建，为抵抗死亡而设计

马德琳·海伦·荒川·金斯（Madeline Helen Arakawa Gins）与荒川修作（Shusaku Arakawa）设计，2008 年

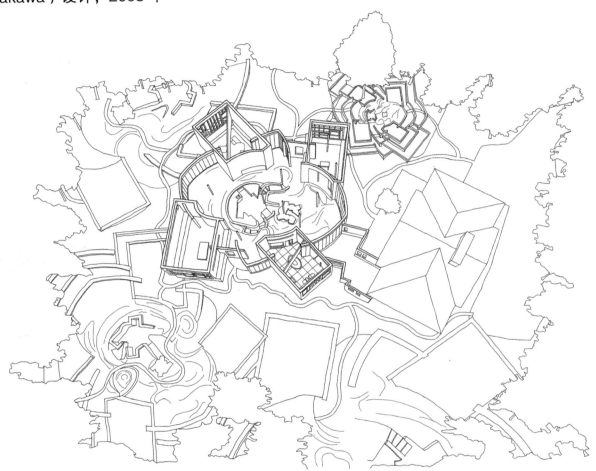

长生不老屋是位于纽约长岛最东端东汉普顿（East Hampton）树木繁茂郊区中的一幢传统住宅的加建。尽管与主体住宅之间通过连廊相连，但它本身是一个完整的住宅，有两间卧室、一间书房和一间浴室，分别置于四个矩形盒子里，四个盒子围绕着中心的形状不规则的餐厨和日常生活区域布置。如上图可见，这幢住宅是作为景观的一部分进行设计的，尽管没有全部建成。主入口是通过一个迷宫进入的，迷宫由五个与住宅在不同层面同轴的平面组成，位于扩建部分的东北侧。

住宅的名字（Biocleave）由两个部分组成：第一部分——bios——代表生命；第二部分——cleave——就不太容易解释了。"cleave"一词有两个

可逆的命运是对现代主义舒适性的完全拒绝，它引起了身体的虚弱和力量的消减。

——"愉悦的建筑：对帕朗＋维希留和荒川＋金斯建筑进行的斯宾诺莎主义者的解读"（Architectures of Joy: a Spinozist Reading of Parent+Virilio & Arakawa+Gins's Architecture），利奥波德·兰伯特（Léopold Lambert）编辑，《走钢索者手册》（The Funambulist Pamphlets）第 08 卷：荒川＋马德琳·金斯，2014 年，第 15 页

每一天，你都在尝试如何不死去。

——马德琳·海伦·荒川·金斯，出处同上

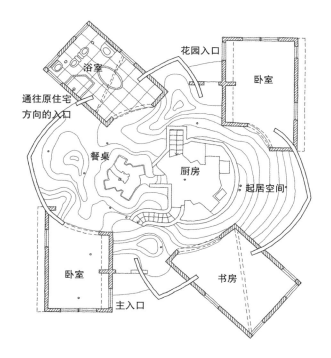

图1 长生不老屋的平面是由四个矩形盒子环绕着形状不规则的起居、烹饪和用餐空间组成的。中心区域是一个人造的地形。像夏隆的莫尔曼住宅（前文解析）一样，它是一个人造景观，但是另外一种形式。夏隆用水平地面构建抽象的"景观"，而金斯和荒川则营造了一片不平坦的地面。上图中绘制了这块地形的等高线。它是黄色的，表面上有小隆起。这片人造地形的中心是一个小"山谷"——烹饪区，一片边缘有棱角的、与房子形状一样的下沉区域——在一片不平坦的"树林"中，"树"由钢柱来表示。烹饪区上方有一个天窗也与房子的平面形状一样，看起来像深绿色"天空"中的"太阳"。厨房旁边是一张餐桌；在一个边缘平滑的下沉区域中，区域的边缘用作坐席。餐桌也和房子的平面形状一样，但翻转过来并旋转了30°。人造地形与外部世界之间通过一面半透明（而非透明）的墙隔绝开来（图中无阴影线的部分），在内部自己不平整的"地平线"周围构成了一片明亮的灰色"天空"。环绕山谷的盒子构成了矩形的"洞穴"；两个对角布置的盒子（本图中的浴室和书房，但在其他出版的图片中显示出不同的功能）与两个卧室之间呈42°（而非45°）夹角。进入其中一个洞穴盒子的入口（有时位于书房，有时位于一个卧室）非常低矮，使你只能爬进去。从住宅向外眺望的视野被最大限度地减小；窗户不是太高就是太低；失去了与外界联系的基点。在黑白图片中无法看出来，所有的内外表面（除了半透明墙之外），全都画着巨大的绿色、黄色、红色、粉色、紫色、蓝色以及其他明亮色彩的矩形。

* 荒川和金斯意识到这个词的矛盾含义。在《意义的机制》（The Mechanism of Meaning，1979,1988）中他们写道："The act of cleaving [to cleave: to adhere (to)/ to divide (from)]"。

相反的含义，来自不同的古英语词根。"cleave"可以表示"分离、劈开"（cleofan），也可以表示"黏附、坚持"（clifian）*。这个矛盾的名字暗示着通过挑战生活让生命变得更强健（令人想起尼采的那句"那些不能杀死我们的，使我们更强大"）。金斯和荒川认为，建筑可以是一种工具，他们称之为"可逆的命运"（Reversible Destiny）。这种信仰是基于建筑在为生活构建一种相互作用的环境中所扮演的基本角色之上。但金斯和荒川没有搭建一种舒适的环境，而是想要通过故意创造不舒适的起居环境（"登陆场"）来激发生理和心理上的更新。

通过挑战，长生不老屋将注意力集中在人与空间之间的基本关系以及建筑组织这些关系的方式上。建筑有无尽的方式帮助我们理解我们生活的物质世界，使它在生理和心理上更加舒适：平坦的地面更利于行走；墙体保护我们远离危险和自然；屋顶为我们

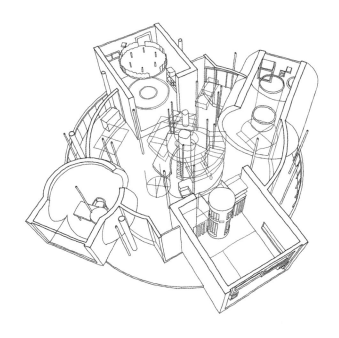

图2 长生不老屋的平面可与金斯和荒川2005年在东京都三鹰市建造的转运阁（Reversible Destiny Lofts）的平面相比较。这些公寓也涂上了鲜艳的颜色，也有被4个仓室环绕的位于中心的厨房。但此处中心区域的地面是平的，尽管如长生不老屋一样表面有不规则的隆起；其中两个仓室引入了与重力之间不确定的关系，一个是圆柱形的，另一个是球形的。

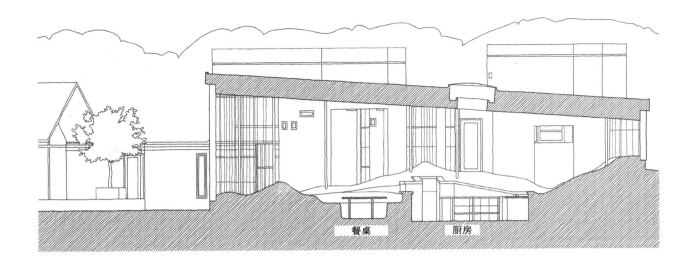

餐桌　厨房

遮蔽阳光和风雨；门廊有很多作用。通常认为，这些就是建筑应该做的。金斯和荒川否定了这种认识，认为舒适令人退化；挑战则可以激发活力。

从罗马建筑师维特鲁威在公元前 1 世纪写就的《建筑十书》，我们就知道建筑要"坚固、适用、美观"（firmitas utilitas venustas）。17 世纪英国外交家亨利·沃顿（Henry Wotton）在《建筑要素》（*The Elements of Architecture*）一书中，将其（以不同的顺序）表述为"实用，坚固，愉悦"（Commodity, Firmnesse, and Delight）。通常认为，如沃顿所说，建筑取决于这三个"条件"。但如果一位建筑师，无论出于何种原因，决定一件建筑作品应当不稳定（不坚固）、不舒适（不适用），或是外观丑陋（不美观）的话，会怎样呢。它仍会是一件建筑作品。（这三个条件之间的关系无论如何都绝不简单。）

在长生不老屋中，金斯和荒川有意要建造一个不舒适的建筑。（假定它是稳固的，你可以自己决定它是否美观。）他们以不同方式挑战与建筑空间之间的传统关系。他们的目标是加强人们在住宅中的生理机能和心理状态。首先，使用者必须仔细想如何在空间中移动，因为地板不平，还有些隆起（图 3）；它的斜坡让人感觉失衡（进入的人必须签署一份表格，放弃受伤情况下索赔的权利）。其次，半透明的住宅将使用者与外界的基点隔绝开来；当你在室内时，你并不很确定你所在的位置。第三，这幢住宅挑战了你对尺度的感觉；通常，如果屋顶高度不变，门窗都按照一般人体工程学尺度设计，你就

图 3　这张剖面图中可以看到长生不老屋中不平坦的人工地形。传统的原住宅位于图片左侧。斜坡屋顶和位于厨房"山谷"上方的天窗，使中心起居区域的某些部分屋顶比较高，而在其他位置则触手可及。厨房中大部分安装的是传统设备，还设有操作台。住宅中没有让人们像野餐一样，在不平坦的地面上席地而坐，而是设有一个普通高度的平餐桌。然而它却不是正常的形状，而是和住宅平面形状一样，就餐者不得不在它的凹坑边缘寻找圆形的凸起位置就座。

　　处于一种失衡的状态中……人体会一直在调整其各个部分与建筑之间的关系，因此会形成一种对直接环境的感知。通过这个调整过程，身体变得更强壮也更灵巧。这就引出了这样一幢建筑的主要目的……即对死亡的坚决拒绝。（金斯和荒川）试图用建筑的方式训练身体，对抗人体组织的持续退化。

——"愉悦的建筑：对帕朗＋维希留和荒川＋金斯建筑进行的斯宾诺莎主义者的解读"，利奥波德·兰伯特编辑，《走钢索者手册》（*The Funambulist Pamphlets*）第 08 卷：荒川＋马德琳·金斯，2014 年，第 15 页

可以用自己来衡量它们的大小；在长生不老屋里，通过屋顶与地面之间变化的距离、窗户不同的高度以及门的不同尺寸，打破了对尺度的感知。

这幢住宅中的第四个挑战是关于定位。当我们在一幢建筑中，会试图通过在脑海中构建一张它的布局图来感知它（了解我们自己在哪儿）。如果一幢建筑的布局清晰易懂，也能轻易找到路径，我们就说它是易读的。长生不老屋也试图打破这一点，住宅平面（像一个标识一样）以不同尺寸和不同方向不断重复。在住宅平面中，在住宅内外有大大小小很多例子。还有厨房区域、餐桌、天窗以及外面的迷宫，浴室的屋顶上也有一个住宅的平面，洗澡时就会看着它。这些分布在四处的、多种尺度的住宅构图就是想要使你混乱。金斯和荒川认为，这样大脑就不会因放松而退化变弱。

[金斯和荒川想要通过建筑使人感知他们正在做的事情——他们如何放脚，如何保持平衡，等等——令人想起在传统日本庭园中应用的某些方法，例如汀步或窄桥，迫使人们盯着自己的脚，从而他们的注意力就离开景观，直到达到某个特别设定的位置。但日本庭园建筑师所关注的是在庭园体验中和谐的美感，而荒川和金斯则想要不朽。或许体验真正的美（和智慧）与他们毫不相干。]

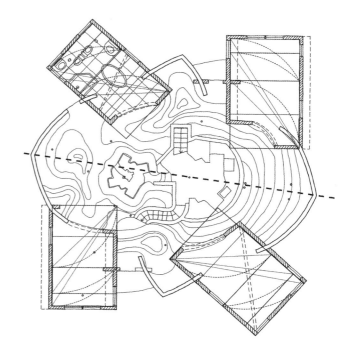

图 4 长生不老屋的布局沿着一条轴线镜像和翻转。这条轴线用厨房中的一棵中心柱标识出来，并与起居区域的两对柱子相关。几个盒子的大小并不完全相同，尽管它们都是黄金分割矩形的变形。每个盒子的入口也都不尽相同。没有设门。

> 平面是建筑师的媒介，但它也是他神性的表现。在他从顶部画下的这个空间装置中，他追随着那些线条，笑着看那些困在其中的小小躯体。
>
> ——"实用的斯宾诺莎主义：天空的建筑与大地的建筑"（Applied Spinozism: Architectures of the Sky vs. Architectures of the Earth），利奥波德·兰伯特编辑，《走钢索者手册》第 08 卷：荒川 + 马德琳·金斯，2014，第 18 页

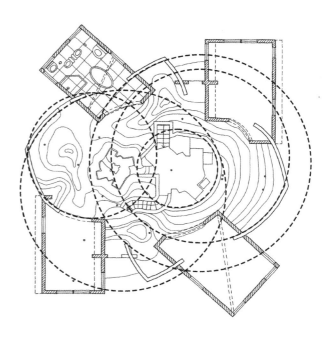

图 5 围绕中心区域的曲墙是根据一系列圆形确定的，这些圆形的圆心和半径显然相互之间没有什么联系。（没有画出所有圆形。）

图 6~ 图 15　通常认为，建筑在物质上帮助（限定）我们去感知我们生活的世界。我们把它的基本要素当作工具，为我们做各种各样的事情，让我们的生活更轻松，或是与他人以及我们的环境产生联系。此处是一些例子。

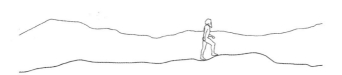

图 6　在自然环境中，我们不得不在崎岖的地面上艰难行走。我们暴露在天气变化中。我们没有隐私，也无法避免受到攻击。我们找不到基准点，也没有与我们产生联系的特定场所——直到我们找到一块岩石坐下，或是藏进山洞（二者都是基本的建筑行为，而没有建造任何东西）。建筑是我们解决这些问题的方法。

图 7　当我们将场地清理并整平（像一片舞台、平台或是凹坑），我们创造了一个水平基面，在上面更容易行走，甚至可以跳舞。这块地面界定了一个（人造的）场所，有边界，与周围的世界区分开来。

图 8　我们还可以用一块立着的石头在自然中标记一个场所，或是一个圆柱。这个标志代表了垂直的维度，一个与我们自身高度的垂直性相关的基准。在视线里的任何地方（或许像地平线那么远），一个标志构建了一个参考点，从而使我们知道自己在哪儿。无论从字面上还是隐喻上来理解，一个我们能紧紧抓住的东西。它是我们的朋友，也是我们的代表。

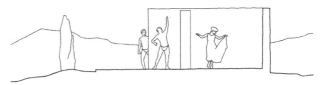

图 9　如果想拥有私密性，我们或许会用墙把自己的场所围起来。这面墙还能将陌生人（敌人）阻挡在外，也能使我们躲过寒风。

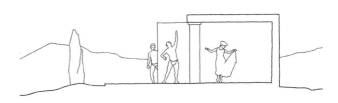

图 10　然后我们或许会搭建一个屋顶，或许用墙和柱子来支撑，让它为我们遮蔽阳光和雨水。一个平行于地面的屋顶形成了一层空间，我们能在其中走动，也能用它来衡量我们自己。

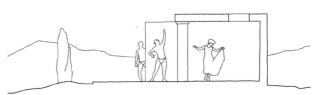

图 11　但或许我们想要开一个天窗来缓解黑暗……

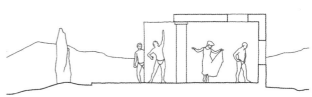

图 12　或是一扇窗户。窗户使我们能看到周围的世界，也能让光线进入室内。或许也能让外面的其他人看到里面。我们或许会用自己的尺度和需求来确定窗户的尺寸和位置。然后这扇窗也能代表我们自身的尺度了。

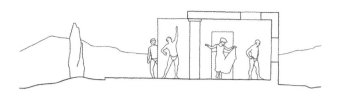

图 16~ 图 23 长生不老屋，为了达到其建筑师们设定的延长生命（甚至是获得永生）的目的，挑战了许多建筑"规则"。（事实上，如果他们做了类似的分析，他们可能为设计引入更多样、更广泛的"有益"挑战。）

图 13 门也是如此。它的尺寸依据人体的尺寸而来，代表了人类自己（或超人类，或类人动物）的尺度。当然一扇门还有很多其他作用。它是内部与外部的交界点。它像一个阀门或是一个过滤器。它代表了一个挑战。它可以是通往庇护所的入口，也可以是逃出监狱的出口。这里是人们握手或是欢迎与告别亲吻的地方。门给予我们私密与庇护。它们必不可少，但也是任何防御屏障上的弱点。尽管由虚无（空间）组成，但门口可能是所有建筑元素中最有力的元素。

图 16 住宅的原始地形相当平坦。能够很轻松地在树木和灌木之间行走。

图 14 我们或许会加上家具，如一张桌子，它可能是祭祀的圣坛、吃饭的餐桌或是学习的书桌。我们也可以加上各种各样其他类型的家具——座椅、床、架子……——它们都会为不同的东西确定空间。家具将空间中的活动联系在一起，创造出一个限定日常生活的空间矩阵。

图 17 与建筑由来已久充当的角色——"将粗糙的地面整平"相反，金斯和荒川的住宅始于设计一块不平整的地面。迫使人们在上坡和下坡的过程中付出生理上的努力，并不断调整以在不平坦的地面上保持平衡。最终结果类似于一片游戏场，或是山地自行车道。

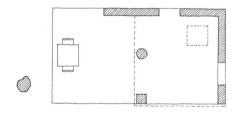

图 15 最后，改变视角，我们意识到这些不同建筑元素的布局设计了我们的生活。场所的建筑帮助我们感知生活的空间。其正交几何形是我们自身（前、后、上、下）与周边世界（东、南、西、北、上、下）之间的媒介。让我们知道自己在哪里，并在脑海中形成一幅地图。

图 18 但金斯和荒川通过创造一些平面进行缓解：就餐的桌椅、烹饪区的地面和操作面。全世界有各种各样形式的烹饪区，从野外的篝火到传统日本住宅中的火盆；长生不老屋的建筑师本可以设计更符合其设计目标，即促进身体和精神适应性的餐厨区域。

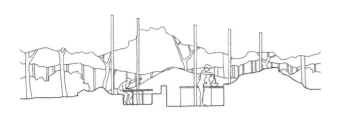

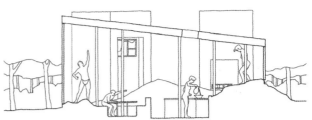

图19 长生不老屋的地形上点缀着细长的柱子，像是人造的"树木"。这是建筑师没有给予使用者更大挑战的另一个方面。他们设置了树木，让人们在经过不平坦的地面时能够扶住。偏离垂线的柱子会使它们失去垂直的参考。

图22 住宅的内部与周围的树林之间通过一道半透明的墙体隔开。矩形盒子的窗户要么太高，要么太矮，使人很难望向外面。

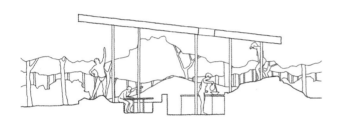

图20 长生不老屋的屋顶/天花板是倾斜的（不仅是基于通常的理由，让雨水流下来，而是）要与不规则的地面共同创造变化的空间高度。在住宅一端，人必须要在低矮的屋顶下弯腰前行，而另一端则很高——高到够不着。这种效果被与艾姆斯房间（Ames Room）进行对比，艾姆斯房间是通过透视变形使人看起来大小不同。在长生不老屋中的效果，是令使用者失去了能够衡量自身尺度的量度。屋顶上的天窗是住宅平面的形状，为烹饪区提供采光。

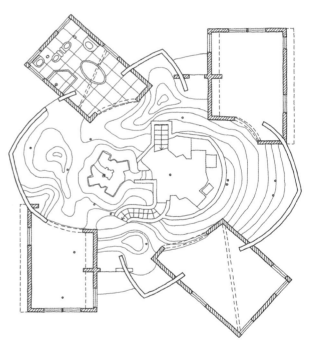

图23 前面的剖面图（图16~图22）是住宅简图，但上图是住宅的实际平面。其布局是要切断我们与我们能够找到自己所在场所之间的联系。我们通常会下意识地将自己固有的正交几何形与传统矩形房间联系起来，但在长生不老屋中，这种可能性在中心区域被否定了，在矩形盒子中也有所消减。而如前文所述，我们定位空间以便知道自己在哪儿的方式，也被不断重复出现的不同尺度和方向的住宅平面打乱了。

住宅的内部用明亮的色彩来挑战感官，像一种打破表面的伪装。屋顶是深绿色，反射着人工光和透过半透明墙漫射进来的自然光。

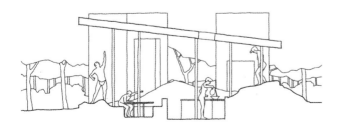

图21 矩形盒子像洞穴一样，围绕住宅的中心区域布置。不同高度的门口让使用者失去了衡量自身尺度的量度。

结语 | Conclusion

艺术家、理论家乔恩迪·基恩（Jondi Keane）在长生不老屋中待了一整天。他在《长生不老报告：构建感知者》（A Bioscleave Report：Constructing the Perceiver，让-雅克·勒塞克勒（Jean-Jacques Lecercle）和弗朗索瓦丝·克拉（Françoise Kral）编辑的《建筑与哲学：从新视角看荒川和马德琳·金斯的作品》（Architecture and Philosophy：New Perspectives on the Work of Arakawa & Madeline Gins），2010 年，第 143~168 页）中记录了他的部分经历。他的观察主要着眼于内部空间带来的不舒适与迷失的感觉。尽管似乎使他觉得眩晕，但从这些反馈看来，他也的确感受到了金斯和荒川想要带来的挑战和刺激。他提到，为了感知空间并在其中移动，这幢住宅的确改变（重置）了他的生理和精神机制。

"我在长生不老屋中体验到的混乱更剧烈，像是一位热爱大地的人在晕船，却又伴有热爱漫游者在一座自由城市中的那种兴奋。我想要找到使我失去平衡和方向的标志时进行的挣扎，暗示着我在处理新的学习条件时缺乏协调能力。不确定的边界和相互矛盾的参照点，使我除了集合各种量度和参与方式之外，别无选择。"（第 156 页）

基恩谈到了重复但矛盾的线索给他认知住宅布局的本能带来的困难……

"体验两个或更多互不相干的关于方向、大小、距离、位置和平衡的线索，这些线索没有任何参照点地交织在一起，会使人选择瞬时的、基于事件的关系模式，而非一种程式化的反应。"（第 159 页）

……以及某种影响在他感知自己的位置时，视觉、身体方位感和不同肌肉的紧张感之间产生的割裂感受。

"在长生不老屋中，视觉水平线的缺失使居住者用视觉定位身体的上半部分，而用本体感受来定位身体的下半部分。"（第 159 页）

（"本体感受"（proprioceptive）的意思，根据《钱伯斯 20 世纪英语词典》（Chambers Twentieth Century Dictionary）是指，"与组织内运动引发的刺激相关，或被其激活"）他还谈及这幢住宅如何通过（在本案中）剥夺居住者的室外参照点来制造混乱。

"除了迷失方向，在中心房间中的每个位置，我都感觉自己是在更高的地面上。我在中心房间里快速运动来抵消对空间高度的幻觉，在对周围的感知中，我注意到越来越多的不对称。我意识到，自己开始构建一种不同的知觉，一种内在的因素来弥补我对传统建筑空间的期望。几个小时后，我只能猜测与住宅外的物体之间的关系了。"（第 159 页）

基恩对其经历的描述听起来就像是为了挑战敌占区而进行的某种特殊训练。而在某种程度上，金斯和荒川就是想让它如此——成为一种工具，能够主动（而非被动）强化人们的身体机能以应对生命中的挑战。

你或许会认为长生不老屋是一个"荒谬的"建筑作品，是对理性的侮辱。它颠覆了传统，因为它所采用的方式使人不可能在里面居住很长时间。它想要破坏人们千百年来为了使居住场所在精神和身体上都更加舒适所做的努力。过一会儿你就想要一块平坦的地面和望向花园的视野。但我们可以假定，对于每一座新房子究竟应该如何建造的问题，与其说是一个严肃的命题，不如说是一个争论性的尝试。

在这里分析长生不老屋是很有用的，因为它通过矛盾的方式，突出了基本建筑语汇中最原初的方面。在露天景点——杰克盖的房子（The House That Jack Built，责编注：英格兰童谣）——中建筑师为了取悦孩子，试图打破传统对水平地面和垂直墙面的期待。在意大利文艺复兴时期，一些庭园建筑（如博尔马佐（Bomarzo）的庭园）的设计也持同样的态度，为了取悦贵妇人和对日常休闲厌烦的绅士们。

但长生不老屋（如果极端地讲）也严肃地对建筑的力量提出了提醒。本书中解析的所有建筑都以某种形式探讨了它们与人之间的关系和对人的影响。建筑的这个方面常常在媒体或对其作品的历史探讨中被忽视，媒体或历史探讨常常着眼于视觉外观——风格和体量构图。即使有些建筑师并不理解建筑更微妙体验的可能性。但自古以来，这就是建筑巨大力量之所在。当俯身进入黑暗的洞穴或挣扎爬上一面陡坡到达离天空更近的地方，人们常常会在情感和身体上受到感染。这些建筑体验的力量在精神性或宗教性的场所、死亡或礼拜的场所与人之间的联系中表达出来。对于神父和敛尸官来说，埃及大金字塔不仅是坐落在沙漠里滚滚黄沙中的完美几何形，

也是努力爬下一条狭窄走廊到达中心的墓室以及由
迷宫般错综复杂的入口故意引发的迷失。在建筑审
美中，现象学一直是一个重要部分。

　　金斯和荒川让人们意识到建筑的现象学维度与
21世纪的一个特殊关注点有关（有些人或许认为这
很自恋）——身体和精神上的幸福感。尽管他们可
能做得太过激烈，甚至打破了我们对建筑空间的传
统期待——水平的地面、垂直的墙体、符合人体尺
度的门……——金斯和荒川挑战了建筑的目标应当
是舒适（"实用"）的传统假设。相反，他们提出
了这样一种理念，即我们生活的建筑对我们的身体
和精神健康有一定的作用。金斯和荒川建造了一幢
建筑，它所营造的体验的强度和陌生感，使它更像
是一个艺术装置。

　　还有其他的（或许更实际的）一些通过设计人
们活动的环境来促进健康的举措（参阅近期的一个
例子，2010年纽约市出版的《主动设计指南》（*Active
Design Guidelines*）——可从 centerforactivedesign.org/
dl/guidelines.pdf 获取）。其他的例子认可了建筑的现
象学可能性，不是通过烦恼和不适，而是通过更温
和而微妙的和谐体验来提升幸福感。比如那些传统
的日本庭园（第259页曾提及），应用了金斯和荒
川等人提到的所有要素。它们促进运动。走在其中
不平坦的小路上，挑战着平衡和度量。无法一眼望
穿促使人在其中漫步……所有这些都是通过微妙的
方式来提高生活质量。

我们看到的建筑不仅仅是那些并排矗立着的房
子，而是生命在其中流逝的结构体；并不是被动的，
不是仅仅被动地徘徊着，为人们提供庇护或纪念，我
们新构想的建筑积极地参与着生与死的事务。

在任何人的定义中，建筑的存在主要是为了服务
于身体。出现了如何最充分地为身体服务的问题。

——玛德琳·金斯和荒川著，《建筑的躯体》（*Architectural
Body*），阿拉巴马大学出版社，2002年，第11页

参考文献：

Arakawa and Madeline Gins, Architecture: Sites of Reversible Destiny (Architectural Experiments After Auschwitz-Hiroshima), AD Academy Editions, London, 1994.

Arakawa and Madeline Gins – The Mechanism of Meaning (1979), Abbeville Press, New York, 1988(revised edition).

'BIOSCLEAVE HOUSE ▓ LIFESPAN EXTENDING VILLA', available at: reversibledestiny.org/bioscleave-house-▓ – lifespan-extending-villa/(accessed June 2014).

Arthur C. Danto – 'Arakawa-Gins', in The Madonna of the Future: Essays in a Pluralistic Art World, University of California Press, Berkeley and Los Angeles, 2001.

Madeline Gins and Arakawa – Architectural Body, University of Alabama Press, 2002.

Madeline Gins and Arakawa – Making Dying IIlegal (Architecture Against Death: Original to the 21st Century), Roof Books, New York, 2006.

Jondi Keane – 'Situating Situatedness through AEffect and the Architectural Body of Arakawa and Gins', in Janus Head, 9(2), pp. 437-457, 2007.

Léopold Lambert – '# INTERVIEWS /// ARCHITECTURES OF JOY: A CONVERSATION BETWEEN TWO PUZZLE CREATURES[PART A]' (2011), in The Funambulist: Bodies, Design & Politics, available at: thefunambulist.net/2011/11/08/interviews-architectures-of-joy-a-conversation-between-two-puzzle-creatures-part-a/ (accessed June 2014).

Léopold Lambert, editor – The Funambulist Pamphlets Volume 08: Arakawa + Madeline Gins, The Funambulist + CTM Documents Initiative, New York, 2014.

Jean-Jacques Lecercle and Françoise Kral, editors-Architecture and Philosophy: New Perspectives on the Work of Arakawa & Madeline Gins, Editions Rodopi B.V., Amsterdam – New York, 2010.

Some online obituaries of Madeline Gins:
nytimes.com/2014/ 01/13/arts/design/madeline-arakawa-gins-visionary-architect-dies-at-72.html?_r=1
telegraph.co.uk/news/obituaries/10706243/Madeline-Gins-obituary.html
thetimes.co.uk/tto/opinion/obituaries/article4071035.ece

A video of the interior of the Bioscleave House can be seen at:
youtube.com/watch?v=VzMDcUD3eDc(accessed June 2014)

Gins and Arakawa's Reversible Destiny website is at:
reversibledestiny.org

结语
ENDWORD

本书中解析的案例说明了建筑艺术的丰富性与多维度。有些建筑因上镜而出名或因丑陋而声名狼藉，但建筑不仅仅只是关于视觉外观。

这二十五篇解析说明设计（或评价）建筑不是只有唯一的正确途径。像音乐和哲学一样，建筑是一个关于构图和命题的问题。这二者都取决于理念。但这些分析也表明，根据不同的态度和技术、不同的方法和流程设计的建筑，可以用统一的概念框架进行研究和理解。进行这些分析的原因之一是测试（并改进）在我的《解析建筑》书中提出的概念框架（分析方法）。总的来说，作为一种分析工具，它经受住了考验。虽然应该有选择地、明智地使用它们，而不是把它们当作一份不需要动脑的清单，但在前面书中确认并说明的主题，确实提供了建筑分析的"方法"，帮助理解一般的建筑作品以及特定建筑中潜在的建筑涵义。

在开始时我说过，解析案例的选择是根据两个标准：涵盖了各种类型的建筑空间；对建筑与人之间的关系提出了不同的探讨。一些额外的主题特别强烈地浮现出来。这些解析扩展并细化了建筑师对几何的不同态度以及关于如何使用几何的讨论（参阅下文）。有些人认同建造几何以及正交的权威性；也有些人将正交和建造几何看做是一种颠覆破坏性的影响因素。

这些分析表明，即使是在那些看似完全原创的作品中，建筑师也曾借鉴传统建筑和远古建筑。许多建筑师似乎相信，在那些不认为自己是"建筑师"的人们所建造的建筑和场所中，存在着一种我们可称之为（有一些不确定性）"真正的"（authentic）建筑本色。这要么是（被 18 世纪法国哲学家让·雅克·卢梭描述为）"高贵的野蛮人"（noble savage，责编注：法国启蒙运动时期卢梭认为，人类天性本善，原始人是高贵的野蛮人，原始社会最美好，虽然原始人物质贫乏，但是精神富足快乐。）理念的一个分支，要么是承认由于某种持久的不安全感，"建筑师"一直在努力为建筑作品添加一些智力元素，同时又嫉妒传统（非洲人、科茨沃尔德（Cotswolds）、穴居人、印第安人、日本人……）建筑的自信和明显的不自觉之美。或许本书中所有的例子都暴露了这种失去纯真的感觉。纯真是否曾经存在仍存在争议。

（令人担忧的）品质问题 |
The （fraught）issue of quality

在我的分析中，我一直努力避免令人担忧的质量问题。对我来说，我认为有品质的建筑是那些在构成上分析起来很有趣的建筑。我寻找的并非必须是有史以来设计得最好的建筑（尽管本书中分析的案例有些一定属于这一类），而是选择能够主要向建筑专业的学生展示一系列的建筑方法，使他们可能从中获得灵感，并有希望加以拓展。这与其他人评价建筑品质的标准或许不一样，但也不需要一样。有些人看重它们或许是因为它们（在他们自己或大众审美中）是美的；这种美也许存在于它们的雕塑体量、装饰、和谐的体验、光影（从一间阴暗的起居室走进明亮的、充满色彩的花园）……其他人可能看重建筑作品是因为它们的适用性；它们能有效地组织活动，它们很舒适，它们在使用中也很经济……或许能够注意到，我在本书中分析的一些建筑并不能满足这些普遍的标准：例如范斯沃斯住宅、萨伏伊别墅、维特拉消防站（所有这些都由于不能满足设计要求而被弃用了）被评价为丑陋、不舒适、不经济、低效、不切实际……然而我认为它们具有纯粹的建筑品质，当然也有值得学生学习的地方。他们使我们认识了设计建筑的多种可能。

建筑师与几何 | Architects and geometry

关于几何在建筑中的应用，在《解析建筑》一书的"存在几何"和"理想几何"章节下进行了详细讨论。本书最初的二十个解析表明，关于建筑师与几何的关系还有更多的内容要说。书中解析作品的建筑师们以不同方式应用几何——存在几何与理想几何。

赖特（流水别墅）、费恩（布斯克别墅）、阿尔托（玛利亚别墅）、勒·柯布西耶（萨伏伊别墅）、莱韦伦茨（圣彼得教堂）以及摩尔、林登、特恩布尔、惠特克（MLTW，海滨牧场）都明显利用几何形构建了一个框架，并在这个框架基础上进行平面组织。大部分都是以网格系统的形式出现的。MLTW 则以方糖代替。这其中只有费恩和勒·柯布西耶以及 MLTW 在部分情况下的方糖将其潜在的网格系统与建造几何联系起来，即他们建筑中的结构法则。即便如此，勒·柯布西耶在想要做的事受到阻碍时，还是偏离了潜在的网格系统（例如中心坡道周边）。相反，赖特和阿尔托对网格的应用更加隐晦——抽象的网格没有直接与建筑中的结构几何发生联系。在两个案例中，网格系统都起到了辅助作用，但在平面中的存在是显而易见的。他们利用网格作为框架来帮助他们决定构件的位置和尺寸。他们或许觉得网格的控制原则为他们的绘图提供了美学上的完整性。对于这些建筑的体验者来说究竟有什么好处尚不清楚。阿尔托也会使用网格决定偶然出现的斜线和曲线，来调节正交的平面（使它融入不规则的自然环境之中）。莱韦伦茨也在网格上构建对角线，尽管相对少了一些。他的设计表明建筑中的数学基础也包含精神维度。圣彼得教堂隐含的网格或许可以解释为在模仿一切事物的潜在秩序——被有宗教思想的人描述为上帝工作的"神秘方式"，在牛顿之前的科学家就发现它易受数学公式的影响。恰当之处（或是莱韦伦茨有意为之）在于与自然一样，他的建筑中潜在的几何法则并不是显而易见的，而是要经过一些努力才能发现，即便如此，对于多样的诠释也持开放态度。

网格是一个将事物在概念上联系起来的矩阵。

它使事物之间存在某种潜在的秩序，这很符合建筑师的心意。有时，建筑师的工作是基于复杂性与精密性。约翰·帕森和克劳迪奥·塞博斯丁（诺因多夫住宅）设定了一个相对简单的矩阵，由叠覆的矩形组成。康（埃西里科住宅）、特拉尼（但丁纪念堂）以及卒姆托（瓦尔斯温泉浴场）通过引入$\sqrt{2}$矩形和黄金分割矩形来构建更复杂的几何矩阵。他们还将不同大小的矩阵叠合起来，使之更加复杂。对他们的平面进行分析会得到令人困惑的混乱线条。根据这些混乱线条来决定元素的方向和位置，表明几何为整体带来一种即便复杂，但源自"基因"的完整性。正如本书开头所提到的，乔治·麦克唐纳——童话故事和《奇异的幻想》的作者——认为故事无论有多离奇，都需要一个"法则"框架来维持其整体性，使之具有内在的合理性。许多建筑师——用线条而非语言来表达——都在几何中找到了这种框架。

在一些解析中，我用音乐来类比。几个世纪以来，音乐都是使用巴赫时代的"和谐音阶"进行创作。在可用的声音频率范围内，这个音阶提取了 12 个符合几何比例关系的音（A 到升 G，包含半音）。将频率加倍或减半就加入了八度音阶。音乐的创作使用了由数学结合在一起的音程与和声。从本书解析的案例中能够看出，有些建筑师显然相信，将几何比例应用在尺寸的确定而非声音频率上，能够赋予其作品和谐的完整性，这与使用和谐音阶来创作音乐是一样的。关于这一点是否如此也有争议。

并不是所有建筑师都认为理想几何应该凌驾于建筑之上。彼得·麦尔克利在拉孔琼达美术馆中进行了尝试，但无论是艾琳·格雷（E.1027 别墅）还是阿达·迪尤斯、塞尔希奥·普恩特（水潭住宅）都不在意这些。他们更愿意依赖不同类型的几何，源自人类生活的（存在几何）。格伦·马库特（肯普西客房）则对建造几何（使用木构件）和天空中太阳的轨迹感到满意。密斯（范斯沃斯住宅和巴塞罗那德国馆）主张理想几何和建造几何的融合，赋予后者权威，赋予前者地位。在范斯沃斯住宅中他采用了一个构件——一块石灰华板——而不是一个完美几何形，如正方形或是黄金分割矩形，并将它用作模度，为整个建筑制定几何构成规则。在巴塞罗那德国馆，构件之间对位的几何关系尤其微妙——即地板、柱子、玻璃幕墙和墙板的几何形之间相互作用，而不是简单的协调一致。

勒·柯布西耶（小木屋）提出了另一种混合几何。他用来制定构图"法则"的模度系统源自人体尺度，是在一系列与黄金分割相关的数字以及几何构成的控制之下的。勒·柯布西耶认为使用这一模度系统，他的作品将符合支配一切创造的"神秘方式"。库哈斯（波尔多住宅）在他的住宅平面中使用模度系统作为设计框架向柯布西耶致敬，但他改变了柯布西耶框架的基础，将人类的尺度扩大为上帝的尺度。

与那些使用直角和直线条的建筑师相比，基斯勒（无尽之宅）和凯瑟琳·芬德利与牛田英作（曲墙宅）避开了笛卡儿网格和欧几里得几何。他们更喜欢基于自由曲线、运动、生长的形状——绘画时手臂的运动、身体的舞蹈、贝壳的生长。基斯勒认为这种方法使他的设计更接近原始创作的源头。这些建筑师也无视建造几何的限制。他们享受难于建造的形状，拒绝让"易于建造"成为他们的想象力或建筑超越世俗的障碍。

对于新版中新增的五个案例……莉莎·拉朱·苏巴德拉（拉米什住宅）没有使用理想几何来修正建筑本身的建造几何，它与人体天生的六个方向＋中心相协调。丽娜·波·巴迪（巴迪住宅）对结构和玻璃墙的几何形状之间的冲突进行了处理，通过调整——妥协？——结构几何来保持建筑外观的规律性。扎哈·哈迪德（维特拉消防站）致力于创造一种新的曲线几何，它是一种理想几何的混合，因为它不考虑任何建造几何和社会几何的限制。汉斯·夏隆（莫尔曼住宅）允许轻微的几何残迹，作为在不规则构图中想要受到框架和关系的控制时，采用几何形来规范设计的痕迹（重写（palimpsests）），而并不屈从于建造几何。马德琳·海伦·荒川·金斯与荒川修作（长生不老屋）使用了轴线和黄金分割矩形，原因尚不清楚，但或许可以帮助他们决定构图，构图中没有表现出其他控制条件，也没有为使用者构建某种可以参照的基准点来帮助他们感知空间，并确定自己在其中的位置。

对古代建筑的重新诠释 |
Reinterpreting architectures of the past

即使在那些第一眼看上去是原创的建筑中，也很难找到完全没有受到古代或传统建筑影响的作品。

水潭别墅受到了玛雅或印加庙宇的影响；诺因多夫住宅则是源自摩尔人的庭院住宅。即使被认为是 20 世纪最具原创性建筑之一的巴塞罗那德国馆，也显然受到了古代米诺斯大厅和希腊中央大厅的影响。曲墙宅和无尽之宅，两个最坚定的非正统建筑，也模仿了穴居（洞穴）和贝壳的无定形空间。范斯沃斯住宅是用钢和玻璃对希腊神庙和原始的非洲干阑式棚屋的重新诠释；它的比例似乎借用自埃伊纳岛的艾菲亚神庙。拉孔琼达美术馆将一座罗曼式教堂的组成部分进行了重新组织。小木屋作为一个花园小屋具有先进性，但在概念上等同于隐士的居所、以利沙墙上的小屋或是远洋邮轮的客舱。在尽端立着独立烟囱的埃西里科住宅是一个几何上完美的居所。波尔多住宅是一座解构的城堡。但丁纪念堂借鉴了如埃及多柱式大厅、米诺斯柱穴和迷宫、希腊泰勒斯台里昂神庙。萨伏伊别墅是勒·柯布西耶的帕提农，也是一座扭曲成螺旋形的庞贝住宅。海滨牧场模仿了当地传统的木材谷仓和经典小建筑。E.1027 别墅承认借鉴了传统法国民居。布斯克别墅和玛利亚别墅则与其建筑师对日本传统建筑的兴趣有关（当然还包括赖特和密斯的作品），并且他们受到自然的启示。圣彼得教堂令人想起贫瘠的城市街道的"反自然"特点、永恒的"上帝之城"的承诺、迷宫以及洞穴中异教崇拜的氛围。流水别墅和瓦尔斯温泉浴场从地形特征中获得灵感。巴迪住宅和莫尔曼住宅借鉴了当地或传统建筑，同时也引入了新的建筑理念。

建筑空间类型 | Kinds of architectural space

建筑师以不同方式组织、安排、塑造……空间。许多方式在解析的建筑案例中是显而易见的。但为不同的建筑空间类型找到合适的标签却很棘手。

水潭别墅的空间是连续的，像一个句子的各个部分一样线性排列，在门口位置停顿下来。餐厅是一个抬升的开敞平台，四面中三面都是树木，没有屋顶。下层的卧室是从顶部斜坡下到河边路途中间的一个站点。它也是一个开敞的平台，尽管四面中有三面都遮蔽着防蚊网。上层的餐厅给卧室提供了一个屋顶。因此它突出了水平感。住宅的后墙及其与斜坡的关系为两个房间定义了方向。因此，即使是在这个小房子里，不同类型的空间也很明显：连续的、间隔的、抬升的、（不同程度）开敞的、遮蔽的、水平的及有方向的。

诺因多夫住宅也形成了一个顿挫的序列。它长长的路径是一个运动的空间——动态的。就像音乐中的渐强，在庭院狭窄的入口处达到了高潮。庭院是封闭的，只向天空开敞，强调了垂直概念。凉廊是一个景框空间。它还在游泳池上方投射出一条轴线，一直延伸到地平线。

水潭别墅和诺因多夫住宅都设定了一条确定的路径，巴塞罗那德国馆则提供了选择与不确定性。这是所谓空间在独立的墙体之间（如岩石间的溪流一般）流动的一个开创性的范例。水潭别墅和诺因多夫住宅都强调了清晰的中心空间——核心——巴塞罗那德国馆（即使有核心的话）则不那么清晰。其空间是没有中心、不聚焦的（除雕塑之外）。如果没有那些墙体，德国馆的空间就由柱子构成；但柱子和墙体使空间以不同方式叠合起来。在海滨牧场中，空间是通过用途和结构来定义的，在布斯克别墅中也一样。这两幢建筑中都有一些介于内部与外部之间的灰空间。

曲墙宅和无尽之宅模仿舞蹈的运动来编排空间。无尽之宅中的空间序列没有开始也没有结束；建筑师称之为"无尽"。范斯沃斯住宅与无尽——无限——的关系则不同。它略高于地球无限的曲面地表，尽管不对称，但构建了一个悬浮的中心空间。它的空间是升起的，强调了水平性。在内部，它的睡眠、就餐、烹饪……空间更多是暗示出来的而非用围合来界定。

波尔多住宅的底层有些空间是从地面上挖出来的。无尽之宅和拉孔琼达美术馆的空间也都可以看作是从空间本身中，而不是从实体中挖出来的。圣彼得教堂的墙体也从空间本身之中挖出了一些空间，构建了内部空间，像一个洞穴，尽管是正交的。瓦尔斯温泉浴场的空间则是从一块巨大的矩形人造岩石中挖出来的。

我们已经看到，书中解析的许多建筑空间中都存在数学秩序。埃西里科住宅中的数学秩序是抽象的，而小木屋的数学秩序是公式化的，而且与人体尺度相关。埃西里科住宅体现了康的"被服务"空间与"服务"空间的概念。

像埃西里科住宅一样，但丁纪念堂中的数学空间也是抽象的。它的连续空间是叙事性的——它们与但丁《神曲》中的故事相关。这是动态空间的一种形式。萨伏伊别墅则是另一种动态空间的典型案例——建筑漫步——连续的、停顿的，或许是叙事性的。它运用了数学空间以及强调水平和垂直的空间。

E.1027 别墅和海滨牧场致力于将空间营造为居住场所。克里斯蒂安·诺伯格-舒尔茨在他的《存在·空间·建筑》（1971 年）一书中称这种空间为"存在空间"。马丁·海德格尔（Martin Heidegger）在他的《筑·居·思》（Building Dwelling Thinking，1950 年）一文中称之为"栖居空间"（dwelling）。居住空间为人提供了生理及心理上的舒适感。在肯普西客房案例中，这一点是通过对现存建筑空间的重新诠释来实现的。布斯克别墅和玛利亚别墅都在它们与环境之间构建了一种诗意的联系。瓦尔斯温泉浴场创造了感官的空间。圣彼得教堂则营造了充满感情的空间。

在这本书新的解析中，拉米什住宅的居住空间水平或垂直地呈螺旋状排列。巴迪住宅将两种不同类型的空间——传统的盒子空间和现代的自由平面——并置在一起。维特拉消防站尝试了扭曲空间的概念。莫尔曼住宅构建了在景观中营建建筑空间的蓝本。长生不老屋则试图创造令人困惑的空间。

这些非常简短的描述并不能涵盖各种各样的建筑空间。有一些大的分类，例如：内部、外部和灰空间；静态的、动态的；聚焦的、不聚焦的；水平的、垂直的；顿挫的、连续的；封闭的、开敞的；结构化的、非结构化的、分层的；轴对称的、不对称的；挖出的负空间、构建出来的空间……但在这些之中有许多细微的差别，就像在音乐创作和演奏方式中一样。这就是建筑艺术。

建筑与人 | Architecture and the person

或许建筑的诅咒在于，尽管它本质上是要构建（生活的）框架，但一些建筑师希望他们的作品成为一幅画。想要让建筑很上镜，让它们看起来很美。建筑限定了人们的生活与活动、财产与信仰。当人们占据、居住、使用建筑空间，在其中表演……各种各样的建筑空间与他们联系起来，并以不同的方式对他们产生影响。建筑体现、象征着人类的存在并改变世界的意志。它还控制、协调、管理着人们的体验。

有些建筑被设想成雕塑，仿佛其三维形态和视觉外观是最重要的主题。但正如前文解析所示，相较于视觉，建筑还有更多的维度。尤哈尼·帕拉斯马（参阅第 208 页引文）指出，建筑与嗅觉、听觉、触觉甚至味觉都有关系。但这一观点还不够深入。建筑还包括其他感觉，包括：情感、好奇、犹豫、恐惧、害怕、矛盾、庇护、幽默、幸福、私密、炫耀、变换、到来、排斥、欢迎、娱乐、挫折，等等。所有这些都存在于人类之中。所有这些都是我们的建筑体验和愉悦的一部分。它们不是仅依赖于我们从五种感官获得的信息，还依赖于我们对此的解释。建筑是人与环境之间的媒介。人绝不仅仅是建筑的旁观者，而是其中不可或缺的参与者。建筑也是建筑师的思想与体验者交流的一种方式。

勒·柯布西耶以人、人体尺度为基础构建了模度。他还让建筑带人们从大地走向天空。阿达·迪尤斯、塞尔希奥·普恩特在丛林中为人建造了一座神庙。约翰·帕森和克劳迪奥·塞博斯丁用墙体伴随、挑战、围合，然后将地平线展示在人们眼前。密斯将人们抬升到一个更高的平面上，并构建了一个漫步的场所。彼得·麦尔克利建造了一个洞穴，在其中人们会遇到与景观隔绝的、扭曲的雕塑。特拉尼用建筑讲故事。库哈斯讲笑话。赖特将人置于瀑布边岩石上的壁炉旁。马库特、摩尔（等人）、格雷、费恩和阿尔托构建了与自然和谐相处的"简单的幸福生活"。莱韦伦茨从人的身上引发了情感的回应。卒姆托刺激并抚慰人体的感官。莉莎·拉朱·苏巴德拉和汉斯·夏隆一样，描绘了一个家庭的日常生活。而金斯和荒川则设计了挑战（刺激）来使人更长寿。所有这一切都以建筑为媒介。身体上、感官上、心理上、社交上、情感上……建筑无疑是最丰富的（最被低估的）艺术形式。

致谢
ACKNOWLEDGEMENTS

关于第一版

感谢纽约的汤姆·基里安（Tom Killian），他为本书中的一些美国案例勇敢地提出了挑战性的讨论，提供了无价的信息；感谢维也纳的奥地利弗雷德里克和莉莲·基斯勒私人基金会（the Austrian Frederick and Lillian Kiesler Private Foundation），特别是塔佳娜·奥克雷斯克（Tatjana Okresek），他们允许我使用第 57 页基斯勒的草图。感谢赫尔辛基芬兰建筑博物馆（the Museum of Finnish Architecture）的莱纳·帕拉索亚（Leena Pallasoja）寄给我一些关于斯维勒·费恩非常有用的资料。

我也非常感谢劳特利奇出版社（Routledge）的编辑团队：弗兰·福特（Fran Ford），感谢她幽默的鼓励；劳拉·威廉姆森（Laura Williamson），感谢她的支持以及费丝·麦克唐纳（Faith McDonald），她见证了这本书的诞生过程。

我一如既往地获得了吉尔（Gill）的支持以及玛丽（Mary）、大卫（David）和吉姆（Jim）偶有的兴趣。但现在我还要感谢另一代人——玛丽和伊安（Ian）的女儿艾米丽（Emily）——尽管她只有几个月大，完全没有意识到，仅仅是她的问世就使得这本书的写作更有价值了（我并不奢望她对建筑能有丝毫的兴趣）。

以及这本第二版

要特别感谢彼埃尔·达阿瓦纳（Pierre d'Avoine）、丹·哈里斯（Dan Harris）、亚娜·戴维斯·珀尔（Jana Davis Pearl）和她的父亲、美国建筑师协会会员 A.J. 戴维斯（A.J. Davis）、莫娜·克里普（Mona Kriepe）、安德鲁·R.B. 辛普森（Andrew R.B.Simpson）、莉莎·拉朱·苏巴德拉以及彼得·布伦德尔·琼斯。

我要再次感谢劳特利奇出版社的弗兰·福特、詹妮弗·施密特（Jennifer Schmidt）、格蕾丝·哈里森（Grace Harrison）以及西沃恩·格里尼（Siobhán Greaney）的支持，他们制作了这本作为第二版的扩充版，这本书似乎在世界各地的建筑学院都有应用。如果的确如此，这主要是因为建筑是人类想象力和创造力的一个如此丰富而迷人的领域。

而在撰写这篇文章的时候，艾米丽已经 5 岁了，没有任何迹象表明她想成为一名建筑师。

外文人名译名对照表
Chinese Translations of Foreign Names

A

Aalto, Alvar　阿尔瓦·阿尔托，1898—1976，芬兰建筑师

Adam, William　威廉·亚当，1689—1748，苏格兰建筑师

Albers, Joseph　约瑟夫·阿伯斯，1888—1976，美籍德裔艺术家

Alberti, Leon Battista　莱昂·巴蒂斯塔·阿尔伯蒂，1404—1472，意大利建筑师

Alfonso XIII　阿方索十三世，1886—1941，西班牙国王（1886—1931年在位）

Alighieri, Dante　但丁·阿利基耶里，1265—1321，意大利诗人

Allen, Gerald　杰拉德·亚伦，1942—2015，美国建筑师

Ando, Tadao　安藤忠雄，1941—，日本建筑师

Appleton, Jay　杰伊·阿普尔顿，1919—2015，英国地理学家

Arakawa, Shusaku　荒川修作，1936—2010，日本建筑师

Asplund, Erik Gunnar　埃里克·贡纳·阿斯普伦德，1885—1940，瑞典建筑师

Atkinson, Charles Francis　查理斯·弗朗西斯·阿特金森，1880—1960，美国作家

Auden, Wystan Hugh　威斯坦·休·奥登，1907—1973，英国诗人

Augustinus, Saint Aurelius　圣·奥勒留·奥古斯丁，354—430，古罗马帝国时期天主教思想家

B

Badovici, Jean　让·伯多维奇，1893—1956，罗马尼亚裔法国建筑师

Baker, Laurie　劳里·贝克，1917—2007，印度建筑师

Balmond, Ceil　塞尔西·巴尔蒙德，斯里兰卡 – 英国当代设计师

Bardi, Lina Bo　丽娜·波·巴迪，1914—1992，巴西建筑师

Bardi, Pietro Maria　彼得·马利亚·巴迪，1900—1999，意大利作家，建筑师丽娜·波·巴迪的丈夫

Beck, Haig　海格·贝克，1944—，墨尔本大学建筑与规划系教授

Bêka, Ila　伊拉·贝卡，意大利当代艺术家，电影制片人

Bhatia, Gautam　高塔姆·巴蒂亚，1952—，印度建筑师

Blake, William　威廉·布雷克，1757—1827，英国浪漫主义诗人，版画家

Blaser, Werner　维尔纳·布雷泽，1924—，瑞士当代建筑师

Bogner, Dieter　迪特·博格纳，1942—，奥地利艺术史家

Bonta, Juan Pablo　胡安·帕布鲁·邦塔，阿根廷当代建筑学者

Borges, Jorge Luis　豪尔赫·路易斯·博尔赫斯，1899—1986，阿根廷作家

Boyle, Richard　理查德·博伊尔，1694—1753，英国建筑师

Bryant, Richard　理查德·布莱恩特，1947—，英国建筑摄影师

Bullock, Michael　迈克尔·布洛克

Busk, Terje Welle　泰耶·韦勒·布斯克

C

Caragonne, Alexander　亚历山大·卡拉贡，1967—

2011，美国建筑师

Carroll, Lewis　刘易斯·卡罗尔，1832—1898，英国作家

Chomei, Kami no　鸭长明，1155—1216，日本作家，歌人

Cirici, Cristian　克里斯蒂安·西里希，1941—，西班牙建筑师

Conrads, Ulrich　乌尔里希·康拉德，1923—2013，德国建筑评论家

Constant, Caroline　卡洛琳·考斯坦特，美国密歇根大学建筑学教授

Cook, Peter　彼得·库克，1936—，英国建筑师

Cooper, Jackie　杰基·库柏，1950—，澳大利亚 UME 建筑杂志副主编

Corbusier, Le　勒·柯布西耶，1887—1965，瑞士－法国建筑师

Creed, Martin　马丁·克里德，1968—，英国艺术家

D

Dali, Salvador　萨尔瓦多·达利，1904—1989，西班牙加泰罗尼亚画家

Damasio, Antonio　安东尼奥·达马西奥，1944—，美籍葡萄牙裔神经系统科学家

Davidovici, Irina　伊琳娜·戴维奥维奇，1972—，罗马尼亚建筑师

Davis, A.J.　A.J. 戴维斯

d'Avoine, Pierre　彼埃尔·达阿瓦纳

Dee, John　约翰·迪伊，1527—1608，英国数学家

Deleuze, Gilles　吉尔·德勒兹，1925—1995，法国哲学家

Dewes, Ada　阿达·迪尤斯，墨西哥当代建筑师

Doesburg, Theo van　特奥·凡·杜斯堡，1883—1931，荷兰画家

Doyle, Anthony　安东尼·道尔，爱尔兰当代作家

Duchamp, Marcel　马塞尔·杜尚，1887—1968，法国艺术家

Durant, Will　威尔·杜兰特，1885—1981，美国哲学家

E

Eckermann, Johann Peter　约翰·彼得·埃克曼，1792—1854，德国诗人

Eisenman, Peter　彼得·埃森曼，1932—，美国建筑师

Eliot, Thomas Stearns　托马斯·斯特尔那斯·艾略特，1888—1965，英国作家

Elisha　以利沙，《圣经》人物，旧约全书中记载的一位希伯来预言家

Escher, Maurits Cornelis　莫里茨·柯内里斯·埃舍尔，1898—1972，荷兰画家

Esherick, Joseph　约瑟夫·埃西里科，1914—1998，美国建筑师

Esherick, Margaret　玛格丽特·埃西里科，1919—1962，书店女店主

Etchells, Frederick　弗雷德里克·埃切尔斯，1886—1973，英国建筑师

Evans, Arthur　阿瑟·埃文斯，1851—1941，英国考古学家

Evans, Robin　罗宾·埃文斯，1944—1993，英国建筑师

Eyck, Aldo van　阿尔多·范·艾克，1918—1999，荷兰建筑师

F

Farnsworth, Dr Edith　伊迪斯·范斯沃斯，女医生

Fehn, Sverre　斯维勒·费恩，1924—2009，挪威建筑师

Ferraz, Marcelo Carvalho　马塞洛·卡瓦略·费拉兹，巴西当代建筑师

Findlay, Kathryn　凯瑟琳·芬德利，1953—2014，苏格兰建筑师

Ford, Fran　弗兰·福特

Frobenius, Leo　利奥·弗罗贝纽斯，1873—1938，德国考古学家

Fromonot, Françoise　弗朗索瓦·弗洛莫诺，1958—，法国建筑师，建筑评论家

G

Gale, Adrian　阿德里安·盖尔，英国当代建筑师

Galilee, Beatrice　阿特丽斯·盖利里，纽约大都会艺术博物馆（The Metropolitan Museum of Art）建筑与设计部主任

Gaudi, Antonio　安东尼·高迪，1852—1926，西班牙建筑师

Gehry, Frank 弗兰克·盖里，1929—，美国解构主义建筑师

Gili , Gustavo 古斯塔夫·吉利，1868—1945，西班牙出版人

Gilly, Friedrich 弗雷德里希·基利，1772—1800，德国建筑师

Gimson, Ernest 恩斯特·吉姆森，1864—1919，英国建筑师

Gins, Madeline Helen Arakawa 马德琳·海伦·荒川·金斯，1941—2014，美国建筑师，日本建筑师荒川修作的妻子

Gladwell, Malcolm 马尔科姆·格拉德威尔，1963—，加拿大作家

Glaeser, Ludwig 路德维希·格莱泽，1930—2006，德国建筑师

Glassie, Henry H. 亨利·H.格拉西，1941—，美国人类学家

Gödel, Kurt 库尔特·哥德尔，1906—1978，德国-奥地利数学家

Goethe, Johann Wolfgang von 约翰·沃尔夫冈·冯·歌德，1749—1832，德国思想家

Gormley, Antony 安东尼·葛姆雷，1950—，英国雕塑家

Gray, Eileen 艾琳·格雷，1878—1976，爱尔兰女建筑师，室内设计师，家具设计师

Greaney, Siobhán 西沃恩·格里尼

Greenfield, Susan 苏珊·格林菲尔德，1950—，英国神经科学家

Gropius, Walter 沃尔特·格罗皮乌斯，1883—1969，德国建筑师

Guattari, Félix 菲利克斯·加塔利，1930—1992，法国哲学家

Guillermin, John 约翰·吉勒明，1925—2015，英国导演

Guimard, Hector 赫克多·吉马德，1867—1942，法国建筑师

H

Hadid, Zaha 扎哈·哈迪德，1950—2016，伊拉克裔英国女建筑师

Halprin, Lawrence 劳伦斯·哈普林，1916—2009，美国景观建筑师

Häring, Hugo 雨果·哈林，1882—1958，德国建筑师

Harris, Dan 丹·哈里斯

Harris, Harwell Hamilton 哈韦尔·汉密尔顿·哈里斯，1903—1990，美国建筑师

Harrison, Grace 格蕾丝·哈里森

Hashimoto, Kansetsu 桥本关雪，1883—1945，日本著名画家

Hegel, Georg Wilhelm Friedrich 格奥尔格·威廉·弗雷德里希·黑格尔，1770—1831，德国哲学家

Heidegger, Martin 马丁·海德格尔，1889—1976，德国哲学家

Hepburn, Katharine 凯瑟琳·赫本，1907—2003，美国电影演员

Hippodamus 希波丹姆，公元前498年—公元前408年，古希腊建筑师，城市规划师

Hitler, Adolf 阿道夫·希特勒，1889—1945，法西斯纳粹党魁

Hoesli, Bernhard 伯恩哈德·霍斯利，1923—1984，瑞士建筑师

Hughes, Robert 罗伯特·修斯，1938—2012，澳大利亚作家，艺术评论家

Huston, John 约翰·休斯顿，1906—1987，美国导演

J

James, Henry 亨利·詹姆斯，1843—1916，英国作家

Johnson, Philip 菲利浦·约翰逊，1906—2005，美国建筑师

Johnston, Pamela 帕梅拉·约翰斯顿，当代自由作家

Jones, Peter Blundell 彼得·布伦德尔·琼斯，1949—2016，英国建筑史家

Josephsohn, Hans 汉斯·约瑟夫松，1920—2012，瑞士雕塑家

Joyce, James 詹姆斯·乔伊斯，1882—1941，爱尔兰作家

K

Kahn, Louis 路易斯·康，1901—1974，美国建筑师

Kaufmann, Edgar 埃德加·考夫曼，1885—1955，美国匹兹堡的百货商店大亨

Keane, Jondi　乔恩迪·基恩，澳大利亚当代艺术评论家

Kiesler, Frederick　弗雷德里克·基斯勒，1890—1965，奥地利裔美籍建筑师

Kiesler, Lillian　莉莲·基斯勒，1911—2001，美国艺术家，弗雷德里克·基斯勒的妻子

Killian, Tom　汤姆·基里安

Klee, Paul　保罗·克利，1879—1940，瑞士艺术家

Knoepflmacher, Ulrich Camillus　乌尔里希·卡米卢斯·克诺普夫马赫，普林斯顿大学教授

Kolbe, Georg　格奥尔·科尔比，1877—1947，德国雕刻家

Koolhaas, Rem　雷姆·库哈斯，1944—，荷兰建筑师

Kral, Françoise　弗朗索瓦·克拉，法国当代文化学者

Kramer, Stanley　斯坦利·克雷默，1913—2001，美国导演

Kriepe, Mona　莫娜·克里普

L

Lambert, Léopold　利奥波德·兰伯特，1985—，法国建筑师

Lecercle, Jean-Jacques　让－雅克·勒塞克勒，法国当代文化学者

Lemoine, Louise　路易丝·勒莫因，法国当代视频艺术家，电影制作人

Lethaby, William Richard　威廉·理查德·莱瑟比，1857—1931，英国建筑师

Lewerentz, Sigurd　西格德·莱韦伦茨，1885—1975，瑞典建筑师

Lyndon, Donlyn　唐林·林登，1936—，美国建筑师

M

MacDonald, George　乔治·麦克唐纳，1824—1905，维多利亚时期苏格兰作家

Mackintosh, Charles Rennie　查尔斯·雷尼·麦金托什，1868—1928，苏格兰建筑师

Mallarmé, Stéphane　斯特芳·马拉美，1842—1898，法国诗人

Märkli, Peter　彼得·麦尔克利，1953—，瑞士建筑师

Martienssen, Rex　雷克斯·马丁森，1905—1942，南非建筑师

McCarter, Robert　罗伯特·麦卡特，1955—，美国建筑师，华盛顿大学建筑学院教授

McDonald, Faith　费丝·麦克唐纳

Moholy-Nagy, Lázló　拉兹洛·莫霍利-纳吉，1895—1946，匈牙利画家，摄影师

Mondrian, Piet　彼埃·蒙德里安，1872—1944，荷兰画家

Moore, Charles　查尔斯·摩尔，1925—1993，美国建筑师

Morales, Ignasi de Solà　伊格纳西·德·索拉·莫拉莱斯，1942—2001，西班牙建筑师

More, Brookes　布鲁克斯·莫尔

Morris, William　威廉·莫里斯，1834—1896，英国设计师

Morse, Edward Sylvester　爱德华·西尔维斯特·莫尔斯，1838—1925，美国动物学家，美国东方学家

Moss, Eric Owen　艾瑞克·欧文·莫斯，1943—，美国建筑师

Mozart, Wolfgang Amadeus　沃尔夫冈·阿玛多伊斯·莫扎特，1756—1791，奥地利作曲家

Munford, Lewis　刘易斯·芒福德，1895—1990，美国历史学家，作家，城市规划理论家

Murcutt, Glenn　格伦·马库特，1936—，澳大利亚建筑师

Mussolini, Benito Amilcare Andrea　本尼托·阿米尔卡雷·安德烈亚·墨索里尼，1883—1945，意大利法西斯独裁者

Muthesius, Hermann　赫尔曼·穆特休斯，1861—1927，德国建筑师

N

Narcissus　纳西索斯，希腊神话中的最俊美男子

Neruda, Pablo　巴勃罗·聂鲁达，电影《邮差》中的诗人

Neumeyer, Fritz　弗里茨·纽迈耶，1946—，德国建筑理论家

Newman, Paul　保罗·纽曼，1925—2008，美国演员

Nietzsche, Friedrich　弗雷德里希·尼采，1844—1900，德国哲学家

Noiret, Philippe　菲利浦·诺瓦雷，1930—2006，法国电影演员

Norberg-Schulz, Christian　克里斯蒂安·诺伯格—舒尔茨，1926—2000，挪威建筑理论家

Nordenström, Hans　汉斯·诺登斯特伦，1927—2004，瑞典建筑师

Nute, Kevin　凯文·诺特，1958—，俄勒冈大学教授

Nyman, Heikki　海基·尼曼，赫尔辛基大学教授

O

Odysseus　奥德修斯，古希腊神话中的英雄

Okresek, Tatjana　塔佳娜·奥克雷斯克

Oliveira, Olivia de　奥利维亚·德·奥利维拉，1962—，巴西建筑师

Oud, Jacobus Johannes Pieter　雅各布斯·约翰尼斯·彼得·奥德，1890—1963，荷兰建筑师

Ovid　奥维德，公元前 43 年—17 年，古罗马诗人

Oxenford, John　约翰·奥克森福德，1812—1877，英国翻译家

Ozenfant, Amédée　阿梅德·奥占芳，1886—1966，法国立体主义画家

P

Palladio, Andrea　安德烈·帕拉迪奥，1508—1580，意大利建筑师

Pallasmaa, Juhani　尤哈尼·帕拉斯马，1936—，芬兰建筑师

Pallasoja, Leena　莱纳·帕拉索亚

Palmes, James Champney　詹姆斯·钱普尼·帕尔梅斯

Palumbo, Lord Peter　彼得·帕伦博勋爵，1935—，英国艺术品收藏家

Parent, Claude　克劳德·帕朗，1923—2016，法国建筑师

Pater, Walter　沃尔特·佩特，1839—1894，英国作家

Pawson, John　约翰·帕森，1949—，英国建筑师

Pearl, Jana Davis　亚娜·戴维斯·珀尔

Pevsner, Nikolaus　尼古拉斯·佩夫斯纳，1902—1983，英国艺术史家

Picasso, Pablo　帕布罗·毕加索，1881—1973，西班牙艺术家

Pope, Alexander　亚历山大·蒲柏，1688—1744，英国文学家

Potter, Beatrix　碧雅翠丝·波特，1866—1943，英国作家

Poussin, Nicolas　尼古拉斯·普桑，1594—1665，法国画家

Prouvé, Jean　让·普鲁韦，1901—1984，法国建筑师

Psarra, Sophia　索菲亚·普萨拉，英国当代建筑学者

Puente, Sergio　塞尔希奥·普恩特，墨西哥当代建筑师

Pugin, Augustus Welby　奥古斯塔斯·韦尔比·普金，1812—1852，英国建筑师

R

Radford, Michael　迈克尔·拉德福，1946—，英国电影导演

Ramos, Fernando　费尔南多·拉莫斯，西班牙当代建筑师

Rieveld, Gerrit　格里特·里特维德，1888—1965，荷兰建筑师

Roberts, Doug　道格·罗伯茨，电影《火烧摩天楼》中人物

Rodell, Sam　山姆·罗德尔，美国当代建筑师

Rodker, John　约翰·罗德科，1894—1955，英国作家

Rohe, Mies Van der　密斯·凡·德·罗，1886—1969，德国建筑师

Rosenberg, Alfred　阿尔弗雷德·罗森堡，1893—1946，德国纳粹思想理论家

Rousseau, Jean Jacques　让·雅克·卢梭，1712—1778，法国哲学家

Rowe, Colin　科林·罗，1920—1999，英国建筑学家

Rudofsky, Bernard　伯纳德·鲁道夫斯基，1905—1988，美国建筑师，社会学家

Ruoppolo, Mario　马里奥·鲁勃罗，电影《邮差》中的邮差

Ruskin, John　约翰·拉斯金，1819—1900，英国作家

S

Sayer, Rose　罗丝·塞尔，美国电影《非洲女王号》（*The African Queen*）中的人物

Scarpa, Carlo　卡洛·斯卡帕，1906—1978，意大利建筑师

Scharoun, Hans　汉斯·夏隆，1893—1972，德国建筑师

Schelling, Friedrich Wilhelm Joseph　弗雷德里希·威廉姆·约瑟夫·谢林，1775—1854，德国思想家

Schildt, Göran　戈兰·希尔特，1917—2009，芬兰传记作家

Schinkel, Karl Friedrich 卡尔·弗雷德里希·申克尔，1781—1841，普鲁士建筑师

Schlemmer, Oscar 奥斯卡·施莱默，1888—1943，德国设计师

Schmidt, Jennifer 詹妮弗·施密特

Schulze, Franz 弗朗茨·舒尔茨，1927—，美国艺术评论家

Schumacher,Thomas 托马斯·舒马赫，1941—，美国建筑师

Scott, Mackay Hugh Baillie 麦凯·休伊·巴利利·斯科特，1865—1945，英国建筑师

Short, Marie 玛丽·肖特

Silvestrin, Claudio 克劳迪奥·塞博斯丁，1954—，意大利裔英国建筑师

Simmel, Georg 格奥尔格·齐美尔，1858—1918，德国哲学家

Simpson, Andrew R.B. 安德鲁·R.B.辛普森

Sisler, Mary 玛丽·西斯莉

Siza, Alvaro 阿尔瓦罗·西扎，1933—，葡萄牙建筑师

Smithson, Alison 艾莉森·史密森，1928—1993，英国建筑师

Spengler, Oswald 奥斯瓦尔德·斯宾格勒，1880—1936，德国哲学家，史学家

Starck, Phillippe 菲利普·斯塔克，1949—，法国设计师

Steele, Brett 布雷特·斯蒂尔，英国当代建筑师

Steinbeck, John 约翰·斯坦贝克，1902—1968，美国作家

Stott, Douglas W. 道格拉斯·W.斯图特

Stravinsky, Igor Fedorovitch 伊戈尔·菲德洛维奇·斯特拉文斯基，1882—1971，美籍俄国作曲家

Street, George Edmund 乔治·埃德蒙·斯特里特，1824—1881，英国建筑师

Subhadra, Liza Raju 莉莎·拉朱·苏巴德拉，印度当代建筑师

Summerson, John 约翰·萨默森，1904—1992，英国建筑史家

T

Taylor, Paul B. 保罗·B.泰勒

Terrani, Giuseppe 朱塞佩·特拉尼，1904—1943，意大利建筑师

Theseus 忒修斯，古希腊神话传说中的雅典国王

Thoreau, Henry David 亨利·戴维·梭罗，1817—1862，美国作家

Troisi, Massimo 马西莫·特罗西，1953—1994，意大利电影导演

Turnbull, William 威廉·特恩布尔，1935—1997，美国建筑师

U

Ushida, Eisaku 牛田英作，1954—，日本建筑师

V

Vandenberg, Maritz 马里兹·范登堡，美国建筑图书编辑

Venturi, Robert 罗伯特·文丘里，1925—2018，美国建筑师

Venturi, Vanna 瓦娜·文丘里，罗伯特·文丘里的母亲

Vinci, Leonardo da 列奥纳多·达·芬奇，1452—1519，意大利艺术家

Violllet-le-Duc 维奥莱-勒-杜克，1814—1879，法国建筑师

Virgil 维吉尔，公元前70年—公元前19年，古罗马诗人

Virilio, Paul 保罗·维希留，1932—2018，法国文化理论家

Vitruvius 维特鲁威，公元前1世纪古罗马工程师，建筑师

W

Weinberger, Eliot 艾略特·温伯格，1949—，美国当代作家

Welsh, John 约翰·威尔士，前英国皇家建筑师协会杂志编辑

Whitaker, Richard 理查德·惠特克，美国当代建筑师

Williamson, Laura 劳拉·威廉姆森

Willits, Ward Winfield 华德·温菲尔德·威利茨，1859—1950，美国亚当斯与威斯特莱克铸铜公司（Adams and Westlake Company）总经理

Wilson, Colin St John 柯林·圣约翰·威尔森，

1922—2007，英国建筑师

Winch, Peter Guy　彼得·盖伊·温奇，1926—1997，英国哲学家

Wiseman, Richard　理查德·魏斯曼，1966—，英国心理学者

Wittgenstein, Ludwig　路德维希·维特根斯坦，1889—1951，奥地利哲学家

Wotton, Henry　亨利·沃顿，1568—1639，英国作家，外交家

Wright, Frank Lloyd　弗兰克·劳埃德·赖特，1867—1959，美国建筑师

Wright, Georg Henrik von　乔治·亨里克·冯·赖特，1916—2003，芬兰哲学家

Y

Yamaguchi, Katsuhiro　山口胜弘，1928—，日本艺术家

Z

Žaknić, Ivan　伊凡·扎克尼奇，理海大学（Lehigh University）建筑教授

Zevi, Bruno　布鲁诺·赛维，1918—2000，意大利建筑理论家

Zumthor, Peter　彼得·卒姆托，1943—，瑞士建筑师